中华茶文化

主编　张耀武

副主编　景振华

编委　（排名不分先后）

高小芹　王安琪　蒋洁

牟浩　陈明　陈璐

倪姝伟　郭琴剑　李俊燃

朱晓婷　邓月

华中科技大学出版社

http://press.hust.edu.cn

中国·武汉

内容简介

本书共有十二讲:茶历史、茶品类、茶器具、茶礼俗、茶技艺、茶文艺、茶健康、茶典籍、茶馆舍、茶思想、茶传播、茶旅游等。为便于教学和茶文化爱好者研习,本书在体例上设置了内容提要、关键词、案例导入、正文、延伸阅读、思考研讨、参考文献等栏目。本书配套建有在线精品课程,数字资源较为丰富。

图书在版编目(CIP)数据

中华茶文化 / 张耀武主编 . -- 武汉 : 华中科技大学出版社 , 2024. 9. -- ISBN 978-7
-5772-1122-0

Ⅰ . TS971

中国国家版本馆 CIP 数据核字第 2024ET3867 号

中华茶文化
Zhonghua Chawenhua

张耀武　主编

策划编辑:彭中军
责任编辑:彭中军
封面设计:孢　子
责任校对:刘　竣
责任监印:朱　玢
出版发行:华中科技大学出版社(中国·武汉)　　　电话:(027)81321913
　　　　　武汉市东湖新技术开发区华工科技园　　　邮编:430223
录　　排:武汉创易图文工作室
印　　刷:武汉市洪林印务有限公司
开　　本:787 mm×1092 mm　1/16
印　　张:16.5
字　　数:392 千字
版　　次:2024 年 9 月第 1 版第 1 次印刷
定　　价:59.00 元

前　言

　　中华优秀传统文化是中华民族的根和魂,对增强民族文化自信、促进文化传承与创新具有重要意义。中共中央办公厅、国务院办公厅印发《"十四五"文化发展规划》提出"传承和弘扬中华优秀传统文化"。党的二十大报告指出,要传承中华优秀传统文化,深刻阐明了中国共产党对待传统文化的立场和态度,指明了永葆中华文化生机活力的必由之路。中华茶文化是中华优秀传统文化的重要组成部分,通过对中华茶文化的学习和体验,可以增长知识,领略中华文化的深远意蕴,传承文脉,增强民族文化自信心,提高人文综合素养。鉴于此,我们编写了《中华茶文化》一书,旨在为高等职业教育提供一本全面系统、科学实用的茶文化教材,同时为广大茶文化爱好者研习茶文化提供参考。

　　本书共有十二讲,分别是茶历史、茶品类、茶器具、茶礼俗、茶技艺、茶文艺、茶健康、茶典籍、茶馆舍、茶思想、茶传播、茶旅游。为便于教学和研习,本书在体例上设置了内容提要、关键词、案例导入、正文、延伸阅读、思考研讨、参考文献等栏目。

　　本书深入挖掘茶文化的内涵与价值,针对高职学生的特点和学习需求进行编写,力求理论联系实际,学以致用,实现了理论性、知识性、可读性和实用性的统一。本书配套建有在线精品课程,数字资源较为丰富。我们期待《中华茶文化》一书能够成为高职学生学习优秀传统文化的重要载体,并为中华优秀传统文化的传承与创新做出积极贡献。

　　本书由三峡旅游职业技术学院骨干教师联合编写。全书由教育部职业教育基本专家库专家、全国供销合作职业教育教学指导委员会委员、全国旅游职业教育教学指导委员会景区与休闲类专业委员会委员、中国职业技术教育学会智慧文旅专委会副秘书长、全国商业职业教育教学指导委员会茶艺与茶叶营销专业委员会原副主任张耀武教授牵头,统筹组织协调、设计体例结构、编写内容大纲、指导具体撰写及统稿审稿。参加编写的人员有景振华、朱晓婷、邓月、高小芹、王安琪、蒋洁、牟浩、陈明、陈璐、倪姝伟、郭琴剑、李俊燃。景振华、朱晓婷和邓月负责书稿的收集整理,并协助开展相关工作。

　　在本书的编写过程中,参考和借鉴了茶文化领域的大量文献资料,吸收了众多专家学者的研究成果,未能一一列举。作为一本校企合作开发的教材,宜昌市三峡茶文化研究会、宜昌文化旅游职业教育联盟的有关成员单位的领导专家也给予了大力支持,提出了许多宝贵意见和建议,在此一并深表由衷敬意和感谢。由于编者水平有限,书中难免有疏漏之处,恳请读者批评指正,以便进一步完善。

编者

目　　录

第一讲　茶历史

【内容提要】

(1)先秦至魏晋南北朝是中华茶文化的孕育时期。

(2)中华茶文化在唐代正式形成,有着深层的社会原因。

(3)中华茶文化在宋元时期兴盛,茶业经济迅速发展,茶文化的历史地位达到了空前的高度。

(4)明清开始进入中华茶文化的转型时期,中华茶文化在曲折发展中持续前行。

【关键词】

孕育时期;形成时期;兴盛时期;转型时期

案例导入

中国茶:一条流淌千年的文化之河(节选)

日前,"中国传统制茶技艺及其相关习俗"被公布列入联合国教科文组织人类非物质文化遗产代表作名录,涉及 15 个省(区、市)的 44 个国家级项目。

俗话说,柴米盐油酱醋茶。"茶"与中国人的生活密不可分,具有浓浓的烟火气。自古以来,中国人就有种茶、采茶、制茶和饮茶的习俗。饮茶和品茶贯穿于人们的日常生活。在我国,漫长的种茶、制茶、饮茶和茶俗的历史,已成为一条支系发达、繁星闪烁的文化之河。

茶史:支系发达,繁星闪烁

陆羽《茶经》记载:"茶之为饮,发乎神农氏,闻于鲁周公。"后来流传日广,逐渐形成风气,到了唐朝,饮茶之风盛行。

西湖龙井茶被誉为"绿茶皇后"。《茶经》记载:"钱塘天竺、灵隐二寺产茶。"此后的文献多处提到,到北宋,天竺寺辩才法师在龙井狮峰山下开山种茶。其时,苏轼常与辩才品茗吟诗,其手书的"老龙井"匾额尚存于狮峰山的悬岩上。

湖南省安化县有"先有茶,后有县"之说。唐朝中期,此地所产渠江薄片茶成为朝廷贡品。唐朝末年,统领湖南的马殷称王建楚后,大力鼓励农民种茶,安化成了当时湖南黑茶的主产地。

广东的潮州工夫茶闻名遐迩。潮州八贤之一的张夔在《和徐璋送举人韵》一诗中有言:"燕阑欢伯呼酪奴,鸾旌凤吹光寒儒。"酪奴是茶的别称。这句诗说的正是酒宴之后进茶助兴。

17 世纪,湖北等地的中国茶商以汉口为起点,经河南、山西,过大漠,到俄罗斯各地,以茶叶贸易探出一条贯通亚欧的万里茶道,一直延续至今。

此次成功申遗的"中国传统制茶技艺及其相关习俗",是有关茶园管理、茶叶采摘、茶的手工制作,以及茶的饮用与分享的知识、技艺和实践。学者认为,该遗产项目世代传承,形成了系统完整的知识体系、广泛深入的社会实践、成熟发达的传统技艺、种类丰富的手工制品,体现了中国人所秉持的谦、和、礼、敬的价值观,对道德修养和人格塑造产生了深远影响，并通过丝绸之路促进了世界文明的交流互鉴，在人类社会可持续发展中发挥着重要作用。

茶艺：融合天人，匠心独运

历史上，中国茶艺伴随着饮茶历史的发展而不断演变、升级。制茶师根据当地的风土，使用炒锅、竹匾、烘笼等工具，运用杀青、闷黄、渥堆、萎凋、做青、发酵、窨制等核心技艺，发展出绿茶、黄茶、黑茶、白茶、乌龙茶、红茶六大茶类及花茶等再加工茶，2000 多种茶品以不同的色、香、味、形满足了人们的多种需求。

碧螺春是中国传统名茶，产于江苏太湖的洞庭山一带，又称"洞庭碧螺春"。春分至清明前采制的碧螺春，被称为明前茶，为茶中极品。洞庭碧螺春制作技艺国家级代表性传承人施跃文介绍，碧螺春制法的主要工序为杀青、揉捻、搓团显毫、烘干，四道工序在一锅内完成，根据叶质、锅温等灵活转换，做到手不离茶、茶不离锅，揉中带炒、炒中有揉、炒揉结合，成茶后的碧螺春集形美、色艳、香浓和味醇于一身，外形条索纤细，呈螺形卷曲，披满茸毫，色泽银绿隐碧。

安徽黄山的太平猴魁为尖茶之极品，久享盛名。坚持古法工艺制作出的太平猴魁色、香、味、形独具一格，白毫隐伏，苍绿匀润，回味甘甜，制茶十三道工序全凭制茶人手感。

2008 年，茶艺列入第二批国家级非物质文化遗产名录。在我国，传统制茶技艺主要集中于秦岭淮河以南、青藏高原以东的江南、江北、西南和华南四大茶区，相关习俗在全国各地广泛流布，为多民族所共享。成熟发达的传统制茶技艺及其广泛深入的社会实践，体现了中华民族的创造力和文化多样性。

茶俗：融入生活，涵养精神

学者认为，中国茶俗传达了茶和天下、包容并蓄的理念，深刻传递着人类共同价值。中国茶俗以茶事活动为中心，融入日常，是人们文化生活的一部分。秦汉出现茶饼，唐宋兴起品茶，明代流行壶泡，以及斗茶、评茶、茶宴、茶礼、赶茶场、打油茶等不同地区、民族和时期所产生的茶俗，形式多样。

潮州工夫茶的冲泡用茶以乌龙茶类为主，其中尤以潮州单丛最受青睐，主要程式从茶具讲示、茶师净手、泥炉生火到关公巡城、韩信点兵，再到瑞气圆融等，多达 21 式。潮州工夫茶艺以茶德和茶理为人生之导向，其精神内涵集中反映了潮州人"和"的思想境界，是我国茶文化与地域社会文化相结合的集中体现。

径山茶宴是杭州径山寺的一种大堂茶会，也是中国茶俗文化的杰出代表。到宋代，饮茶方式从烹煮改为煎点，斗茶蔚然成风，茶宴由此盛行。径山茶宴从张茶榜、击茶鼓、恭请入堂、上香礼佛、煎汤点茶、行盏分茶、说偈吃茶到谢茶退堂，有十多道仪式程序。以茶参禅问道，是径山茶宴的精髓和核心。据考证，宋元时期，径山茶宴传播到日本，与日本本土文化相融合，形成兼容汉、和文化特征的日本茶道，是中外文化交流结出的文明硕果。

浙江磐安玉山镇玉峰村的赶茶场，发端于唐，形成于宋，鼎盛于明。赶茶场分春秋二会，称为"春社"和"秋社"。每到赶茶场，当地茶农个个盛装出行，家家张灯结彩，万人空巷。如今，赶茶场及其迎大旗、三十六行、罗汉班、大花鼓等系列特色民俗活动，成为当地提升文化自信、构建和谐社会和助推文旅发展的重要动力。

资料来源　宾阳. 中国茶: 一条流淌千年的文化之河 [N]. 中国文化报,2022-12-27 (001).

一、孕育时期

(一) 茶的发现与演变

1.茶的发现

据传说,茶的起源要追溯至公元前 2700 多年以前的神农时代。神农,又称神农氏,是中国上古时期姜姓部落的首领,也是中华茶起源绕不开的传说人物。最早的中药学著作之一《神农本草经》中记载:"神农尝百草,日遇七十二毒,得荼而解之。"文中的"荼"就是指"茶",传说神农是最早发现茶这种植物能够解毒的。唐代茶圣陆羽也在《茶经》中记载:"茶之为饮,发乎神农氏。"在信史资料中,东晋常璩撰写的《华阳国志·巴志》记载,早在 3000 年前,古巴蜀国就把茶作为贡品上供给周武王。可见,中国人栽培和利用茶的历史非常悠久。

在古文献中,茶的名称很多,如荈、诧、槚、茗、荼、茶、皋卢、瓜芦木等,其中"荼"是唐以前茶的主要称谓。《茶经》中提到"其名,一曰茶,二曰槚,三曰蔎,四曰茗,五曰荈"。其中用得最多、最广泛的是"茶"。由于茶事的发展,又因《茶经》的广为流传,到了中唐时,茶字的音、形、义已趋于统一,并一直沿用至今。

茶树源于何地,历来争论较多。随着考古技术的发展和植物学研究的深入,可以得出中国是茶树原产地的结论。胡浩川《中国茶树原是乔木大叶种》一文中谈到,在 1931年,河北晋州发现了 20 多株大茶树,同时期在山西浮山也发现了大茶树。1940 年在山东胶济铁路附近发现一棵大茶树,粗达三抱,当地人称之为"茶树爷"。1949 年以后,在云南、贵州、四川等地发现许多更大的茶树,云南勐海大茶树有的有三十多米,贵州大茶树最高者达十三米,四川大茶树四五米者为多。其他如广西、广东、湖南、福建、江西等地均有发现。可见,我国古茶树分布极广,南方尤其多见。20 世纪 80 年代,在贵州黔西南布依族苗族自治州的晴隆县,发现非常珍贵和罕见的四球茶籽化石,植物学家又结合地质变迁考古论证,确定我国云贵高原为茶的原产地。

2.茶的演变

茶叶被人类发现以后,其利用方式主要经历了药用、食用、饮用的漫长过程。药用为其开始之门,食用次之,饮用则为最后发展阶段。三者之间有承先启后的关系,但又不可能绝对分开。对于茶叶,我们现在以品饮为主,也有药用和食用,不可将三者完全孤立来看。

(1)药用。

饮茶之始是"食药同源""食饮同宗"。我们的祖先把茶叶当作药物,从野生大茶树上砍下枝条,采集嫩梢,先是生嚼,后是加水煮成羹汤,供人饮用。《神农本草经》《食论》

等古代药书中均有"茶"的记载。《神农本草经》中记载有"茶味苦,饮之使人益思、少卧、轻身、明目"。东汉神医华佗在《食论》中有"苦茶久食,益意思"的记载,意思是茶味道较苦,但经常服食有利于头脑清醒、思维敏捷。东汉医圣张仲景在《伤寒杂病论》中记录了"茶治便脓血甚效"。南北朝任昉的《述异记》记载:"巴东有真香茗,其花白色如蔷薇,煎服令人不眠,能诵不忘。"可见,从神农发现茶开始,人类在长期实践过程中发现茶叶不仅能解毒,而且配合其他中草药,可医治多种疾病。

(2)食用。

食用茶叶,就是把茶叶作为食物充饥,或是做菜吃。早期的茶,除了作为药物,很大程度上还是食物。这在前人的许多著述中都有记载。早在春秋战国时期,茶叶已经由巴蜀地区传至黄河中下游,当时的齐国已经出现用茶叶做成的菜肴。《晏子春秋》记载:"婴相齐景公时,食脱粟之饭,炙三弋、五卵,茗菜而已。"大意是说,晏婴担任齐景公的国相时,吃糙米饭、三五样禽肉蛋以及茶和蔬菜。茗菜是用茶叶做成的菜羹,说明茶早在春秋时期就被人们拿来当作菜吃。

现今居住在我国西南边境的基诺族仍保留着食用茶树青叶的传统。傣族、哈尼族、景颇族等族,都有把鲜茶叶加工成"竹筒茶"当菜吃的习惯。而湖南、广东、江西、广西、福建、台湾等地至今仍保留着食"擂茶"的习俗。

(3)饮用。

茶作为饮品用来解渴或提神,最早是在战国时期的巴蜀地区。明末清初著名学者顾炎武在《日知录》中说:"自秦人取蜀而后,始有茗饮之事。"秦人取蜀是在秦惠文王后元九年(公元前316年)。这样看来,至少在战国中期,巴蜀一带已经有饮茶的习俗。

早期人们把茶的饮用功能分为两类。一类是悦志、醒酒、不眠、益思等,是由咖啡碱所产生的兴奋效果,也是茶成为无酒精饮料的决定性因素之一。另一类为羽化、轻身换骨、延年等,以道教思想为根底,强调茶的仙药效果。

(二)秦汉茶文化的酝酿

1.饮茶习俗由巴蜀向南方延伸

我国茶业和茶文化最早发现于巴蜀。自秦人收蜀以后,随着国家的统一以及各地经济、文化的发展和交流的加强,茶业开始在全国其他地区逐步发展,尤其是茶的加工、种植,然后向东部和南部渐次传播开来。秦汉时期,茶叶的简单加工已经出现,先把鲜叶用木棒捣成饼状茶团,再晒干或烘干以便存放。

三国时期,诸葛亮南征时曾给西南少数民族带去了多种农作物种子,其中包括茶叶。道光《普洱府志》记载,蜀相孔明"平定南中,倡兴茶事"。为了安抚这些地区的少数民族,诸葛亮还派人从汉中运来稻谷和茶树,并向他们传授耕种农作物和茶树的技术,特别是对茶园的管理和对茶叶的采摘、焙炒的技术。西南边陲的少数民族不仅学会了种茶制茶的技术、饮茶的方法,而且发现了茶叶有除湿排毒、降火驱寒、养肝明目、健脾温胃等治疗疾病的作用。

2.茶文化进入信史阶段

两汉时期,在我国古代医药著作、笔记小说等文献中,多次出现茶的专门介绍和记述,是我国也是世界有关茶的最早记载。自此,我国茶叶便进入了有文字可查的时代。

西汉时期王褒所作《僮约》是现存最早、最可靠的关于饮茶的文献。《僮约》中讲到,资中人王褒有事去渝山,寓居在成都安志里一个叫杨惠的寡妇家里。杨惠的丈夫生前养有一个长着络腮胡子的奴仆,名叫便了,王褒经常指派他去买酒。便了因王褒不是主人家的人,很不情愿帮他跑腿,便提着大木棍跑到主人的墓前倾诉不满。王褒得知此事后,当即决定买下便了作为奴仆。为了管束和教训便了,王褒写下了《僮约》这篇详细的契约,给便了分派的众多杂役中出现了两项与茶有关的任务,即"脍鱼炰鳖,烹茶尽具,已而盖藏"和"牵犬贩鹅,武阳买茶"的字句。"烹茶尽具,已而盖藏"意为烹好茶并备好洁净的茶具,完毕后将茶叶、茶具盖好、收藏好。"武阳买茶"就是说要便了去邻县的武阳(今成都以南彭山区双江镇)买回茶叶。

在《僮约》中有两次提到茶,"烹茶尽具"和"武阳买茶",表明西汉地主富豪以饮茶为风尚,同时巴蜀一带已形成若干茶叶产区,茶叶经加工后,汇集到附近的市场上进行销售,出现了武阳一类中国历史上最早的茶叶市场。

(三)魏晋南北朝茶文化的初现

此期饮茶已不仅是为提神解渴,而且开始孕育茶叶的精神内涵,并发挥其社会功能,通过茶表现一种品格、一种精神、一种情操,如"以茶代酒""以茶示俭"。这些内涵品质至今仍是茶人和国人的优良传统。茶文化作为一种文化体系渐现雏形。

1.以茶养廉、以茶待客开始兴起

魏晋时期,动乱频发,政权更迭频繁,富人整日借酒浇愁、大吃大喝,奢靡之风盛行。一些有识之士为了倡廉抗奢,借用素朴的茶,彰显节俭、简朴的生活理念,倡导廉洁自律,反对劳民伤财,纠正不良风气。以茶待客的习俗在某些地区逐渐形成气候,如东晋陆纳以茶为素业的故事。

据晋《中兴书》记载:陆纳担任吴兴太守时,卫将军谢安想去拜访他。陆纳的侄子陆俶怕怠慢了谢安,于是私下里准备了足够十来人吃的宴席等候谢安的光临。谢安来了,陆纳本来只想以茶果招待,然而其侄子自作主张,把自己准备好的美馔佳肴一道道奉上。谢安走后,陆纳很生气,杖打侄子四十大板,连连怪他太浪费了,"汝既不能光益叔父,奈何秽吾素业",坏了自己节俭的名声。可见,陆纳反对侄子摆酒请客,想用茶水招待谢安并非吝啬,亦非清高傲慢,而是要表示提倡清廉节俭。当时贵族不仅普遍饮茶,而且把饮茶作为节俭的象征。

两晋时南方饮茶更为普遍,并且形成了一种社会风气。宫廷宴会用茶,一般请客也用茶;社会上层喝茶,民间下层也饮茶;待客用茶,社交活动也用茶;家中可饮茶,市中也可买茶饮。从饮茶地域来看,四川、云贵、荆楚、皖南、江浙一带和两广地区都饮茶。唐代虞世南辑录的《北堂书钞》引东晋裴渊《广州记》有:"西平县出皋卢,茗之别名,叶大而涩,南人以为饮。"两广人饮的皋卢是茶。南朝刘宋时期沈怀远的《南越志》有："茗,苦涩,亦谓之过罗。"过罗也是茶。可见两晋时植茶、饮茶已扩展到整个南方。

2.清谈家的饮茶风气

魏晋以来,天下骚乱,文人无以匡世,渐兴清谈之风。到东晋,南朝又偏安一隅,江南的富庶使士人得到暂时的满足,爱声色歌舞,终日流连于青山秀水之间,清谈之风继续发展,以至于出现许多清谈家。这些人终日高谈阔论,必有助兴之物,于是多饮宴之风。最初的清谈家多酒徒。竹林七贤之类,如阮籍、刘伶等,皆为我国历史上著名的好酒之人。后来,清谈之风渐渐发展到一般文人,对这些人来说,整天与酒肉打交道,一来经济条件有限,二来也觉得不雅。况且,能豪饮终日而不醉者毕竟是少数。酒能使人兴奋,但醉了便会举止失措,胡言乱语。而茶可竟日长饮而始终清醒,于是清谈家从好酒转向好茶。所以后期的清谈家出现许多茶人,以茶助清谈之兴。

《世说新语》载:清谈家王濛好饮茶,每有客至必以茶待客,有的士大夫以为苦,每往王濛家去便云"今日有水厄",把饮茶看作遭受水灾之苦。后来,"水厄"二字便成为南方茶人常用的戏语。当时的饮茶之风仍是南方文人的风尚,北方尚未形成习惯。

邓子琴《中国风俗史》把魏晋清谈之风分为四个时期,认为前两个时期的清谈家多好饮酒,而第三、第四时期的清谈家多以饮茶为助谈的手段。故认为"如王衍之终日清谈,必与水浆有关,中国饮茶之嗜好,亦当盛于此时,而清谈家当尤倡之"。清谈家终日饮茶更容易培养出真正的茶人,他们对茶的好处体会更多。在清谈家那里,饮茶已经作为精神现象。

3.茶文学初起

这一时期,许多清谈家终日品茶赋诗,茶文学得到初步发展。反映制茶与饮茶的历史文献资料主要有三国魏张揖的《广雅》和西晋杜育的《荈赋》这两部作品。

《广雅》的有关记述中证实:"荆巴间采茶作饼,叶老者,饼成以米膏出之。欲煮茗饮,先炙令赤色,捣末置瓷器中,以汤浇覆之,用葱、姜、橘子芼之。"这就是说,其时饮茶已由生叶煮作羹饮,发展到先将制好的饼茶炙成"色赤",然后"置瓷器中"捣碎成末,再烧水煎煮,加上葱、姜、橘皮等调料,最后煮透供人饮用。

《荈赋》是最早专门吟咏茶的辞赋,全方位介绍了如何种茶、采茶、择水、选器等,以指导文人墨客饮好茶。

二、形成时期

(一)唐代茶文化形成的社会原因

1.茶叶生产和贸易的快速发展

唐代国力强盛,经济的发展,社会生产力的提高,促使人们追求更加惬意的生活。茶自然而然成了唐代最常见的饮品,由此茶叶需求旺盛,大大促进了茶叶生产和贸易的发展。从《茶经》和唐代其他文献记载来看,唐代茶叶产区已遍及今四川、陕西、湖北、云南、广西、贵州、湖南、广东、福建、江西、浙江、江苏、安徽、河南等 14 个省(区)。

2.文人士大夫饮茶盛行

唐朝的统一强盛和宽松开明的文化背景,为文人士大夫提供了优越的社会条件,激发了文人创作的激情,加之茶能涤烦提神、醒脑益思,因而深得文人喜爱。文人士大夫面对名山大川、稀疏竹影、夜后明月、晨前朝霞尽兴饮茶,将饮茶作为一种愉悦精神、修身养性的手段,视为一种高雅的文化体验过程。因此,唐代以来流传下来的茶文、茶诗、茶画、茶歌,无论从数量到质量、从形式到内容,都大大超过了唐以前的任何朝代。唐代首次出现了描绘饮茶场面的绘画,著名的有阎立本《萧翼赚兰亭图》、张萱《烹茶仕女图》《明皇和乐图》、周昉《调琴啜茗图》、佚名氏《宫乐图》等。

3.茶与佛教的大发展

佛教禅宗文化自传入中国以来,在唐代逐渐向全国传播开来,为社会各阶层所接受,而佛教寺院往往建在高山云雾之间,非常适宜种茶,所以唐代许多佛教寺院都有种茶和饮茶的习惯。在饮茶成为"和尚家风"之后,僧侣便把佛教清规、饮茶论经、佛教哲学、人生观念融为一体,从而产生了"茶禅一味"的佛教茶理。一者能提神,坐禅时可以通夜不眠;二者在满腹打坐时,帮助消化,空腹打坐时,提供营养;三者茶是"不发"之物,能使人清心。为满足佛教禅宗用茶的需要,各大小寺院大力种茶、研茶,对促进茶叶的生产及品质的提高做出了极大贡献。

4.唐代贡茶制度

唐代贡茶制度是从李唐王朝开始形成的,历代相传,延续几百年之久。上贡制度的理论依据是"溥天之下,莫非王土""食土之毛(指农产品),谁非君臣"。统治阶级为了使劳力向农业倾斜,制定了重农抑商政策,在这种思想指导下,派生出贡茶、榷茶制度。茶叶贸易制度上升到国家政治层面,大大促进了茶叶生产品质和产量的提升,并极大丰富了茶文化的内容,推动了其在全国各个阶层的发展。

唐代贡茶制度有两种形式。

一是土贡,也叫定额纳贡,即执守一方的地方官员选送优质的土产茶叶给统治者,朝廷也选择茶叶品质优异的州定额纳贡。

二是贡焙,即最高统治者派官员在一方督造生产的贡茶。其中最有代表性的就是唐大历五年(770 年)在湖州设贡茶院,专门负责督造湖州长兴顾渚山生产的顾渚紫笋茶。朝廷选择茶树生态环境得天独厚、自然品质优异、产量集中、交通便捷的重点产品,由朝廷直接设立贡茶院(即贡焙制),专业制作贡茶。

5.唐代茶文化的形成与科举制度关系密切

唐朝用严格的科举制度来选才授官,非科第出身者不得为宰相。每当会试,不仅举子被困考场，而且连值班的翰林官也劳乏得不得了。于是朝廷特命将茶送考场，以茶助考，以示关怀，因而茶被称为"麒麟草"。举子来自四面八方，都以能得到皇帝的赐茶而无比自豪。这种举措在当时社会上有着很大的轰动效应，也直接推动了茶文化的发展。

（二）唐代茶文化形成的茶业背景

1.生产技术的进步

精细加工的蒸青饼茶在唐代开始出现，是在原始散茶和原始饼茶的基础上创造出来的，有方形的、圆形的，也有花形的。根据陆羽《茶经》所述，蒸青饼茶大体制作方法如下。

采茶：采茶季节在二月、三月、四月，当茶发出新芽时，采下嫩芽叶。采摘要及时且精细，一般是用一种叫"籝"的竹篮去采茶。

蒸茶：采来的叶子放在箅中，置箅于甑（木制或瓦制的圆桶）中，甑置锅上，锅内盛水，烧水蒸叶。

捣茶：蒸后的茶叶趁热放在杵臼中捣碎，但不必太细碎，有一些短碎嫩茎存在也不要紧。

拍茶：拍茶即压茶饼。将捣碎后的茶叶倒入铁制的规中，规置于垫有襜的承上，用力拍压茶叶，使茶饼紧实平整。压好的茶饼晾干后要穿孔，便于烘干和烘干后穿成串。

列茶晾茶：将压好的茶饼从圈模中小心脱出，将脱出的茶饼列在芘莉上晾干。

焙茶：在地灶上架焙茶棚，茶之半干，置下棚；全干，升上棚。

制成的饼茶有大有小，有方形的、圆形的，也有花形的。陆羽《茶经》称，饼茶外观形态多种多样，大致而论，有的像唐代胡人的靴子，皮革皱缩着；有的像野牛的胸部，有细微的褶皱；有的像浮云出山，屈曲盘旋；有的像轻风拂水，微波涟涟；有的像陶匠筛出细土，再用水沉淀出的泥膏那么光滑润泽；有的又像新开垦的土地，被暴雨急流冲刷而高低不平。这些都是品质好的饼茶。有的叶像笋壳，茎梗坚硬，很难蒸捣，所制茶饼表面像箩筛；有的像经霜的荷叶，茎叶凋败，样子改变，外貌枯干。这些都是粗老的茶叶。

2.茶叶市场需求大增

唐朝结束了汉末以来四百年的混乱割据和异族入侵的局面，又吸取了隋末农民大起义的经验教训，其制度和政策在一定程度上照顾到农民的利益和要求，因而形成了一个国家统一、国力强盛、经济繁荣、社会安定、文化空前发展的局面，整个社会弥漫着一种奋发进取的氛围，创造力蓬勃旺盛，音乐、歌舞、绘画、工艺、诗歌等蓬勃发展，百花齐放。这样的社会条件为饮茶的进一步普及和茶文化的继续发展打下了坚实的基础，也为饮茶这种更高级的物质享受创造了条件，人们有了更多的闲暇和从容的心境去品味茶的美好滋味。

封演《封氏闻见记》记载："开元中，泰山灵岩寺有降魔师，大兴禅教，学禅务于不寐，又不夕食，皆许其饮茶，人自怀挟，到处煮饮。从此转相仿效，遂成风俗。自邹、齐、沧、棣，渐至京邑城市，多开店铺，煮茶卖之。不问道俗，投钱取饮。其茶自江淮而来，舟车相继。所在山积，色额甚多。"就是说，到盛唐，由于佛教禅宗允许僧人饮茶，而此时正值禅宗迅速普及的时期，世俗社会的人们对僧人的饮茶也加以仿效，从而加快了饮茶的普及，并很快成为流行于整个社会的习俗。喝茶的人多了，就出现了很多出售茶汤的茶馆，且茶的产量和品种也增加了。

3.茶业经济勃兴

受到饮茶需求的刺激，唐代茶叶生产开始飞速发展。传统的巴蜀产茶区逐渐向江南转移，茶业成为唐代最典型的商品化农业经济领域之一。茶叶产量快速提升，茶叶生产向区域化、专业化方向发展。不同类型的茶园和不同的生产方法使得茶叶生产迈向了全新的时代，全国的茶叶年产量为 80 万担以上。

茶业经过数千年的发展，直到唐代中期才真正达到昌盛。秦岭淮河广大地区植茶业迅速发展，奠定了现代茶区的雏形，大量名茶脱颖而出。茶叶种植、制造技术有了很大提高；茶叶贸易兴旺，内销、边销、外销同时进行，茶商、茶市十分活跃；茶利骤兴，税茶榷茶之政创立。茶业始从农业生产中分离出来，成为社会经济的重要部门，在国家政治、经济、思想、文化、生活领域发挥着重要作用，对后世产生了深远影响。

（三）唐代茶文化形成的标志

1.《茶经》问世

《茶经》是中国乃至世界现存最早、最完整、最全面介绍茶的一部专著，被誉为"茶叶百科全书"，由中国茶道的奠基人、有"茶圣"美誉的唐代陆羽所著。此书是一部关于茶叶的生产历史、源流、现状、生产技术和饮茶技艺、茶道原理的综合性论著，是一部划时代的茶学专著。它不仅是一部精辟的农学著作，而且是一本阐述茶文化的书。它将普通茶事升格为美妙的文化艺术。它是中国古代专门论述茶叶的一部重要著作，推动了中国茶文化的发展。

陆羽终生未娶，孑然一身，执着于茶的研究，用心血和汗水铸成不朽之《茶经》。《茶经》三卷，分一之源、二之具、三之造、四之器、五之煮、六之饮、七之事、八之出、九之略、十之图等十章。在人类历史上首次全面记载了茶叶知识，标志着传统茶学的形成。

陆羽在《茶经》中总结了到盛唐为止的中国茶学，以其完备的体例囊括了茶叶从物质到文化、从技术到历史的各个方面。《茶经》的问世，奠定了中国古典茶学的基本构架，创建了一个较为完整的茶学体系。它是古代茶叶百科全书。

2.茶诗文创作

唐代茶文化的发展中,文人的热情参与起了重要的推动作用。其中,最为典型的是茶诗创作。在唐诗中,有关茶的作品很多,题材涉及茶的采、制、煎、饮,以及茶具、茶礼、茶功、茶德等。

李白为仙人掌茶赋诗,杜甫也写过三首涉茶诗,白居易写有五十余首茶诗,尤其卢仝的《走笔谢孟谏议寄新茶》更是千古绝唱。皮日休和陆龟蒙互相唱和,各有十首茶诗传世。其他如钱起、皎然、皇甫冉、皇甫曾、孟郊、韦应物、刘禹锡、柳宗元、元稹、袁高、李郢、姚合、李嘉祐、李商隐、温庭筠、杜牧、刘长卿、释灵一、释齐己等都有茶诗传世。

3.茶马古道

公元 641 年,文成公主进藏,茶叶作为陪嫁品带到了西藏。据《西藏政教鉴附录》载:"茶叶亦自文成公主入藏也。"随之,西藏饮茶之风兴起,甚至达到"宁可三日无粮,不可一日无茶"的程度。藏人以奶与肉类为主食,饮茶得以保健养生,故而饮茶成为风尚。此后,茶作为大宗商品销往西北、西南边疆,形成了中国历史上历经唐、宋、明、清一千多年的"茶马交易"。

茶马古道是指唐、宋、明、清以来至民国时期汉、藏之间因进行茶马交换而形成的一条交通要道。藏区和川、滇边地出产的骡马、毛皮、药材和内地出产的茶叶、布匹、盐和日用器皿等,在横断山区的高山深谷间南来北往、流动不息,形成一条延续至今的"茶马古道"。

茶马古道主要分南、北两条道路,即滇藏道和川藏道。滇藏道起自云南西双版纳一带产茶区,经丽江、中甸、德钦、芒康、察雅至昌都,再由昌都通往卫藏地区。川藏道则以今四川雅安一带产茶区为起点,首先进入康定,自康定起,川藏道又分成南、北两条支线,北线是从康定向北,经道孚、炉霍、甘孜、德格、江达,抵达昌都(即今川藏公路的北线),再由昌都通往卫藏地区;南线则从康定向南,经雅江、理塘、巴塘、芒康、左贡至昌都(即今川藏公路的南线),再由昌都通向卫藏地区。

三、兴盛时期

(一)宋元茶业经济的发展

1.茶叶生产的扩张

宋元时期,茶叶产区继续扩展,茶产量进一步提高。宋代和元代茶产量大体相仿,产量为 140 万~160 万担,且出现了诸多名茶,如日铸茶、双井茶、阳羡茶等。

宋代贡茶在唐代基础上有较大发展,建立了历史上空前绝后的贡茶院北苑贡焙。北苑御茶园所产龙凤团茶精巧绝伦,所谓"茶之品莫贵于龙凤""凡二十饼重一斤,其价值金二两。然金可有，而茶不可得"。统治者对贡茶的需求，进一步促进了宋元茶叶生产的扩张。

2.茶类开始变革

资料表明，唐时茶叶虽然占主导地位的是团饼茶，但也不排除有炒青或蒸青散茶。唐代刘禹锡的《西山兰若试茶歌》中就提到："自傍芳丛摘鹰嘴，斯须炒成满室香。"表明当时就有散型炒青绿茶。宋时，就总体而言，仍以"片茶"，即团饼茶为主，但蒸而不碎、碎而不拍的散型"草茶"逐渐增多。特别是淮南、荆湖、巴渝和江南一带，有较多的散茶生产。宋代欧阳修《归田录》中的"腊茶（宋时对团饼茶的俗称）出于剑、建，草茶盛于两浙"就是例证。不过，在宋时，尽管散茶逐渐兴起，但团饼茶的制作，特别是称为"龙团凤饼"的北苑贡茶的制作工艺，达到了炉火纯青的程度。在中国茶叶加工史上，宋代的团饼茶生产以及散茶的兴起，为后人留下了光辉的一页。

南宋时，散茶生产日趋增加，并占据主要地位。这可在元代王祯的《农书》中找到依据。《农书》谈到，宋末元初时，团饼茶尽管存在，但已不多见，"腊茶最贵"，制作精工"不凡"，但"惟充贡茶"，在民间已"罕见之"。

入元后，蒙古人秉性质朴，不好繁文缛节，所以虽仍保留团茶进贡，但大多数蒙古人还是爱直接喝茶，于是散茶大为流行，并由此引发了一场饮茶文化的变革，进而对茶文化产生了深远的影响。

3.茶政

(1)榷茶。

榷茶制度始创于唐代，宋代得以正式施行，并在元明清时期得以延续。朝廷在各主要茶叶集散地设立管理机构，称榷货务，主管茶叶流通与贸易；在主要茶区设立官立茶场，称榷山场，主管茶叶生产、收购和茶税征收。宋代在全国共有稳定的榷货务六处，榷山场十三个，通称六务十三场。茶农由榷山场管理，称为园户。园户种茶，须先向山场领取资金，称为本钱，实则为高利贷。其所产茶叶，先抵扣本钱，再按税扣茶，余茶则按价卖给官府，官府再批发给商人销售，也有少量通过官府的专卖店"食货务"出售。商人贩茶，须先向榷货务缴纳钱帛，换取茶券（又称交引，即贩茶许可证），凭引去指定的山场（称为射）或榷货务提取茶叶，运往非禁榷（官贵）之地出售。官府从园户处低价收购重秤进，给商人则高价出售轻秤出，双利俱下，以获取高额利润（称为息钱或净利钱），充实国库。一般每年可得茶利百万贯以上，宋神宗时，最高曾获利428万贯。

(2)茶马互市。

宋代在古代茶马贸易史上占有举足轻重的地位，首次创立了茶马互市贸易制度，是古代茶马贸易的第一次大高潮。宋太宗太平兴国八年（983年）设"买马司"，正式禁止以铜钱买马，改用布帛、茶叶、药材等进行物物交换。此外，茶马互市管理机构设立于神宗熙宁七年（1074年）。

元朝国土空前广阔，马匹良多，缺少茶马互市的社会经济基础和实际需要，茶马贸易基本停顿。但是各少数民族朝贡不断，所贡物品有马、象等牲口，元统治者照例要赏赐，茶叶作为少数民族的必需品也包括在赏赐物内。

（二）宋元茶文化兴盛的表现

1.宫廷茶文化与宋代贡茶的兴盛

宋朝建立后,宫廷兴起了饮茶风尚。因宋太祖赵匡胤有饮茶癖好,宫廷饮茶成为整个宫廷文化的组成部分。皇帝饮茶自然要显示其高于一切的至尊地位,于是贡茶花样翻新,频出绝品,使茶品本身成为一种特殊艺术。宋人的龙团凤饼之类的茶品精而又精,以至于每片团茶可达数十万钱。对茶的玩赏、心理作用早已大大超出茶的实际使用价值。这虽不能看作中华茶文化的主流和方向,但上之所倡,下必效仿,遂引起茶艺本身的一系列改革,因而也不能完全否定它的价值和意义。

宫廷茶文化的兴盛让贡茶在宋代得到了极大的发展。宋代贡茶从南唐北苑开始,北苑原是南唐贡茶产地。唐代的饼茶较粗糙,中间做眼以穿茶饼,看起来也不太雅观。所以南唐开始制作去掉穿眼的饼茶,并附以腊面,使之光泽悦目。宋开宝年间下南唐,特别嗜茶的宋太祖一眼便看中这个地方,定为专制贡茶之地。宋太宗太平兴国(976—984年)初期,朝廷开始派贡茶使到北苑督造团茶。为区别于民间所用,特颁制龙凤图案的模型,自此有了龙团、凤饼。

龙团、凤饼与一般茶叶制品不同,它把茶艺术化。制造这种茶的专门模型刻有龙凤图案,压入模型称"制中有方形、有花,有大龙、小龙,品色不同,其名亦异"。制造这些茶程序极为复杂,采摘茶叶须在谷雨前,且要在清晨,不见朝日。然后精心拣取,再经蒸、榨,又研成茶末,最后制茶成饼,过黄焙干,使色泽光莹。制好的茶分为十纲,精心包装,然后入贡。

宋朝贡茶不只龙凤茶,还有所谓京挺的乳、白乳头、金腊面、骨头、次骨等。龙茶供皇帝、亲王、长公主,凤茶供学士、将帅,的乳赐舍人、近臣,白乳供馆阁。

2.以点茶为主的饮茶方式

宋元时期继续延续唐代的饮茶之风,并且更加大众化、日常化。唐人直接将茶置釜中煮,直接通过煮茶、救沸、育华产生沫饽,以观其形态变化。宋人改用点茶法,即将团茶碾碎,置碗中,再以不老不嫩的滚水冲进去。但不像现代等其自然挥发,而是以"茶筅"充分打击、搅拌,使茶均匀地混合,成为乳状茶液。这时,茶汤表面呈现极小的白色泡沫,宛如白花布满碗面,称为乳聚面,不易见到茶沫和水离散的痕迹,如茶与水开始分离,称"云脚散"。由于茶液极浓,拂击愈有力,茶汤便如胶乳一般"咬盏"。乳面不易云脚散,又要咬盏,这才是最好的茶汤。

宋徽宗赵佶精于点茶,亲撰《大观茶论》,总结点茶技艺。据蔡襄《茶录》和赵佶《大观茶论》,归纳点茶法的程序有备器、择水、取火、候汤、熁盏、洗茶、炙茶、碾磨罗、点茶、品茶等。

3.斗茶、分茶的兴起

"斗茶"又称为"茗战",是一种品评茶叶的活动。"斗茶"时以盏面水痕先现者为负,耐久者为胜。它起源于福建建安北苑贡茶选送的评比,后来民间和朝中上下皆效法比斗,成为宋代一种风尚。每到新茶上市时节,人们竞相比试,评优辨劣,争新斗奇。

分茶,是一种建立在点茶基础上的技艺性游戏。通过技巧使茶盏面上的汤纹水脉幻变出各式图样,若山水云雾,状花鸟虫鱼,类画图,如书法,所以又称茶百戏、水丹青。

4.茶馆文化的正式兴起

宋时,随着全国范围内饮茶普及,城镇茶馆开始勃兴,使茶馆文化得到了较大的发展。现存茶馆的确切记载,见诸唐代封演的《封氏闻见记》,其中说开元时北方一些城市"多开店铺,煎茶卖之"。北方如此,那么,盛产茶的南方开设茶馆当会更早。但茶馆业的真正兴起,却是宋及宋以后的事。据孟元老《东京梦华录》载:北宋时,汴京城内的闹市区,茶坊已是鳞次栉比。茶馆的营业形式多种多样,还出现了晨开昼歇或专供夜游的特殊茶馆。茶馆的装饰格调也各不相同,据吴自牧《梦粱录》载:杭城茶肆"插四时花,挂名人画,装点店面"。可见,宋时的茶馆,无论在经营方式还是装修布置上,都有新的发展。同时,茶馆文化有了新的发展。

5.茶向周边地区和国家传播

宋元时代在中国历史上是海内外贸易空前繁荣的时期,漫长的海岸线上出现了一批海外贸易港口。宋元时代的泉州港取代唐代的广州港,成为最大的对外贸易港口。此时期,茶叶成为海内外贸易的重要出口物质,除了大理国,其他少数民族所生活的地区均不产茶,但是这些原本似乎与茶无缘的民族最终不仅接受了饮茶,而且与汉族相比,茶在他们生活中不可或缺。少数民族最初接受饮茶是出于对汉文化的憧憬,而最终接受饮茶的根本原因是茶叶使得这些民族的饮食结构合理化,因为茶叶具有消化肉食和补充维生素的功能。

茶除了向周边其他民族传播,还向东亚其他国家传播,如宋代的北苑茶传播到了朝鲜半岛,通过中国商船向日本传播等。

(三)宋代茶文化的历史地位

至宋代,饮茶之风风靡全国,连周边少数民族政权统治下的民众也深受影响。茶叶生产不仅技术有了很大进步,而且同其他经济作物生产一样,出现了很多专业园户,进行面向市场的商品生产和经营。其时的茶饮文化、茶器具文化、茶的文学艺术等也随之丰富和繁荣起来,并且渗透到思想学术、宗教信仰、生活生产习俗中,从而使宋代茶文化蔚为大观。

1."点茶法"在中华茶饮文化中独树一帜

宋代的点茶法催生了中华茶艺的发展,也促进了茶馆业之兴。"点茶""分茶""斗茶",

是将茶饮注入精神和文化，使之实用和审美兼得的一种方式，彰显了茶艺活动的趣味性和生动性，在当时非常盛行，连边境内外的少数民族的茶饮方式都深受影响，习而用之。

2.茶道文化促成了中华文化重教崇德传统

宋代文人将茶比作高雅正直的君子，将佳茗比作如花似玉的美人，把茶上升到天人合一的高度，上升到品德品性的高度，上升到治国政德的高度，将茶和人生哲学、道德伦理结合起来，将饮茶、品茶融入儒家思想中，赋茶以教化功能。这在宋代是极具代表性的。

宋徽宗在《大观茶论》序言中表达了茶思想的内核："至若茶之为物，擅瓯闽之秀气，钟山川之灵禀，祛襟涤滞，致清导和，则非庸人孺子可得而知矣；冲淡简洁，韵高致静，则非遑遽之时可得而好尚矣。"他提倡品茶的精神境界为"清、和、淡、洁，韵高致静"，俨然是以一种道家态度来看待中国茶道的基本精神。

3.茶文学为后世留下众多文学艺术珍宝

宋代是茶文化非常繁荣的时代。在这一时期，文人士大夫不仅主持茶业生产，为茶著书立说，而且热衷茶饮，精研茶艺，讴歌茶文化，写下了无数关于茶文化的文学作品，尤其是众多脍炙人口的诗词篇章，给后人留下了珍贵的茶文化艺术瑰宝。钱时霖等的《历代茶诗集成》共收录宋代茶诗5297首；现存茶词始见于苏轼，此后有黄庭坚、舒亶、秦观、赵鼎、张孝祥、吴文英等70余位词人都曾作有茶词，共计514首。这些诗词题材广泛，涵盖了几乎所有的茶文化内容；名家众多，大多数诗词名家都写过茶诗词。因茶具有物质和精神的双重属性和"天人合一"内在联系，所以往往成为宋代诗词中的文化意象，以茶论人说事况物释典，无所不包。

四、转型时期

（一）明清茶文化的盛极而衰

1.以泡茶为主的饮茶方式

明代在制茶技术上有很大改变，明太祖朱元璋为了减轻百姓的生活压力，改变权贵的奢华风气，于是下令改革了茶业。明洪武二十四年（1391年），明太祖朱元璋下诏废团茶，改贡散茶，团茶只保留一部分供应边销。于是饮茶方式上出现了较大变化，"唐煮宋点"成了历史，取而代之的是沸水冲泡茶叶的泡饮法。明人认为这种饮法"简便异常，天趣悉备，可谓尽茶之真味矣"。清正、袭人的茶香，甘洌、醇醇的茶味以及清澈的茶汤，更能让人领略茶天然之色、香、味。

明朝的饮茶步骤简单了，但文人雅士对饮茶环境的追求更高了。他们追求清幽之处，几个人约为茶会，茶会大多在山水林木之间，远离尘俗的纷扰。明朝茶会追求的是一种隐逸之风，不同于宋代的茶宴之风。茶会参与人数不会太多，要么一人独啜，要么三两好友同饮，很少有宋代茶宴的热闹。陈继儒的"一人得神，二人得趣，三人得味"道出了明人饮茶的情趣。

明朝的散茶种类繁多,有虎丘、罗岕、天池、松萝、龙井、雁荡、武夷、大盘、日铸等。这些都是当时很有影响的茶类,其中以武夷茶最为著名。总体来看,明朝的饮茶方法以及茶叶种类和现在区别不大,可以说现在的喝茶习惯基本源于明朝。

2.制茶技术的全面革新

明代制茶完全过渡到以炒青绿茶为主。蒸青工艺虽依然存在,但已不占主导地位,尤其高档茶更是如此,因此出现制茶言必称炒的局面,甚至于炒茶成了制茶的代名词,散茶成了茶叶的等同词。

明代炒青制法技术先进、工艺完整,全面系统和准确地总结了中国古代炒青制法的经验。这种经验突出反映在罗廪《茶解》一书中,包括采茶、萎凋、杀青、摊凉、揉捻、焙干等工序,每道工序均有具体而详细的操作方法和技术要求。

明清之际,除了炒青绿茶大行其道外,由于社会经济的发展,尤其是社会商品经济的发展,砖茶、花茶、红茶、乌龙茶都有相当的发展。如果说砖茶是历史上紧茶的蜕变,花茶是源于宋代团饼茶的添香,那么红茶、乌龙茶的创制和兴盛则完全是外销需求刺激的结果。红茶起源于16世纪,最先发明的是小种红茶,是用没有焙干的毛茶,经堆压发酵、入锅炒制而成。1660年,荷兰商人第一次运销欧洲的红茶就是福建崇安县(现武夷山市)星村生产的小种红茶。后来小种红茶逐渐演变为工夫红茶,时间至迟在乾隆十六年(1751年)。那时清人董天工《武夷山志》中已明确记载有"小种"和"工夫"的茶名。虽然学术界对红茶创制时间尚有争论,但在红茶创制于明末清初的武夷山,然后传播到江西、安徽及各地,它的大盛主要是外销需求刺激的结果这一点上没有异议。据专家考证,青茶是福建安溪劳动人民于清雍正三年至十三年(1725—1735年)间创制的,首先传入闽北,后传入我国台湾等省。实际上青茶是在绿茶、红茶制造工艺上发展起来的,因此它产生于红茶之后也是理所当然的,同时它又是一种不同于绿茶、红茶的新茶类。这种茶创制后同样风靡一时,尤其在美国最为畅销。

总之,明清两代是中国古代茶叶制造技术的鼎盛时期,近代茶叶制造技术产生前,鲜有新的茶类出现和新的制茶技术问世。茶叶制造技术的萧条随着中国传统社会的没落而日益显现。至于道光及同治年间红茶生产的飞跃发展阶段,并没有包含技术飞跃发展在内,故朱自振先生说:"这也许是我国传统茶业在国外近代茶业兴起之前的一段回光返照吧。"

3.清代饮茶风尚

到了清代,饮茶这一形成于唐宋时代的独具魅力的生活艺术也发展到了新的高峰。随着传统农业、手工业的发展和商品经济的显著提高,茶叶的产量也有了大幅度提高。茶叶不仅作为出口商品远销海外,而且大量投放国内市场。在北京、南京、苏州、杭州、佛山等繁荣的工商业城市,茶叶贸易相当发达;在茶区,富商大贾竞相奔走其间,他们成为将茶叶输送到全国各地的最主要的媒介。这使饮茶风气在社会上更为普及,茶叶真正地走入了民间。如果说清代以前各代的品茶,在相当大的程度上作为一种能够显示高雅素养、寄托情感、表现自我的艺术活动而被文人雅士所刻意追求、创造和欣赏的话,那么到了清代,品茶则在一定意义上摆脱了贵族气和书卷气,真正走入万户千家,踏进寻常巷陌,最终使以之为中心,包括饮食、戏曲等文化现象的又一综合性文化即茶馆文化发展到了最高峰。除此之外,具有浓郁地方特色的各种茶俗,也在这一时期得到定型和发展。

清代饮茶艺术的这些新发展,并不意味着上承明代的传统的饮茶方法就此走向衰落和消亡。相反,唐代以来流传千年并得以不断完善的传统饮茶艺术,在这一时期得到了诸如茶叶新品种的栽培成功、制茶技术的改进以及制瓷水平的提高等一系列条件和保证,古人在茶叶、茶具、茶水、饮法等方面的讲究不但得以充分继承,更为重要的是,饮茶的精神内涵 —— 怡情养性、陶冶情操等也走出了狭小的文人圈,步入民间,成为社会普遍的追求。

4.茶馆的兴盛

明清茶馆继承了宋代茶馆的基本特征,在具体内容上又有不少和宋代茶馆不一样的地方,这些差异是茶馆在适应明清社会发展和茶客需求后进行调整的结果。唐宋时期是中国茶馆发展的第一个高峰,明清则是第二个发展高峰,也是古代茶馆的最后一个高峰。

清代的茶馆已经完全融入中国人的日常生活中。茶馆数量大增,种类更为丰富、功能更为齐全。综合性茶馆、主题性茶馆纷纷出现。许多小说都把事件发生地设置在茶馆,当时在茶馆中喝茶的茶客"有盛以壶者,有盛以碗者,有坐而饮者,有卧而啜者""日夕流连,乐而忘返,不以废时失业为可异者"。清代茶馆环境优美、布置雅致,有字画、盆景点缀其间,精选优质的茶叶来泡茶,非常适合文人雅士静心品茗。此外,乡村小茶馆多设于景色宜人之处,少了几分城市的喧闹嘈杂,多了几分淳朴的民风,既卖茶,也经营茶食,还兼带饭馆的功能,不过其所卖食物不同于饭馆的菜肴,以当地富有特色的小吃为主。

5.茶文化的转型

清代是我国传统茶文化的转型期,明末开始发展起来的资本主义经济在清代有了进一步发展。仅从茶业方面看,清代茶树栽培、茶叶加工技术更为完善,茶区面积扩大,产量提高,绿茶、白茶、红茶、黄茶、青茶、黑茶等传统意义上的六大茶类全面形成。特别是茶业经济发展迅速。清代宫廷茶宴盛极一时,民间茶馆、茶庄、茶园林立。

清朝后期,国家饱受帝国主义侵略,有志的知识分子大多抱忧国忧民之心,或变法图强,或关心实业,以求抵制外侮,挽救国家危亡,救民于水火。那种雅玩消闲之举,或玩物丧志的思想不为广大士人所取。况且,国家动乱,大多数人亦无心茶事。这造成中国经过千年形成的茶文化,以及唐宋以来文人领导茶文化潮流的地位终于结束。但传统茶文化并没有从中国大地上消失,恰恰相反,它深入人民大众心中,深入千家万户,与人民日常生活紧密地结合起来。

(二)民国茶文化的曲折发展

1.茶产业的衰退

1911 年辛亥革命爆发,两千多年的帝制轰然倒塌。整个中国进入了一个全新时期,名为民主共和国。民国时期,山河破碎,农业衰败,人们生活困苦不堪,饮茶已不再是国人生活品质上的追求。此外,第一次和第二次世界大战加速了中国茶叶出口贸易的衰退,茶产业与茶文化也日渐式微。如何挽救中国茶业的命运,成为旧中国茶界先贤及有识之士的巨大时代考验。

2.茶文化研究并未断层

国内局势动荡不安,茶文化研究却并未停止。根据民国时期的茶产业发展情况,国内茶文化研究主要集中于茶叶技术的改良与试验、茶业振兴与发展等领域。其中吴觉农1922年发表的《茶树原产地考》和钱樑1937年所写的《世界非主要产茶国试植茶树之经过》是这一时期茶文化(茶史)研究的厚重之作,具有较高的学术水准,也分别从正面和侧面系统地论证了"中国是茶树原产地"这一客观事实。

3.茶文化的低迷

这一时期是中华茶文化的低迷期。1940年傅宏镇辑印《中外茶业艺文志》,由胡浩川作序,收集中外一千四百余部茶书名录。1945年胡山源编辑《古今茶事》,收入古代一些代表性的茶书和茶事资料。鲁迅、梁实秋等也撰写了一些茶事散文。现代小说、戏剧也有对茶事的反映。但这期间,茶文化在整个社会生活中影响较小。

(三)现代茶文化的复兴

1.20世纪50年代

20世纪50年代,全国茶叶生产和茶文化发展均处于千疮百孔的废墟状态。复兴茶产业、发展茶科技、振兴茶文化,重振产茶大国逐渐走向产茶强国之计,成为每个茶文化工作者的职责和担当。1949年11月23日,中国茶业公司成立,统管茶叶生产、收购及内外销业务。这是新中国首家茶叶专业总公司。1954年,农业部(现农业农村部)、外贸部(现商务部)及中华全国供销合作总社联合召开了全国茶叶专业会议,确定"大力发展茶叶生产"方针,并提出"以开展互助合作为中心,积极整理现有茶园,提高单位面积产量,迅速垦复荒芜茶园,有计划地在山区丘陵地带开辟新茶园,改进产制技术,提高茶叶质量"的指导思想。1955年,中国首次评选出十大名茶,分别是西湖龙井、洞庭碧螺春、黄山毛峰、庐山云雾茶、六安瓜片、君山银针、信阳毛尖、武夷岩茶、安溪铁观音、祁门红茶。1958年9月,中国农业科学院茶叶研究所在浙江杭州成立。当代茶文化复苏始于中国台湾地区,1951年,林馥泉出任中国台湾地区制茶工业同业公会总干事,创刊并主编《茶讯》,积极宣传饮茶文化。

2.20世纪60—70年代

1961年,在云南省勐海县巴达区大黑山原始森林中发现一棵树龄1700余年的野生大茶树,主干高达32.12米,直径1.21米,再次为中国是茶树原产地提供证据。1964年

8月,中国茶叶学会成立大会及第一届学术年会在杭州召开。1972年2月,美国总统尼克松访华,毛主席将4两采制于大红袍母树的武夷大红袍作为"国礼"馈赠。1977年,时任中国台湾"中国民俗学会"理事长的娄子匡提出"茶艺"一词,以区别于日本"茶道"、韩国"茶礼"。

3. 20世纪80—90年代

1982年9月,在中国台北市茶艺协会和高雄市茶艺协会的基础上,中国台湾地区的中华茶艺协会成立,并创办《中华茶艺》杂志。此后,茶艺在中国台湾地区迅速推广,并出版了一批茶艺书籍。1983年,湖北天门在陆羽研究小组的基础上成立"陆羽研究会",以研究陆学为本,它是中国大陆第一个地区性茶文化研究组织。1984年,全国茶叶出口量达13.93万吨,中华人民共和国成立以来第一次超过了1886年的历史最高纪录。1987年,中国台湾"春水堂"发明珍珠奶茶,很快在台湾地区掀起一股消费热潮。1988年,中国台湾地区的中华茶文化学会成立,标志着中国台湾地区茶文化发展进入整合阶段。同年6月,中国台湾地区首个正式访问大陆的"台湾经济文化探问团"抵达上海,访问团代表之一的范增平,在沪与壶艺大师许四海公开谈论茶艺,大陆首次认识了"茶艺"这一名词。中国茶叶博物馆于1991年4月正式落成开馆,它是中国第一个国家级茶叶博物馆,全馆分茶史、茶萃、茶事、茶具、茶馆5个展厅。1990年10月,首届中国国际茶文化研讨会在杭州举行,之后每两年举办一届。1993年11月,中国国际茶文化研究会在杭州正式挂牌成立。1995年,中央电视台《话说茶文化》18集电视系列片摄制完成,拍摄组从1994年开始,行走了14个省份共计3万多公里,实地采访各地各民族茶事、茶文化。

4. 21世纪以来

2004年,中国茶叶产量达83.5万吨,百余年来首超印度,恢复世界第一产茶大国的地位。2005年8月15日,时任浙江省委书记的习近平在浙江安吉余村考察时提出了"绿水青山就是金山银山"的重要科学论断。2009年4月20日,首个"全民饮茶日"活动在杭州启动。2010年5月1日,第41届世界博览会在上海开幕,武夷岩茶、安溪铁观音、西湖龙井、都匀毛尖、福鼎白茶、湖南黑茶、润思祁门红茶、一笑堂六安瓜片、天目湖白茶、张一元花茶入选"世博十大名茶"。2019年2月19日,《中共中央 国务院关于坚持农业农村优先发展做好"三农"工作的若干意见》发布,其中,茶作为我国乡村特色产业,再一次被中央一号文件提及。2019年11月27日,第74届联合国大会宣布设立"国际茶日",时间定为每年5月21日,这是以中国为主的产茶国家首次成功推动设立的农业领域国际性节日。

21世纪以来,经过茶界同人和热心茶文化的社会各界人士多年的努力,中华茶文化已进入快速发展阶段。这一阶段,各地茶文化活动更加频繁,规模越来越大,内容也越来越丰富。随着茶文化事业日益昌隆,以茶为礼、以茶待客、以茶会友、以茶雅志、以茶修德已成为国人自觉自发的习俗,茶也因此成为中华文明的象征之一。

话说中国茶·前言

中华民族五千年的悠久历史,孕育了灿烂的文明。在漫长的岁月里,在传统民族文化精神的融会贯通下,中华文明由涓涓细流不断汇入各种支脉,逐渐波澜壮阔,永不断绝。

中国是茶树的原产地,是茶的故乡,是最早发现和利用茶叶的国家。中国三千年的饮茶历史,形成了中华民族独特的茶文化。茶文化是人们在对茶的认识与应用的实践过程中有关物质和精神财富的总和。

作为古老的东方文明的重要组成部分,中国传统文化源于一种根深叶茂、源远流长的农耕文明。以这种文明为背景的文化有其更接近生活、更人性化的一面。这种文化更强调顺应与融入自然,即"天人合一"的观念。在自身的发展过程中,中国传统文化不断吸取各种传统文明的精华,融入了在漫长的封建社会中作为社会思想基础的"儒""释""道"等诸多观念。

在这种大背景下孕育而成的中华茶文化,正是以其独特的亲和力和生活化的形态汇入了民族文化浩荡的长河中,成为一枝悄然独放的奇葩。

中华茶文化的形成与发展过程,应是饮茶人的认识从生理健康到心理健康的发展过程,是一种饮茶人精神的自我修炼与人格完善的过程。这里包括人的整体社会素质,即心理、道德、文化,以及价值取向、人生追求等。

茶是人类和大自然共同创造的杰作。

就今日而言,中华茶文化关注的重心,是人与茶、人与自然、人与人、人与社会的和谐关系。在茗饮中完美地实现人生的价值,这也正是中国茶的品格"和、清、廉、洁"的精神指向与永恒的魅力所在。

诚如李约瑟所言:"茶是中国继火药、造纸、印刷术和指南针四大发明后,对人类的第五个贡献。"

资料来源 中国茶叶博物馆.话说中国茶[M].2版.北京:中国农业出版社,2018.

【思考研讨】

(1)简述中华茶文化发展的历史分期。

(2)为什么茶在唐代得到了快速繁荣的发展?

(3)宋代饮茶方式较唐代发生了怎样的变化?

(4)结合新时代传统文化复兴,谈谈中华茶文化的发展趋势。

【参考文献】

［1］王玲.中国茶文化［M］.北京：九州出版社，2022.

［2］夏涛.中华茶史［M］.合肥：安徽教育出版社，2008.

［3］刘晓芬.千年茶文化［M］.北京：清华大学出版社，2013.

［4］中国茶叶博物馆.话说中国茶［M］.2版.北京：中国农业出版社，2018.

［5］郭孟良.中国茶史［M］.太原：山西古籍出版社，2003.

［6］莫银燕.中华茶文化［M］.长春：吉林人民出版社，2017.

［7］周圣弘，罗爱华.简明中国茶文化［M］.武汉：华中科技大学出版社，2017.

［8］姚国坤.茶文化概论［M］.杭州：浙江摄影出版社出版，2004.

［9］李广德.陆羽《茶经》与当代茶文化的发展［J］.农业考古，2013(02).

［10］龚永新，黄啟亮，张耀武.中国茶文化发展的历史回顾与思考［J］.农业考古，2015(02).

［11］李建华、刘丽莉.中国唐代茶文化探析［J］.茶叶通报，2013(04).

［12］刘礼堂、宋时磊.中华茶文化的源流、概念界定与主要特质［J］.农业考古，2020(05).

［13］蒋敏.20世纪中国茶文化研究概况［J］.中国茶叶加工，2021(02).

［14］新福建·茶道：国兴茶兴，百年茶业复兴路(上)/(下)［EB/OL］.2021(07).

［15］田野.中国茶文化的历史变迁与当代呈现［J］.文化月刊，2018(01).

第二讲　茶品类

【内容提要】

(1)按照地域划分,我国有四大茶区:江北茶区、江南茶区、西南茶区、华南茶区。

(2)依据茶叶的制作工艺划分茶类,可把茶叶分为基本茶类和再加工茶类。

(3)对茶叶的品质可利用感官,从茶香、茶色、茶味和茶形四个方面进行鉴别。

(4)根据加工方式和发酵程度,通常把茶叶分成绿茶、红茶、黄茶、白茶、青茶(乌龙茶)、黑茶六大类。

【关键词】

茶树种植与采摘;六大基本类茶;茶叶品质鉴别

案例导入

茶叶分类 ISO 国际标准"出炉"的幕后故事(节选)

临危受命

标准是一种重要的技术规范,掌握了国际标准制定的主导权,可以加强技术方面的支配力,进而占据竞争优势。我国是茶叶的发源地,茶叶的种植、生产、加工、消费的数量始终占全球首位,各类茶产品特别是绿茶产品的出口贸易占据主导地位。但长期以来,我国在茶叶国际标准化建设方面进展滞后。

早在 1979 年,我国就有学者将茶叶分成绿茶、黄茶、黑茶、青茶(俗称乌龙茶)、白茶和红茶。这个分类方法奠定了现代茶叶科学分类的基础,并被广泛认可和应用,但未以标准的形式进行规范。

国际标准化组织食品技术委员会茶叶分委会成立于 1981 年,秘书处设在英国。截至目前,这个委员会一共发布了 35 项标准,其中由我国主导制定并发布的标准有 3 项。在现存的 7 个工作组中,茶叶分类、乌龙茶、绿茶术语、茶多酚等 4 个工作组召集人均由我国专家担任。

2008 年茶叶分类组的中国代表人选一直是个令人犯愁的问题:这个代表中国政府的技术专家人选不仅要精通茶叶技术,而且要英语口语比较好,最重要的是,需要具备比较强的统筹协调及管理能力。因为这个茶叶分类组里有来自印度、日本、英国等 9 个国家的 31 位专家。一次开会的偶然场合,时任国家质量监督检验检疫总局标准化司农业食品处处长的徐长兴(现任国家市场监督管理总局标准技术管理司副司长)遇见了时任安徽农业大学校长的宛晓春。徐长兴立即眼前一亮,因长年从事科研,宛晓春有国外进修研学的经历,他的英语口语与外语专业老师不相上下。就这样,"为茶而生"的宛晓春成为国际标准化组织食品技术委员会茶叶分委会中国代表,开始了长达十余年的茶叶分类技术起草工作。

力求精准

作为著名学者陈椽教授的学生，宛晓春说自己正是因为站在"巨人"老师的"肩膀"上，才使得茶叶分类国标工作有了一定基础，从而能顺利地推进工作。"你看陈椽老师多英明，早在 20 世纪 50 年代创立茶业系时用的就是'业'而不是'叶'。我们学校至今仍然是全国农业大学里唯一设立茶业系的大学。当时他在业界使用茶叶'发酵'这个词时可能觉得也不是很精准，特地在发酵上加了一个双引号，以区别于食品化学里的发酵一词，真是智慧无穷啊。"宛晓春说。

茶叶分类技术起草工作任务艰巨，且没有专项的科研经费。专家们都是靠着情怀倾注心血。"茶叶国际标准既是业界技术规则的拟定，更是国家间利益的博弈。"安徽农业大学茶与食品科技学院院长李大祥感慨道。他作为宛晓春的学生、除召集人之外的唯一在茶叶分委会茶叶分类工作组注册的中国专家，一路目睹着 15 年走下来的不容易。两年一次的专家组会议，大家总是操着不同发音的英语争论得面红耳赤。2018 年，我国牵头的茶叶国际标准制定项目即将进入投票阶段，专家们再次发生比较大的观点分歧。"我们之前提出的茶叶分类标准主要依据加工方法和品质来分类，并将化学分类作为附录用于六大茶类的辅助分类。有国外专家提出异议，要求先进行六大茶类的分类，然后通过化学分类来判别茶类，这样有技术数据支撑。我们接纳了国外专家的这个建议，所以茶叶分委会最后决定拆分为茶叶分类和茶叶化学分类方法这两个项目。"李大祥介绍，因为是国际标准，六大茶类要在全球取样，有的国家还不一定主动给，他们只能通过各种关系想办法从境外买回来。数千种的样茶进实验室后先进行感官评审、化学分析、数据分析，研判后再形成报告。

前辈追求科学的严谨和认真态度，激励着年轻一辈学习和前进。李大祥为了将茶学专用词汇翻译精准，常常是"一字捻断数根须"。六大茶类在制作工艺中有众多中国独创的专业性词汇。要做到翻译精准，还要符合历史文化的沿革，中国专家们可谓下了一番深功夫。"更精准的表达才能让世界更深入地了解中国茶叶的丰富内涵。"李大祥说。

兼顾各国

在这个茶叶界的"小联合国"里，由于专家组代表的都是国际茶叶技术专家，因此每个环节、每张投票都公开透明，过程严格谨慎。有任何一位专家提出异议，委员会都要针对每一条意见有理有据地给予答复，最终通过投票来决定是否采纳。

当时有外国专家提出对小种红茶的异议，认为其在制作过程中使用了松枝的烟熏：这不是跟茉莉花茶制作的工艺一样的吗？那它怎么能单独成为一种茶类？中国专家耐心地从小种红茶的历史、做工等慢慢讲起，解释小种红茶是在红茶加工还没有成形的过程中就进行烟熏，不同于茉莉花茶制作后期的烟熏。最终说服了外国专家同意将小种红茶单列成为一种茶类。

最终出台的国际标准根据茶叶加工工艺和品质特征，将茶叶分为红茶（传统红茶、红碎茶、工夫红茶、小种红茶）、绿茶（炒青、烘青、晒青、蒸青、碎绿茶、抹茶）、黄茶（芽型、芽叶型）、白茶（芽型、芽叶型）、青茶（乌龙茶）、黑茶（普洱熟茶、其他黑茶）六大类。同时规定了茶叶关键加工工序的名词术语，如做形、闷黄、渥堆等极具中国特色的关键工序名词。

宛晓春作为中国茶叶专家代表团主要负责人，与专家团一道，在国际标准化组织食品技术委员会茶叶分委会积极抢占国际茶叶标准的制定权,在我国前期研究的基础上,联合多国的 31 位茶叶技术专家,将中国六大茶类的分类体系上升为 ISO 国际标准。如今,他的团队在进一步剖析六大茶类化学品质成分加工转变机制的基础上,结合六大茶类样品的大数据分析和化学计量法,创造性地提出基于化学成分的六大茶类判别方法,制定发布了国家标准《茶叶化学分类方法》,现正在制定 ISO 国际标准"茶叶化学分类方法",作为茶叶分类国际标准的有益补充。

资料来源　杨丹丹.茶叶分类 ISO 国际标准"出炉"的幕后故事 [N].农民日报,2023-05-10(004).

茶树属山茶科山茶属,为多年生常绿木本植物,一般分为灌木型、乔木型和小乔木型。茶树的叶子可制茶,种子可以榨油。茶树一生分为幼苗期、幼年期、成年期和衰老期。其树龄可达二百年,但经济年龄一般为 40~50 年。我国西南部是茶树的起源中心,目前世界上有 60 余个国家引种了茶树。

一、茶树茶区

(一)茶树的生长特性

茶树的生长离不开光、热、气、水、土壤等条件,并与其生长的环境相互联系、相互影响,茶树的性状、茶叶的品质特征都与其生长环境密不可分。茶树喜欢温暖、湿润的气候和肥沃的酸性土壤,耐阴性较强,不喜阳光直射。

1.温度

一年中,茶树的生长期是由温度条件支配的,最适宜茶树新梢生长的温度是 20~30 ℃,不在这个温度区间,茶树新梢的生长速度就比较缓慢。一般气温持续保持在 -10 ℃以下时,茶树就可能受到冻害。如果持续保持在 35 ℃以上的高温,茶树新梢就会出现枯萎和落叶的现象。通常,茶树能够耐受的最高温度是 35~40 ℃,生存临界温度为 45 ℃。

2.雨量

年降雨量在 1500 mm 左右时最适宜茶树生长,一般在茶树生长期中平均每月降雨量有 100 mm 即可。在茶树的生长期中,一般夏季需水量最多,春秋两季次之,冬季最少,如果不能满足水量需求规律,不仅茶树的生长会受到限制,而且会影响茶叶的产量和品质。

3.土壤

土壤是茶树赖以生存的基础,茶树为深根植物,土层深厚、土质疏松、排水和通气较好的壤土适宜茶树生长,而沙土和黏土并不适宜。适宜茶树生长的土壤为 pH 值 4.0~5.5 的偏酸性土壤,以沙壤土、红壤土、黄壤土最为适宜。

4.光照

茶树耐阴,但也需要一定的光照,在比较隐蔽、多漫射光的条件下,新梢内含物丰富,嫩度好,品质高。

(二)茶树的品种分类

1.按照树形分类

茶树的茎是上下连接茶树的根、叶、花和果实的轴状结构体,即茶树地上部分的主干与枝条。茶树根据分枝的性状不同,可分为乔木型、半乔木型和灌木型。乔木型茶树有高大的主干,侧枝大多由主干分枝而出,多为野生古茶树。半乔木型茶树有明显的主干,主干和分枝容易区别,但分枝部位离地面较近。灌木型茶树主干矮小,分枝稠密,主干与分枝不易区分。乔木型茶树主干明显,植株较高大。我国栽培最多的茶树是灌木型和小乔木型茶树。

2.按照树叶分类

茶树也可以叶片面积来区分,一般叶片面积大于 50 cm² 属于特大叶类,28～50 cm² 属于大叶类,14～28 cm² 属于中叶类,小于 14 cm² 属于小叶类。叶面积的计算公式为:叶面积 (cm²)= 叶长 (cm)× 叶宽 (cm)×0.7(系数)。

3.按照发芽时期分类

按照发芽时期分类,主要以头轮营养芽(即越冬营养芽开采期)所需活动积温而定。发芽期早,头芽开采期活动积温在 400 ℃以下;发芽期中等,头芽开采期活动积温在 400～500 ℃;发芽期迟,头芽开采期活动积温在 500 ℃以上。积温是指植物全部生育期有效温度的总和。对茶树而言,茶芽开始萌动到开采时所有天数的有效温度之和,即茶树开采所需的有效积温。

(三)茶树的种植采摘

1.茶树的种植

(1)茶树的繁殖。

茶树繁殖分有性繁殖与无性繁殖两种。有性繁殖是利用茶籽进行播种,也称为种子繁殖。无性繁殖也称为营养繁殖,主要包括扦插、压条、分株、嫁接等方法。茶树分枝性强,在自然条件下一年可发新梢 2～3 轮,在采摘条件下一般一年可发新梢 4～8 轮,个别地区可达 12 轮。新茶树种植后,三年即达到成熟期,可以采摘茶叶。

(2)茶园管理。

茶园的管理包括茶园耕锄、茶园施肥、茶树修剪。茶园耕锄可消除杂草,改良土壤结构,杀虫灭菌等。茶园施肥的原则:以有机肥为主,有机肥和化肥相结合施用;以氮肥为主,磷肥、钾肥相配合;在秋末冬初结合深耕施基肥(有机肥),在采摘季节施追肥(化肥)。茶树的修剪是培养茶树高产优质树冠的一项重要措施。

2.茶叶的采摘

鲜叶采摘某种程度上决定茶叶的产量和品质。名优茶品质优异,经济价值高,因此对鲜叶的嫩度和匀度均要求较高,很多只采初萌的壮芽或初展的一芽一叶。这种采摘季节性强,多在春茶前期采摘。我国的内外销红绿茶是茶叶生产的主要茶类,其对鲜叶原料的嫩度要求适中,采一芽二三叶和同等幼嫩的对夹叶。这种采摘全年采摘次数多,采摘期长,量质兼顾,经济效益较高。我国传统的特种茶类的采摘标准(如青茶的采摘标准)是待新梢发育即将成熟,顶芽开展度8成左右时,采下带驻芽的三四片嫩叶。黑茶等边销茶类,对鲜叶的嫩度要求较低,待新梢充分成熟后,新梢基部呈红棕色已木质化时,才刈下新梢基部一二叶以上的全部新梢。

（四）四大茶区

我国茶区分布极为广阔,在北纬18°～37°、东经94°～112°的广阔范围内,纵横千里,茶园遍布浙江、江苏、安徽、福建、山东、河南、湖北、湖南、陕西、四川、重庆、贵州、云南、广西、广东、海南、江西、台湾等20个省、自治区、直辖市。种茶区域地跨热带、亚热带和温带,地形复杂,气候多变。在垂直分布上,从海拔几十米的平原到海拔两千多米的高山,有上千个县市产茶。各地的地形、土壤、气候等存在着明显的差异。这些差异对茶树生长发育和茶叶生产影响极大。在不同地区,生长着不同类型、不同品种和品质的茶树,形成了中国多样的茶种。我国现有茶园面积110万公顷,全国可分为四大茶区:江北茶区、江南茶区、西南茶区、华南茶区。

1.江北茶区

江北茶区位于长江中下游北部,包括河南、陕西、甘肃、山东等省和安徽、江苏、湖北三省北部。江北茶区是我国最北的茶区,气温较低,积温少,年平均气温为15～16 ℃,年降水量约800毫米,且分布不均,茶树较易受旱。茶区土壤多为黄棕壤或棕壤,江北茶区的茶树多为灌木型中叶种和小叶种,以生产绿茶为主,另有少量黄茶。

江北茶区主要出产绿茶和黄茶,名茶有安徽的六安瓜片、舒城兰花茶、霍山黄芽等,江苏的花果山云雾茶,湖北的仙人掌茶、碧山松针、恩施玉露等,山东的日照雪青、沂蒙碧芽等,河南的信阳毛尖,陕西的午子仙毫、紫阳毛尖等。

2.江南茶区

江南茶区是我国茶叶的主要产区之一,位于长江中下游南部,包括浙江、湖南、江西等省和安徽、江苏、湖北三省的南部等地,其茶叶年产量约占我国茶叶总产量2/3,是我国茶叶主要产区。这里气候四季分明,年平均气温为15～18 ℃,年降水量约为1600 mm。茶园主要分布在丘陵地带,少数在海拔较高的山区。茶区土壤主要为红壤、部分为黄壤。

茶区种植的茶树多为灌木型中叶种和小叶种,以及少部分小乔木型中叶种和大叶种,生产的主要茶类有绿茶、红茶、黑茶、花茶以及品质各异的特种名茶。

绿茶类:浙江有龙井茶、顾渚紫笋等,江苏(苏南)有洞庭碧螺春、南京雨花茶等,安徽(皖南)有黄山毛峰、太平猴魁等,湖北(鄂西南)有采花毛尖、恩施玉露等。

红茶类:浙江有越红工夫茶、温红等,湖南有湖红工夫茶,江西有宁红工夫茶,湖北有宜红工夫茶,安徽有祁门工夫茶,福建有正山小种等。

黄茶类:湖南的君山银针等。

黑茶类:湖南有黑毛茶、湖尖茶等,湖北省有老青茶等。

青茶:福建大红袍、肉桂、水仙。

白茶:福建的白毫银针、白牡丹等。

3.西南茶区

西南茶区位于中国西南部,包括云南省、贵州省、四川省、西藏自治区东南部,是中国最古老的茶区之一,也是中国茶树原产地的中心所在。该区地形复杂,海拔高低悬殊,大部分地区为盆地、高原;气候温差大,大部分地区属于亚热带季风气候,冬暖夏凉。西南茶区土壤类型较多,云南中北地区多为赤红壤、山地红壤和棕壤,四川、贵州及西藏东南地区则以黄壤为主。该茶区茶树品种资源丰富,盛产绿茶、红茶、黑茶和花茶等,是我国发展大叶种红碎茶的主要基地之一。

绿茶类:云南有宝洪茶(十里香茶),四川有竹叶青、峨眉毛峰、蒙顶甘露。

红茶类:云南有滇红工夫茶,四川有川红工夫茶。

黄茶类:四川有蒙顶黄芽。

黑茶类:云南有普洱茶,四川有四川边茶。

紧压茶类:云南有沱茶、圆茶(七子饼)、竹筒香茶、普洱方茶等,四川有康砖茶、金尖茶,重庆有沱茶等。

4.华南茶区

华南茶区位于中国南部,包括广东、广西、福建、台湾、海南等省区,是中国最适宜茶树种植的地区之一。这里年平均气温为 19~22 ℃,年降水量约为 2000 mm,为中国茶区之最。华南茶区资源丰富,土壤肥沃,有机物质含量很高,茶区土壤大多为赤红壤,部分为黄壤。茶区品种资源非常丰富,集中了乔木、小乔木和灌木等类型的茶树品种,部分地区的茶树无休眠期,全年可形成正常芽叶,在良好管理条件下可常年采茶,一般地区一年可采 7~8 轮。该茶区主要茶类有红茶、黑茶、乌龙茶、白茶、花茶等,所产大叶种红碎茶,茶汤浓度较大。

绿茶类:广东有古劳茶,广西有桂林毛尖,福建有天山烘绿、闽东烘青绿茶,台湾有三峡龙井。

青茶类:广东有凤凰水仙,福建有佛手、铁观音、黄金桂、色种茶,台湾有冻顶乌龙、木栅铁观音、杉林溪、膨风茶、阿里山茶、包种茶。

红茶类:云南滇红等。

黄茶类:广东有大叶青茶。

黑茶类:广西有六堡茶。

花茶类:福建茉莉花茶等。

二、茶叶分类

(一)依据产茶季节分类

1.春茶

春茶为清明至夏至(3月上旬至5月中旬)所采之茶,芽叶肥硕,色泽翠绿,叶质柔软,富含营养物质,保健作用强。

2.夏茶

夏茶是在夏至前后(5月中下旬),也就是春茶采后二三十日新发的茶叶采制成的茶。夏茶氨基酸及全氮量减少,使得茶汤滋味、香气多不如春茶强烈。

3.秋茶

秋茶是夏茶采后一个月采制的茶。秋茶新梢芽内含物质相对减少,叶片大小不一,叶底发脆,叶色发黄,滋味、香气显得比较平和。

4.冬茶

冬茶即秋分以后采制成的茶,我国仅云南及台湾尚有采制。秋茶采完气候逐渐转凉,冬茶新梢芽生长缓慢,内含物质逐渐堆积,滋味醇厚,香气浓烈。

(二)依据茶树生长环境分类

依据茶树的生长环境来分类,有"高山茶"和"平地茶"之分。高山茶即产自高山的茶,平地茶是产自平原低地的茶。通常高山茶品质优于平地茶,素有"高山云雾出好茶"之说。

(三)依据茶叶的加工工艺分类

依据茶叶的加工工艺划分茶类是目前比较常用的茶叶划分方法。茶叶根据加工工艺可分为基本茶类和再加工茶类两种。

1.基本茶类

凡采用常规的加工工艺,茶叶产品的色、香、味、形符合传统质量规范的,叫作基本茶类,常规分为绿茶、白茶、黄茶、红茶、青茶、黑茶等。

2.再加工茶类

进一步加工,使茶叶基本质量、性状发生改变的,叫作再加工茶类,主要包括六大类,即花茶、紧压茶、萃取茶、药用茶、功能性茶食品、果味香茶(含有茶饮料)等。

(四)六大基本茶类

我们日常所喝到的茶,都是采摘茶树上的新鲜芽叶加工而成的。根据制法与品质的差异性和加工中的内质主要变化,尤其是多酚类物质氧化程度的不同,通常把茶叶分成绿茶、红茶、黄茶、白茶、青茶(乌龙茶)、黑茶六大类。

1.绿茶

绿茶是中国的主要茶类之一,是指采取茶树的新叶或芽,未经发酵,经杀青、整形、烘干等工艺而制作的饮品。绿茶保留了鲜叶的天然物质,含有的茶多酚、儿茶素、叶绿素、咖啡因、氨基酸、维生素等营养成分也较多。

产地:极为广泛,各产茶省份均有绿茶,六大茶类中产量最高,历史最悠久。

品质特性:绿茶是不发酵茶,较多地保留了鲜叶内的天然物质,从而形成了"清汤绿叶,滋味收敛性强"的特点。按杀青的受热方式,可分为炒青、烘青、晒青和蒸青类绿茶;按形状分,有条形、圆形、扁形、片形、针形、卷曲形等;按香气的类型分则有豆香型、板栗香型、花香型、毫香型等。

加工工艺:杀青—揉捻—干燥。

保健功效:清肝明目、护肤养颜、抗癌、抗辐射、提神醒脑和杀菌消毒。

绿茶的分类如图2-1所示。

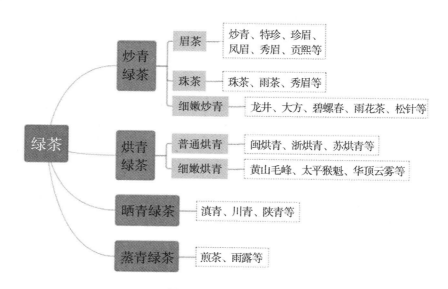

图2-1 绿茶的分类

2.红茶

红茶属全发酵茶,是以适宜的茶树新芽叶为原料,经萎凋、揉捻、发酵、干燥等一系列工艺过程精制而成的茶。

产地:主要产于安徽、四川、云南、福建、湖南等地,除中国以外,印度、东非、印尼、斯里兰卡也有类似的红碎茶生产。

品质特性:红茶在加工过程中发生了以茶多酚酶促氧化为中心的化学反应,鲜叶中的化学成分变化较大,茶多酚减少90%以上,产生了茶黄素、茶红素等新成分,香气物质比鲜叶明显增加,所以红茶具有红茶、红汤、红叶和香甜味醇的特征。香气类型包括蜜香型、花香型、果香型、薯香型等。红茶的种类较多,按照其加工的方法与出品的茶形,主要可以分为三大类:工夫红茶、小种红茶和红碎茶。

加工工艺:萎凋—揉捻—发酵—干燥,其中萎凋和发酵是红茶制作过程中最为关键的两个步骤。

保健功效:降低心脑血管疾病率,如心脏病、心肌梗死等,还可抗衰老,护肤美容。

3.青茶

青茶亦称乌龙茶,为半发酵茶,品种较多,由宋代贡茶龙团、凤饼演变而来,是几大茶类中独具中国特色的茶叶品类。

产地:主要产于福建的闽北、闽南及广东、台湾等地,四川、湖南等省也有少量生产。

品质特性:青茶基本上又可分为闽北乌龙、广东乌龙、台湾乌龙、闽南乌龙。传统工艺讲究金黄靓汤,绿叶红镶边,三红七绿发酵程度,总体风格香醇浓滑且耐冲泡。闽北的武夷岩茶和其他各类青茶相比有较大的差异,主要是岩茶后期的碳焙程度较重,色泽乌润,汤色红橙明亮,有较重的火香或者焦炭味,口味较重,但花香浓郁,回甘持久。青茶的香型较多,一般为花香、果香。闽南铁观音的特点是兰花香馥郁,滋味醇滑回甘,观音韵明显;单枞的特点是香高味浓,非常耐冲泡,回甘持久;台湾乌龙口感醇爽,花香浓郁,清新自然。

加工工艺:萎凋—摇青—炒青—揉捻—烘焙。

保健功效:减肥、美容、降血脂、降血压等。

4.白茶

白茶属微发酵茶,是中国茶农创制的传统名茶,是采摘后不经杀青或揉捻,只经过晒或文火干燥后加工的茶。

产地:主要产区在福建福鼎、政和、蕉城天山、松溪、建阳和云南景谷等地。

品质特性:白茶成茶满披白毫、汤色清淡、味鲜醇、有毫香。最主要的特点是白色银毫,素有"绿妆素裹"之美感,芽头肥壮,汤色黄亮,滋味鲜醇,叶底嫩匀。白茶性清凉,能起药理作用,具有退热降火之功效。白茶的香气主要有毫香型、清香型、花香型、甜香型。白茶因茶树品种、鲜叶采摘的标准不同,可分为白毫银针、白牡丹、贡眉、寿眉。

加工工艺:采摘—萎凋—烘干。

保健功效:清热解毒、明目降火。

5.黄茶

黄茶是中国特产,属轻发酵茶类,加工工艺近似绿茶,只是在干燥过程前或后增加了一道"闷黄"的工艺,促使其茶多酚、叶绿素等物质部分氧化。

黄茶的分类如图 2-2 所示。

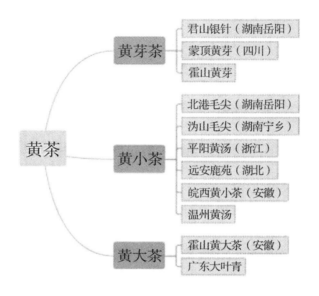

图 2-2　黄茶的分类

产地:安徽、湖北。

品质特性:黄茶的品质特点是"黄叶黄汤"。黄茶具有绿茶的特性,滋味醇和鲜爽,香气清悦,但较绿茶更温和。黄茶的香气包括嫩香型、清香型、花香型、甜香型、焦香型、松烟香型等。因为品种和加工技术的不同,黄茶可分为黄芽茶、黄小茶、黄大茶。

加工工艺:杀青—揉捻—闷黄—干燥。其中闷黄是黄茶类制造工艺的特点,是形成黄叶黄汤的关键工序。闷黄是将杀青和揉捻后的茶叶用纸包好,或堆积后以湿布盖之,时间以几十分钟到几个小时不等,促使茶坯在水热作用下进行非酶性的自动氧化,形成黄色。

保健功效:提神醒脑、消除疲劳、化痰止咳、清热解毒、防癌抗癌、抗菌消炎。

6.黑茶

黑茶因成品茶的外观呈黑色而得名。黑茶属于六大茶类之一,属后发酵茶。

产地:主产区为四川、云南、湖北、湖南、陕西、安徽等地。

品质特性:黑茶是一种后发酵的茶叶,其发酵过程中有大量微生物形成和参与,使茶的香味变得更加醇和,汤色深红透亮,滋味醇厚回甘,多数黑茶所用鲜叶原料较粗老,干茶和叶底色泽都较暗褐。外形分为散茶和紧压茶等,茶型有饼状、砖状、沱状和条状等,香型有菌香型、花香型、甜香型、松烟香和陈醇香等。

加工工艺：黑茶的制作工艺分为初加工、精加工两个部分。

黑毛茶（初加工）的加工流程为杀青—揉捻—沤堆—复揉—干燥。成品茶（精加工）的流程为毛茶—筛选—拼配—渥堆—汽蒸—压制成型—陈化—成品。

保健功效：助消化，解油腻，顺肠胃；防治"三高"疾病；还能降血糖，防治糖尿病。

黑茶的分类如图 2-3 所示。

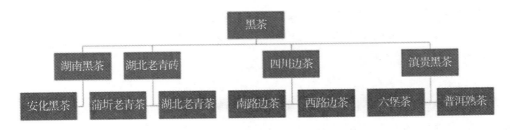

图 2-3 黑茶的分类

三、品质鉴别

茶叶的品质，简单地说是指茶叶的"色、香、味、形"。影响茶叶品质的因素很多，生态环境方面有土壤、气候、海拔、地区、季节等；在技术措施方面有施肥、采摘、初制、精制、储藏、包装等。

（一）茶色

茶叶的色泽分为干茶色泽、茶汤色泽、叶底色泽三个部分。色泽是鲜叶内含物质经过加工而发生不同程度的降解、氧化聚合变化的总反映。茶叶色泽是茶叶命名和分类的重要依据，是分辨品质优次的重要因子，是茶叶主要品质特征之一。

1.茶叶色泽形成的原因

影响茶叶色泽的因素主要有茶树品种、栽培条件、加工技术等。茶树品种不同，叶子中所含的色素及其他成分也不同，使鲜叶呈现出深绿、黄绿、紫色等不同的颜色。栽培条件不同，如茶区纬度、海拔高度、季节、地势、地形不同，茶树所受的光照条件也不同，导致鲜叶中色素的形成也不相同。不同制茶工艺，可制出红、绿、青、黑、黄、白等不同的茶类，表明茶叶色泽的形成与制茶工艺关系密切。在鲜叶符合各类茶要求的前提下，制茶技术是形成茶叶色泽的关键。

(1) 绿茶。

绿茶在杀青过程中抑制了叶内酶的活性，阻止了内含物质的反应，基本保持鲜叶固有的成分。因此形成了绿茶干茶、汤色、叶底都为绿色的"三绿"特征。其绿色主要由叶绿素决定,即深绿色的叶绿素 a 和黄绿色的叶绿素 b。

(2) 红茶。

红茶经过发酵,多酚类充分氧化成茶黄素和茶红素,茶黄素为黄色,茶红素为红色,因此红茶茶汤和叶底都为红色。叶底的橙黄明亮主要由茶黄素决定,汤色红亮是茶红素较多所致。红茶干茶的乌润是红茶加工过程中叶绿素分解的产物——脱镁叶绿素及果胶质、蛋白质、糖和茶多酚氧化产物附集于茶叶表面,干燥后所呈现出来的。

(3) 黄茶。

黄茶在"闷黄"过程中产生了自动氧化,叶绿素被破坏,多酚类初步氧化成为茶黄素,因此形成了"三黄"的品质特征。

(4) 白茶。

传统白茶只萎凋而不揉捻,多酚类与酶接触较少,并没有充分氧化。而且白茶原料毫多而嫩,因此干茶和叶底都带银白色,茶汤带杏色。

(5) 青茶。

青茶经过做青,叶缘遭破坏而发酵,使叶底呈现出绿叶红边的特点,茶汤橙红,干茶色泽青褐。但发酵较轻的青茶,如包种茶,在色泽上与绿茶接近。

(6) 黑茶。

黑茶在"渥堆"过程中,叶绿素降解,多酚类氧化形成茶黄素、茶红素,以及大量的茶褐素,因此干茶为褐色,茶汤呈红褐色,叶底的青褐色是茶多酚氧化产物与氨基酸结合形成的黑色素所致。

2.茶叶色泽的鉴别

(1)干茶色泽。

干茶色泽主要包括色度和亮度。色度即茶叶的颜色及其深浅程度。茶叶色泽的亮暗程度简称亮度。干茶的色泽可以从润枯、鲜暗、匀杂等方面进行鉴别,如表 2-1 所示。

表 2-1　干茶色泽

品质特征	具体说明
润枯	"润"表示茶色一致,外表油润光滑,一般反映鲜叶嫩而新鲜、加工及时合理,是品质好的标志;"枯"是有色而无光泽或光泽差,表示鲜叶嫩度差或加工不当,茶叶品质差。一般陈茶或劣变茶色泽"枯"
鲜暗	"鲜"为色泽鲜艳、鲜活,给人以新鲜感,表示鲜叶嫩而新鲜、加工及时合理;"暗"表现为茶色深而无光泽,一般是鲜叶粗老、加工不当或茶叶陈化造成的
匀杂	茶叶色调一致称为"匀";茶叶色调不一致,多黄片、青条、红梗、红叶、焦边、毛衣等为"杂"

（2）茶汤色泽。

汤色是指茶汤的色泽。汤色主要从色度、亮度、混浊度等方面进行鉴别。

色度是指茶汤颜色。茶汤颜色除了与茶树品种、环境条件、鲜叶老嫩有关，还与鲜叶加工方法有关。各种鲜叶加工方法使各类茶的干茶、汤色和叶底具有不同的颜色。在鉴别茶汤色度时，要注意正常汤色和劣变汤色的区别。正常汤色是指在正常加工、储存条件下的茶叶，冲泡后应具有各类茶汤色度的特征，如绿茶绿汤、红茶红汤、青茶汤色金黄明亮、黄茶黄汤、白茶汤色橙黄明亮或杏黄淡色、黑茶汤色红浓明亮等。劣变汤色是指加工和储存不当引起汤色不纯正，如绿茶汤色混浊、红茶汤色深暗等。

亮度是指茶汤亮暗、透明的程度。凡茶汤亮度好的品质也好，亮度差的品质则次。茶汤能一眼看到底为明亮，深中带浊的称为暗浊。明亮与暗浊能反映茶叶品质的优次。

混浊度是指汤色不清，汤中有沉淀物或细小悬浮物，使视线不易透过茶汤到碗底。一般劣变茶和陈茶的茶汤混浊不清。但混浊茶汤中应注意两种情况：一种是红茶的"冷后浑"，这是咖啡因和多酚类物质的络合物，是红茶品质好的表现；还有一种是鲜叶茸毛多，如碧螺春茶汤中茸毛悬浮在汤表面。

（3）叶底色泽。

叶底的色泽主要是指色度和亮度，其含义与干茶色泽相同。绿茶叶底以嫩绿、黄绿、翠绿明亮者为优，深绿者较差，暗绿带青张或红梗红叶者为最差；红茶叶底以红艳、红亮者为优，红暗者较差，青暗、乌暗花杂者为最差。

（二）茶香

1.茶叶香气形成的原因

茶叶具有特有的香气，是内含香气成分比例与种类的综合反映。茶叶的香气种类虽然有600多种，但鲜叶原料中的香气成分并不多，因此，成品茶所呈现的香气特征大多是茶叶在加工过程中由其内含物发生反应而来的。各类茶叶有各自的香气特点，由于茶树品种、栽培条件和鲜叶嫩度不同，经过不同制茶工艺，形成了各种不同香型的茶叶。如绿茶多为豆香、栗香，红茶多为水果甜香或花香；同一类茶，香气也千差万别。

2.茶叶香气的鉴别

茶叶香气组成复杂，香气形成受许多因素的影响，不同类别、不同产地的茶叶均具有各自独特的香气。如红茶香气常用"馥郁""鲜甜"来描述，而绿茶香气常用"鲜嫩""清香"来表达。一般在评判茶叶香气时，主要从纯异、高低、长短等方面去审评。

香气的"纯"是指某种茶叶应有的香气；"异"是指香气中夹杂其他异味，也称为"不纯"，如烟焦味、酸味、馊味、霉味、陈味、鱼腥味、日晒味、闷熟味、药味、木味、油味等。纯正的香气应注意区分茶类香、地域香和附加香三种类型。茶叶香气类型如表2-2所示。

表 2-2 茶叶香气类型一

香气类型	具体说明
茶类香	某种茶类特有的香气。例如，绿茶有清香，红茶有甜香，青茶有花香。在不同品种香型中又要区别产地香和季节香。产地香又要区别高山、低山、平地茶的香气。一般高山茶香气高于低山茶，加工得当情况下带有花香。季节香是指不同季节茶叶香气的区别。我国红茶、绿茶一般春茶香气高于夏秋茶，秋茶香气比夏茶好
地域香	不同产区茶叶特有的香气。例如，炒青绿茶中有兰花香(安徽舒城)、板栗香(安徽屯溪)等，红茶中有蜜糖香(安徽祁门)、果香等
附加香	由于工艺而生成的香气，也叫工艺香。例如茉莉花、珠兰花、桂花等窨制的花茶，还有正山小种中的松烟香

香气的高低以高、鲜、清、纯、平、粗来区别，具体如表 2-3 所示。

表 2-3 茶叶香气类型二

香气类型	具体说明
高	香气入鼻充沛，有活力，刺激性强
鲜	新鲜，有提神醒脑、爽快的感觉
清	清爽、新鲜、洁净
纯	香气无异杂，气味纯正
平	香气平和，无异杂气味
粗	感觉粗糙的香气，如老青气

长短是指香气持久的程度，如从热嗅到冷嗅都能嗅到茶香为香气长，反之则短。

（三）茶味

1.茶叶滋味形成的原因

不同类型的呈味物质在茶汤中的比例构成了茶汤滋味的类型。茶汤滋味的类型主要有浓烈型、浓强型、浓醇型、醇厚型、醇和型和平和型等。影响滋味的因素主要有品种、栽培条件和鲜叶质量等。茶树品种的一些特征往往与物质代谢有着密切的关系，因而也就导致了不同品种在内含成分上的差异。栽培条件及管理措施合理与否直接影响茶树生长、鲜叶质量及内含物质的形成和积累，从而影响茶叶滋味品质的形成。鲜叶原料的老嫩度不同，内部呈味物质的含量也不同。一般嫩度高的鲜叶内含物丰富，且各种成分的比例协调，茶叶滋味较浓厚，回味好。

不同的茶叶滋味要求不同，一般小叶种绿茶要求滋味浓淡适中，南方的红茶、绿茶要求滋味浓、鲜，青茶要求滋味醇厚，白茶要求滋味清淡，黄茶要求滋味清甜，黑茶要求滋味醇和。

2.茶汤滋味鉴别

茶汤滋味与香气密切相关,在品尝茶汤滋味时应与香气结合起来进行,一般香气纯正滋味就纯正。这里滋味纯正是指各类茶应具有的正常滋味。在正常滋味中应区别浓淡、强弱、鲜爽、醇和,具体如表 2-4 所示。

表 2-4　滋味特征一

滋味特征	具体说明
浓淡	浓淡是可溶性物质在茶汤中含量多少的反映。浓是指刺激性强,茶汤进口就感到富有收敛性;淡则相反,茶汤进口感到滋味淡薄乏味,但属于正常
强弱	茶汤进口就感到强烈刺激性的茶味称为强,反之为弱
鲜爽	具有新鲜而爽口的味感
醇和	醇指味浓而不涩,回味爽平;和表示滋味淡,属于滋味正常

滋味不纯正或变质有异味,可以从苦、涩、粗、异等方面审评,如表 2-5 所示。

表 2-5　滋味特征二

滋味特征	具体说明
苦	苦是茶味的特点,对茶的滋味不能一概而论,应加以区别。茶汤入口时,先微苦后回味甜,表示滋味好;先微苦后不苦,回味不甜次之;先苦后仍苦的最差
涩	涩是指有麻嘴、紧舌的感觉。涩味轻重可以根据刺激部位和范围大小来区别:涩味轻的在舌面两侧有感觉,重一点的整个舌面有麻木感。一般茶汤涩味最重的也只在口腔和舌面有感。先有涩感后不涩属于茶汤滋味的特点,不属于涩,茶汤吐出后仍有涩味的才属于涩
粗	茶汤滋味在舌面感觉粗涩,以苦涩味为主,可结合有无粗老气来评定
异	不正常的滋味,如酸味、馊味、霉味、焦味等

（四）茶形

茶叶的形状是组成茶叶品质的重要项目之一,也是区分茶叶品种花色的主要依据。茶叶的制作工艺决定了茶叶的外形、炒制手法、揉捻工序和加工方式,这些也是茶叶定形的重要因素。

1.茶形形成的原因

茶树品种不同,鲜叶的形状、叶质的软硬、叶片的厚薄及茸毛的多少有明显的差别,鲜叶的内含成分也不尽相同。一般质地好、内含有效成分多的鲜叶原料,有利于制茶技术的发挥和造形,尤其是以品种命名的茶叶,一定要用该品种鲜叶制作,才能形成其独有的形状特征。而栽培条件也直接影响茶树生长以及叶片大小、质地软硬及内含的化学成分。鲜叶的质地及化学成分与茶叶形状品质有密切的关系。采摘嫩度直接决定了茶叶的老嫩，从而对茶叶的形状品质产生深刻的影响。嫩度高的鲜叶，由于其水分足，纤维素含量低，有利于做形，如加工成条形茶，则条索紧结、重实、有锋苗，加工成珠茶则颗粒细圆紧结、重实。

2.茶形的类别

干茶外形的形成及优劣与制茶技术的关系极为密切。制茶技术不同，茶叶形状各式各样，而同一类形状的茶也会因加工技术的好坏而使得形状品质差异很大。例如，以下几种茶叶形状的形成各有不同的特色。

扁平形茶：均是炒青绿茶，经过压制翻炒，使得外形扁平而挺直，代表茶品有龙井茶，也有茶农将黄山毛峰、安吉白茶等其他茶种做成扁平形。

雀舌形茶：这种形状的茶种，所用原料的嫩度要比扁平形茶要求高，也就是更嫩一些。大多为一芽一叶，成茶后，茶叶的外形小巧，叶底可以看到芽叶分离，像麻雀的嘴，如金坛雀舌、余杭雀舌和四川的蒙顶黄芽等。

眉形茶：对原料的嫩度要求也很高，像红茶金骏眉、正山小种；绿茶的一些烘青、晒青茶种等。眉形茶的本意是说茶叶的外形纤细、弯曲度高，像女子的蛾眉。

浓眉形茶：形容茶叶又粗又壮，紧结弯曲，像人的浓眉毛，很多武夷岩茶茶种便是这种形状。

勾曲形茶：揉捻程度更重，所以外形更为弯曲，像钩子，除此之外，外形纤细紧结，例如九曲红梅、手工毛峰等。

曲卷形茶：在加工时用的是回旋型揉捻机，揉捻程度适中，不轻不重，以烘干或半烘干为干燥方式，成茶后外形紧结，曲卷程度高，如山东日照的雪青茶、江苏无锡的毫茶、湖南的高桥银峰等。

蜻蜓头茶：以铁观音为代表茶品。铁观音外形紧结，顶部成不规则的圆块，像蜻蜓头，制作铁观音所用的鲜叶都非常成熟，叶片粗大，做成蜻蜓头茶形体积更小，也更美观。

螺形茶：所用的原料也非常嫩，经过重揉捻，所以外形才会像螺一样卷曲，而且非常纤细紧结，代表茶品有碧螺春、都匀毛尖等。

珠形茶：茶形圆润紧结，像珍珠一样，珠形茶是最圆的茶形，美观性很好，这类圆形紧结的茶有更好的耐泡性，如茉莉龙珠。

颗粒状茶：虽是颗粒状，但并不是圆形，这些颗粒不规整，都带有棱角，只是紧结缩成颗粒而已。例如浙江的绿茶临海蟠毫、安徽的绿茶涌溪火青等。

细沙形茶：袋泡茶中的碎茶，主要代表是红碎茶，也就是将茶叶切碎后制成更细的颗粒状茶形，这种茶耐泡度低，多用来出口作为袋泡茶原料。

粉末状茶：茶叶经过二次加工打磨而成的茶粉，有抹茶粉、速溶茶等。

朵形茶：茶叶保持了鲜叶采摘时的自然形态，制作工艺中没有揉捻的工序，鲜叶采摘杀青后直接烘干，没有经过揉捻的黄山毛峰便是标准的朵形茶。

总之，不同的制法将形成不同的干茶形状，有的干茶形状和叶底形状属同一类型，有的干茶形状属同一类型而叶底形状却有很大的差别。如白牡丹、小兰花干茶形状都属花朵形，它们的叶底也都属花朵形；而珠茶、贡熙干茶同属圆珠形，但珠茶叶底芽叶完整成朵，属花朵形，而贡熙干茶叶底属半叶形。

3.茶形的品质鉴别

茶叶外形品质鉴别主要靠人的视觉，外形与内质有着密切的相关性。茶形的品质鉴别一般包括嫩度、外形、整碎、净度、色泽等五个方面。

（1）嫩度。

嫩度主要是指芽与嫩叶的比例。茶叶的老嫩是决定品质的基本条件，是外形审评的重点因子。因茶类不同，外形规格或形状要求不同，嫩度要求也就不同，凡芽与嫩叶含量多、外形匀整，表明嫩度好；反之为嫩度差。

（2）外形。

茶叶揉紧的条索是不规则的。红毛茶的条索要求紧结有锋苗，属长圆条形；而龙井、大方的条索是长扁条形；青茶条索卷紧结实，略带卷曲。对于其他不成条索的茶叶，如珠茶、红碎茶要求颗粒圆结为好，呈条形则不符合要求。形状（或条索）审评主要是看松紧、曲直、整碎、壮瘦、圆扁、轻重、均匀程度。

（3）整碎。

整碎是指茶叶外形的匀整度。这里包含两种意思：茶叶"个体"之间的粗细、长短、大小是否匀整，茶叶整体是否匀整。

（4）净度。

净度是指茶叶中含有茶类夹杂物（如梗、籽、朴、片等）及非茶类夹杂物（如杂草、树叶、泥沙、石子、石灰、竹片等）的多少。

（5）色泽。

干茶色泽主要从色度和亮度两个方面比较。色度是指茶叶的颜色及深浅程度；亮度是指茶叶表面反射出来的亮光，如油润、乌润等评语都表明干茶色泽光亮，表示品质好。

（五）真茶与假茶的鉴别

假茶多以类似茶叶外形的树叶等制成。目前发现的假茶大多是用金银花、蒿叶、嫩柳叶、榆叶等冒充的，有的全部是假茶，也有的在真茶中掺入了部分假茶。茶叶的真假，一般可以通过对下述几个基本特征的检查与比较来进行鉴别。

（1）外形鉴别。

将泡后的茶叶平摊在盘子上，用肉眼或放大镜观察。

真茶有明显的网状脉，支脉与支脉间彼此相互联系，呈鱼背状而不呈放射状。有三分之二的地方向上弯曲，连上一支叶脉，形成波浪形，叶内隆起。真茶叶边缘有明显的锯齿，接近叶脉处逐渐平滑而无锯齿。

假茶叶脉不明显或过于明显，一般为羽状脉，叶脉呈放射状至叶片边缘，叶肉平滑。

叶侧边缘有的有锯,锯齿一般粗大锐利或细小平钝,有的无锯齿,叶缘平滑。

（2）色泽鉴别。

真红茶色泽呈乌黑或黑褐色而油润,假红茶墨黑无光、无油润;真绿茶色泽碧绿或深绿而油润,假绿茶一般色泽都过绿或异常。

（3）香味鉴别。

真茶含有茶索和芳香油,闻时有新鲜的茶香,刚沏茶汤,茶叶显露、饮之爽口。假茶无茶香气,有一股青草味或有其他杂味。

四、名茶荟萃

（一）绿茶类

1.西湖龙井

西湖龙井,中国十大名茶之一,产于浙江杭州西湖龙井村周围群山,并因此得名。龙井茶外形扁平挺秀,色泽绿翠,内质清香味醇,泡在杯中,芽叶色绿。冲泡后,香气清高持久,香馥若兰;汤色杏绿,清澈明亮,叶底嫩绿,匀齐成朵,芽芽直立,栩栩如生。凭借"色绿、香郁、味醇、形美"四绝著称于世。

2.洞庭碧螺春

碧螺春,中国十大名茶之一,产于江苏苏州吴县(今苏州吴中区)太湖的东洞庭山及西洞庭山一带,所以又称"洞庭碧螺春",以"形美、色艳、香浓、味醇"四绝闻名于中外。碧螺春茶条索紧结,卷曲如螺,白毫毕露,银绿隐翠,叶芽幼嫩;冲泡后茶叶徐徐舒展,上下翻飞;茶水银澄碧绿,清香袭人,口味凉甜,鲜爽生津。早在唐末宋初便列为贡品。

3.信阳毛尖

信阳毛尖又称豫毛峰,中国十大名茶之一,主要产地在河南信阳。信阳毛尖具有"细、圆、光、直、多白毫、香高、味浓、汤色绿"的独特风格。信阳毛尖的色、香、味、形均有独特个性;外形匀整、色泽翠绿有光泽、白毫明显;香气高雅、持久、清新;滋味鲜爽醇香、回甘生津;汤色明亮清澈。

4.黄山毛峰

黄山毛峰,中国十大名茶之一,产于安徽省黄山(徽州)一带,所以又称徽茶。该茶外形微卷,状似雀舌,绿中泛黄,银毫显露,且带有金黄色鱼叶(俗称黄金片)。入杯冲泡雾气结顶,汤色清碧微黄,滋味醇甘,香气如兰,韵味深长,叶底嫩黄肥壮,厚实饱满。

5.太平猴魁

太平猴魁,中国十大历史名茶之一,产于安徽太平县(现改为黄山市黄山区)一带。

其外形两叶抱芽,扁平挺直,自然舒展,白毫隐伏,有"猴魁两头尖,不散不翘不卷边"的美名。其干茶全身披白毫,含而不露,入杯冲泡,芽叶成朵,或悬或沉。品其味则幽香扑鼻,醇厚爽口,回味无穷,有"头泡香高,二泡味浓,三泡四泡幽香犹存"的意境。

6.六安瓜片

六安瓜片简称瓜片、片茶,也是中国十大名茶之一,产自安徽省六安市大别山一带。六安瓜片为绿茶特种茶类,是唯一无芽无梗的茶叶,由单片生叶制成。外形似瓜子形的单片,自然平展,叶缘微翘,色泽宝绿,大小匀整,不含芽尖、茶梗,清香高爽,滋味鲜醇回甘,汤色清澈透亮,叶底绿嫩明亮。

7.峡州碧峰

峡州碧峰,湖北宜昌夷陵区特产,全国农产品地理标志。峡州碧峰属半烘炒条形绿茶,经过摊青、杀青、摊凉、初揉、初干、复揉、复干提毫、精制定级等工序制成。其品质特点:外形条索紧秀显毫,色泽翠绿油润,内质香高持久,滋味鲜爽回甘,汤色黄绿明亮,叶底嫩绿齐整。

8.恩施玉露

恩施玉露是湖北恩施特产的蒸青工艺绿茶,中国国家地理标志产品。恩施玉露外形条索紧细匀整,紧圆光滑,色泽鲜绿,匀齐挺直,状如松针,白毫显露,色泽苍翠润绿;茶汤清澈明亮,香气清高持久,滋味鲜爽甘醇,叶底嫩匀明亮,色绿如玉。"三绿"——茶绿、汤绿、叶底绿,为其显著特点。

(二)红茶类

1.祁门红茶

祁门工夫红茶简称"祁红",产于黄山西南的安徽祁门县境内。祁门红茶条索紧秀、金毫显露,色泽乌黑鲜润泛灰光,俗称"宝光"。香气浓郁高长,似蜜糖香,又蕴藏有兰花香,汤色红艳,滋味醇厚,叶底嫩软红亮。国外称祁红这种地域性香气为"祁门香",誉为"王子茶""茶中英豪""群芳最"。

2.正山小种

正山小种是世界红茶的鼻祖。正山小种外形条索肥实,色泽乌润,泡水后汤色红浓,香气高长带松烟香,滋味醇厚,带有桂圆汤味,加放牛奶,茶香味不减,形成糖浆状奶茶,液色更为绚丽。

3.金骏眉

金骏眉原产于福建武夷山桐木村。

金骏眉外形细小而紧秀,条索紧结纤细,圆而挺直,有锋苗,身骨重,匀整。汤色金黄,热汤香气清爽纯正;温汤(45 ℃左右)熟香细腻;冷汤清和幽雅,清高持久。滋味具有"清、和、醇、厚、香"的特点。叶底舒展后,芽尖鲜活,秀挺亮丽。

4.滇红

云南红茶简称滇红,产于云南省南部与西南部的临沧、保山、凤庆、西双版纳、德宏等地。成品茶芽叶肥壮,苗锋秀丽完整,金毫显露,色泽乌黑油润,汤色红浓透明,滋味浓厚鲜爽,香气高醇持久,叶底红匀明亮。

5.宜红工夫茶

宜红工夫茶条索紧细有金毫,色泽乌润,香气甜纯,汤色红艳,滋味鲜醇,叶底红亮。高档茶的茶汤还会出现"冷后浑"现象。

(三)黄茶类

1.君山银针

君山银针是中国名茶之一,产于湖南岳阳洞庭湖中的君山,形细如针,因此而得名。其成品茶芽壮多毫,条真匀齐,白毫如羽,芽身金黄发亮,着淡黄色茸毫,香气清高,味醇甘爽,汤黄澄高,叶底肥厚匀亮,滋味甘醇甜爽,久置不变其味。冲泡后,芽竖悬汤中冲升水面,徐徐下沉,再升再沉,三起三落,蔚成趣观。

2.霍山黄芽

霍山黄芽,安徽霍山县特产,中国国家地理标志产品。外形挺直微展,色泽黄绿披毫,香气清香持久,汤色黄绿明亮,滋味浓厚鲜醇回甘,叶底微黄明亮。

3.蒙顶黄芽

蒙顶黄芽是芽形黄茶之一,产于四川雅安蒙顶山。蒙顶黄芽外形扁直,芽条匀整,色泽嫩黄,芽毫显露,花香悠长,汤色黄亮透碧,滋味鲜醇回甘,叶底全芽嫩黄。

4.平阳黄汤

平阳黄汤,浙江温州平阳县特产,中国农产品地理标志产品。平阳黄汤干茶外形纤秀匀整,色泽嫩黄,汤色杏黄明亮,香气香高持久,滋味甘醇爽口,叶底嫩匀成朵,具有"干茶显黄、汤色杏黄、叶底嫩黄"的"三黄"特征。

5.远安鹿苑寺黄茶

远安鹿苑寺黄茶产于湖北宜昌远安县西北群山之中,以产地鹿苑寺而得名。鹿苑寺黄茶外形条索环状(俗称环子脚),白毫显露,色泽金黄(略带鱼子泡),汤色绿黄明亮,香气神异,且持久清香,嚓之生津,滋味醇厚,且甘凉绵长,叶底嫩黄匀整。

6.霍山黄大茶

霍山黄大茶产于安徽省霍山县六安一带,因茶茎粗大、颜色发黄被称为"老干烘"。霍山黄大茶外形梗壮叶肥,金黄显褐,梗叶相连形似钓鱼钩,汤色深黄显褐,滋味浓厚醇和,具有高爽的焦香,叶底黄中显褐,叶质柔软。

（四）白茶类

1.白毫银针

白毫银针属于白茶中最高档的茶叶,又名白毫,产于福建福鼎、政和两地。白毫银针芽头肥壮,满批白毫,挺直如针,色白似银,汤色清澈晶亮,呈浅杏黄色,入口毫香显露,甘醇鲜爽。

2.白牡丹

白牡丹,一芽二叶以绿叶夹银白色毫心,形似花朵,冲泡后绿叶托着嫩芽,宛若蓓蕾初放,白牡丹叶态自然,色泽呈暗青苔色,汤味鲜醇。

3.贡眉

贡眉以一芽两三叶为原料,芽头较小,叶片幼嫩,花果香气息明显,口感鲜爽清甜。

4.寿眉

寿眉芽叶连枝,以茶叶为主,叶整卷如眉,其形粗放尽显古朴之风。滋味醇厚浓郁,久存具有枣香、药香、陈香等特点,可泡可煮,耐泡十足。

（五）青茶类

1.闽南乌龙：铁观音

铁观音,主要产区在福建安溪。铁观音具有独特"观音韵",清香雅韵,冲泡后有天然的兰花香,有"七泡有余香之美誉"。茶条卷曲,肥壮圆结,沉重匀整,色泽砂绿,整体形状似蜻蜓头、螺旋体、青蛙腿。冲泡后汤色金黄浓艳似琥珀,有天然的兰花香,香气馥郁持久,滋味醇厚甘鲜,回甘悠久。

2.闽北乌龙：武夷岩茶

武夷岩茶是闽北乌龙的主流,也是乌龙茶中独具特色的代表,主要产自武夷山茶区,"岩骨花香"是其主要特点。干茶外形条索紧结卷曲,匀称肥壮,色泽油润明亮,具有特殊的"岩韵",香气浓郁醇厚持久,入口厚醇、回甘迅猛,叶底肥厚柔软、色泽匀齐,呈"青蒂绿腹红镶边"状。岩茶中以大红袍、白鸡冠、铁罗汉、水金龟等著名,其他品种还有瓜子金、金钥匙、半天腰等。

武夷山大红袍为武夷岩茶四大名枞之首,素有"茶中之王"的美誉,其外形条索紧结,色泽绿褐鲜润,冲泡后汤色橙黄明亮,叶片红绿相间。品质最突出之处是香气馥郁有兰花香,香高而持久,"岩韵"明显。

肉桂又名玉桂,原为武夷名丛之一。肉桂的桂皮香明显,香气久泡犹存;入口醇厚而鲜爽,汤色橙黄清澈,叶底黄亮,条索紧结卷曲,色泽褐绿,油润有光。

水仙同样是武夷山传统茶叶品种。水仙外形肥壮,条索紧结卷曲,似"拐杖形""扁担形",色泽绿褐油润而带黄,似香蕉色;内质汤色橙黄或金黄清澈,香气清高细长,兰花香明显,滋味清醇爽口透花香,回甘清爽,叶底肥厚、软亮,红边显现。

3.广东乌龙:凤凰单丛茶

凤凰单丛茶是广东省潮州潮安特产,中国国家地理标志产品。其成品茶外形条索粗壮,紧结匀整,色泽黄褐,油润有光,并有朱砂红点;具有天然优雅花香,香味持久高强;汤色金黄似茶油,茶汤清澈,沿碗壁有金黄色彩圈;滋味浓醇鲜爽,润喉回甘;叶底肥厚软亮,绿叶红镶边。凤凰单丛茶有特殊的山韵蜜味,八泡仍有余香,具有隔夜不馊的特点。

4.台湾乌龙:冻顶乌龙、东方美人

冻顶乌龙茶外形呈半球形弯曲状,色泽墨绿油润,有天然的清香气。汤色蜜绿带金黄,散发桂花清香,味醇厚甘润,喉韵回甘浓郁且持久。

东方美人茶是我国台湾地区独有的名茶,又名膨风茶,因其茶芽白毫显著,又名白毫乌龙茶。它是经小绿叶蝉吸食后产生自然发酵的茶芽所制成的。经小绿叶蝉着蜒后的茶叶呈金黄色,形状如被火烫一般,精制后的茶叶白毫肥大,茶身白、青、红、黄、褐五色相间,鲜艳如花朵,茶汤呈明澈鲜丽的琥珀色,有天然蜜味与熟果香,滋味甘润香醇。

(六)黑茶类

1.普洱茶

普洱茶以云南原产地的大叶种晒青茶再加工而成。普洱茶有新老之分。新的普洱茶指的是刚制成的普洱茶,外观颜色较绿有白毫,味道浓烈,刺激性强。老的普洱茶指的是存放较久的普洱茶,茶叶外观呈枣红色,白毫也转成黄褐色。老的普洱茶由于经过长时间的氧化作用,茶性变得较温和无刺激,茶汤滋味更醇和,香味更浓厚。

2.湖南安化黑茶

湖南安化黑茶分为四级。一级茶条索紧卷、圆直,叶质较嫩,色泽黑润。二级茶条索尚紧,色泽黑褐尚润。三级茶条索欠紧,呈泥鳅条,色泽纯净,呈竹叶青带紫油色或柳青色。四级茶叶张宽大粗老,条索松扁皱折,色黄褐。湖南安化黑茶内质要求香味醇厚,带松烟香,无粗涩味,汤色橙黄,叶底黄褐。

3.广西六堡茶

广西六堡茶,广西壮族自治区梧州市特产。广西六堡茶素以"红、浓、陈、醇"四绝著

称。其条索长整紧结,汤色红浓,香气陈厚,滋味甘醇可口。正统应带松烟和槟榔味,叶底铜褐色。广西六堡茶属于温性茶,除了具有其他茶类所共有的保健作用外,更具有消暑祛湿、明目清心、帮助消化的功效。

4.湖北羊楼洞砖茶

湖北羊楼洞砖茶是湖北省赤壁市特产,中国国家地理标志产品。湖北羊楼洞砖茶主要有青砖茶和米砖茶两种。青砖茶色泽青褐,表面光滑,紧结平整,内质香气纯正,汤色橙红,滋味醇厚回甘,叶底暗褐。随着时间推移,茶叶越陈越香,越浓郁,越纯正。在特定的地域环境条件下,存放较久的陈年青砖茶还可有明显的杏仁香气。米砖茶成品棱角分明,外形美观,纹面图案清晰秀丽,砖面色泽乌亮,冲泡后汤色深红明亮、香气醇和、滋味醇厚。米砖茶乌黑油润、香气纯正、滋味浓醇、汤色深红、叶底红匀。

延伸阅读

茶分类方法初探(节选)

我国对茶分类研究最早最多。唐朝茶圣陆羽将茶分为粗茶、散茶、末茶和饼茶。宋朝将茶分为片茶、散茶、腊茶。元朝则将茶分为芽茶、叶茶。明朝开始将茶分为绿茶、黄茶、红茶等。到清朝各大茶类均出现,分类方法较多,有以销路分类,有以制法、品质或季节等分类。中华人民共和国成立后安徽农业大学茶学专家陈椽教授提出六大茶叶分类方法,并建立了六大茶类分类系统,该方法至今为国内外接受。我国茶叶出口部门为便于管理,将所出口的茶分为绿茶、红茶、乌龙茶、白茶、花茶、紧压茶和速溶茶。中国农业科学院茶叶研究所程启坤研究员提出综合茶叶分类方法,将茶分为基本茶类(即六大茶类)和再加工茶类(花茶、紧压茶、含茶饮料等)两大类。国外茶分类方法研究不多,分类也较简单:欧洲仅将茶分为绿茶、红茶、乌龙茶,日本将茶分为不发酵茶(绿茶)、半发酵茶(白茶、乌龙茶)、全发酵茶(红茶)、后发酵茶(黑茶)和再加工茶(袋泡茶、速溶茶、茶饮料等)。20世纪90年代茶叶深加工技术水平不断提高,新茶产品不断涌现。针对这种状况,西南农业大学茶学专家刘勤晋教授提出了茶三位一体分类方法,将茶分为茶叶饮料、茶叶食品、茶叶保健品、茶叶日用化工品及添加剂。其中茶叶饮料又分泡饮式、煮饮式、直饮式三类。茶三位一体分类方法目前是国内外较全面、较先进的分类方法,但该方法依然有所不足:一是体现茶叶加工技术发展和加工形态变化不足;二是反映我国茶业发展现状和特色不足;三是促进茶叶新产品开发、新技术创新不足。

资料来源　黄友谊.茶分类方法初探[J].茶叶机械杂志.2001(01).

【思考研讨】

(1) 如何将茶进行分类?

(2) 根据茶叶的制作工艺可以将茶叶分成哪几类?

(3) 什么是再加工茶?

（4）请简述六大基本茶类的加工工艺。

（5）请针对你最喜欢的一类茶（或一款茶）进行品质特征的介绍。

【参考文献】

［1］丁以寿.中国茶文化概论［M］.北京:科学出版社,2020.

［2］余悦.图说中国茶文化［M］.西安:世界图书出版社,2014.

［3］尤文宪.茶文化十二讲［M］.北京:当代世界出版社,2018.

［4］陈君君,程善兰.谈茶说艺［M］.南京:南京大学出版社,2015.

［5］王岳飞,周继红,徐平.茶文化与茶健康 —— 品茗通识［M］.杭州:浙江大学出版社,2020.

［6］冀志霞,黄友谊.茶分类方法初探［J］.茶叶机械杂志,2001(01).

［7］李泓瑶.茶汤色差与茶叶感官品质相关性研究［J］.艺术品鉴,2016(11).

［8］刘玮.茶叶感官审评方法中存在的若干问题分析［J］.福建茶叶,2020(06).

［9］胡波,张艳丽,蔡烈伟.六大茶类茶叶的加工及其品质［J］.热带农业科学,2019(12).

第三讲　茶器具

【内容提要】

（1）茶具是用于沏茶、品茗和享受茶文化的重要工具，每种材质的茶具都有其独特的特点和适用范围。

（2）不同历史阶段的茶具有其各自特点，使用茶具时需注意手法技巧和操作规范。

（3）知名茶具的产地有中国的宜兴、景德镇等地。这些茶具以传统的制造工艺和细腻的制作技术而闻名。

（4）正确使用、妥善保管可保持茶具品质，延长茶具使用寿命，更好地体验茶的魅力。

【关键词】

茶具；茶文化；茶具材质；使用手法

案例导入

陈曼生和他的壶

陈曼生与他的紫砂壶之间有一座通达的桥梁。这座桥梁正是以陈曼生的万丈雄心搭建而成的。

清一代众多名家中，嘉庆年间的杨彭年制壶别出心裁，令世人刮目，其制壶不用模子，随手捏成，天衣无缝，被时人推为"当世杰作"。虽然如此，彼时制壶大师英雄辈出，杨彭年单枪匹马，即便加上一个紫砂巾帼妹妹杨凤年，在风生水起的紫砂美器创意时代，也不见得就能够"会当凌绝顶，一览众山小"。杨彭年兄妹以后在紫砂世界的地位，与另一个不曾亲手制作紫砂壶的人休戚相关，此人便是大名鼎鼎的"西泠八家"之一——陈曼生（1768—1822年），正因为有了名士陈曼生与名匠杨彭年兄妹的强强联手，世上才有了承载人类万丈雄心的曼生壶。

陈曼生与曼生壶之间有着什么样的关系呢？

评价一套茶具，本来首先应考虑它的使用价值。茶具只有容积和重量比例恰当，壶把提用方便，壶盖严丝合缝，壶嘴出水流畅，色地和图案脱俗和谐，整套茶具的美观和实用得到融洽的结合，才能称作完美。

但在陈曼生和他的同道看来，紫砂壶仅仅完成功能的作用，仅仅具有简单意义的美观，那便不是艺术的载体，称不上是美器。既然那壶中所蓄之茶，早已不仅仅只为人的生理解渴，更具备了精神的滋润。那盛茶的器皿，自然在此理念统领之下纲举目张，登堂入室，在艺术的殿堂安身立命了。壶形是否脱俗，壶铭、书法、印章、刻工刀法是否充满文人雅趣，都成为欣赏紫砂壶的要义。明清一代的士子，是有其独特的审美意趣的，在审美意蕴上主张平淡、闲雅、端庄、稳重、自然、质朴、收敛、静穆、温和、苍老、古朴……总之，内心世界够丰富了，眼前的物质世界可以反其道而行之。显然，紫砂壶便成了诸种意绪的载体。

传世"曼生壶"，无论是诗，是文，或是金石、砖瓦文字，均镌刻在壶腹或肩部，占据空间大而显眼，所刻铭文篆、隶、楷、行书都有，行楷古雅，八分书尤其"简左超逸"，篆刻追踪秦汉。另外,陈曼生改革了以往的传统手法,将壶底中央钤盖陶人印记的部位盖上自己的大印"阿曼陀室",而把制陶人的印章移在壶盖里或壶把下腹部。从中可见,制壶伊始,陈曼生便清晰地定位了文人在紫砂壶创制中的不二地位。

奇妙的事情就发生在这里:一方面,因为要在紫砂壶上集中表现创造者的诗情画意,便于壶上题识铭文书画装饰,壶的造型便以几何形为主,比较简洁,壶体较大;另一方面,因为壶身不能过小,在储水上恰恰满足了沏茶品茶者的日用需求,又因为讲究壶体的线条流畅之美,壶盖壶身壶嘴反而更加讲究一气呵成、天衣无缝,人们在品饮的时候,反而更加得心应手,紫砂壶的功能与审美就如此完美地结合在一起。

资料来源 王旭烽.茶语者[M].北京:作家出版社,2014.

一、前世今生

茶具,在唐及唐以前的文献中多被称为茶器。它通常是指人们在饮茶过程中所使用的各种器具。茶具的出现和发展过程和酒具、食具一样,历经了从无到有、从共用到专用、从粗放到精致的过程。

茶具的发展是与茶类、饮茶习惯的演变密切相关的。我国早期的茶具是一具多用的,魏晋以后,茶具才从其他器具中逐渐独立出来。至中晚唐时,专为饮茶用的系列茶具才真正得到确立。

(一)魏晋以前

茶成为饮品以后,饮茶过程中所需要的茶具始于何时?对于这个问题,至今还很难回答。但有一点是可以肯定的,茶具的出现是茶成为饮品之后,并随着茶类的创新和饮茶方法的演变而不断演化而来。

1.新石器时期

战国时的《韩非子》中讲道:"昔者尧有天下,饭于土簋,饮于土铏。"意思是说,过去尧拥有天下,用陶器吃饭,用陶器喝水。一般认为,中国最早的饮茶器具是与酒具、食具共用的,是一种小口大肚的、陶制的缶。如果当时饮茶,自然只能以土缶作为器具。史料表明,我国的陶器生产已有七千多年历史。浙江余姚河姆渡出土的黑陶器,便是当时食具兼作饮具的代表作品。

2.汉朝时期

在茶具发展史上,最早谈及饮茶器具的是西汉王褒的《僮约》,其中谈到:"烹茶尽具,已而盖藏。"文中的"尽"作"净"解。《僮约》原是主人与家僮的一份契约,所以文内写有家僮烹茶之前要洗净器具的条文。这便是在我国茶具发展史上,最早谈及饮茶器具的史料。但这里的"具"可以解释为茶具,也可以理解为食具,它泛指烹茶所使用的器具,并不能认定是专用饮茶器具。另外,这种饮茶器具由何物制成、什么式样、做什么用,也都不得而知。近年来,浙江上虞出土了一批东汉时期(25—220年)的瓷器,内中有碗、杯、壶、盏等器具,考古学家认为这是世界上最早的瓷器茶具。有鉴于此,有理由认为,中国饮茶专用器具最早始于东汉。

3.魏晋南北朝时期

魏晋南北朝时期提到饮茶器具的事例就比较多了,但这些例证还仅仅是个案,并不成体系。尽管在汉代已找到茶具的踪迹,但茶具在民间的普遍使用以及成套专用茶具的确立,尚有很长的过渡时期。在这一时期,饮茶器具既有与食具共用的,也有作为单个茶具专用的,因两者并存,故称为过渡期。

这种情况与当时的饮茶方式有关。自秦汉以来,茶已逐渐成为人们日常生活所需的饮品,但当时的饮茶方法粗放,与煮蔬菜食汤相差无几,或用来解渴,或作为食物,如此饮茶,当然不一定需要专用茶具,可以用食具或其他饮具代之。陆羽在《茶经·七之事》中引《广陵耆老传》载:“晋元帝时,有老姥,每旦独提一器茗,往市鬻之。市人竞买。自旦至夕,其器不减。”接着,《茶经》又引述了西晋“四王”政变,晋惠帝司马衷蒙难,后来惠帝从河南许昌回到洛阳,“黄门以瓦盂盛茶上至尊”。这瓦盂当然也是饮茶器了。至今,还存有出土的晋代茶盏托,就是最好的例证。所有这些,都说明中国在汉代以后,隋唐以前,尽管已有出土的茶具出现,但茶具和包括食具、酒具在内的器具之间,区分并不严格,在很长一段时间内,它们之间是共用的。

(二)唐宋茶具

1.唐朝时期

唐时,随着饮茶之风在全国兴起,人们讲究饮茶情趣,茶具已成为品茶和茶文化的主要内容之一。为此,唐代陆羽在总结前人饮茶使用的各种器具后,开列出28种茶具的名称,并描绘其样式,阐述其结构,指出其用途(见《茶经·四之器》):分别包括生火、烧水和煮茶器具;烤茶、煎茶和量茶器具;盛盐和取盐器具;盛茶和饮茶器具;装盛茶具的器具;洗涤和清洁器具等。陆羽提出的这套系列茶具是中国茶具发展史上,对茶具最明确、最系统、最完整的记录。它表明,唐代时中国茶具不但配套齐全,而且已形制完备。

陆羽在《茶经》中提及的只是民间的饮茶器具。1987年,陕西法门寺地宫出土的成套饮茶器具,为人们提供了大唐宫廷饮茶器具的物证。根据同时出土的“物账碑”记载:“茶槽子、碾子、茶罗子、匙子一副七事,共八十两。”这“七事”是指茶碾,包括碾、轴;罗合,包括罗身、罗斗(合或盒)和罗盖;以及银则、长柄勺等。从这些器物上的铭文看,它们制作于唐咸通九年至十年(868—869年),其上又有“文思院造”字样。而文思院乃是设在宫廷内的掌造金银、犀玉之物的机构,表明这些饮茶器具是专为宫廷制作的。同时,在茶罗子、银则、长柄勺上还刻有“五哥”的字样。“五哥”是在唐僖宗(874—888年)李儇小时候,人们对他的爱称,表明这些饮茶器具为宫廷专用。此外,“物账碑”将这些器具列于唐僖宗所供的“新恩赐物”项内,显然这些饮茶器具由唐僖宗供奉。

此外,在法门寺地宫同时出土的宫廷茶器还有琉璃茶盏、五瓣葵口圈足秘色瓷茶碗、素面淡黄色琉璃茶盏和茶托等珍贵的饮茶器具。

2.宋朝时期

宋代流行点茶法。宋代饮用的茶与唐代一样,仍然以紧压茶为主,加工方法也无多少变化。所以,宋代的饮茶器具与唐代相比,在种类和数量上,并无多大变化。但宋人饮茶更讲究烹沏技艺,特别是宋代盛行的斗茶,不但讲究点茶的技与艺,而且对斗茶所用的茶、水和茶具都有讲究,以达到斗茶的最佳效果。与唐代相比,宋代饮茶器具更讲究法度,形制愈来愈精。如品茶器具:唐人推行的是越窑青釉瓷茶碗,宋人时兴的是建窑黑釉碗。煮水器具:唐朝为敞口式的鍑,宋代改用较小的茶瓶(也称汤瓶、执壶)来煎水点茶。碾茶器具:唐代民间用木质或石质的茶碾碾茶,宋时的茶碾虽然也有用木或石制成的,但还有用银、铜、熟铁制作的,形制也有一定变化。

(三)明清茶具

元朝开始,从茶的加工到饮茶方法都出现了新的变化。茶叶蒸后经捣、拍、焙、穿、封加工而成的紧压茶开始衰退,经揉、炒、焙加工而成的条形散茶兴起,出现了直接将散茶用沸水冲泡饮用的方法,逐渐替代了唐宋时将饼茶研末而饮的煮茶法和点茶法。与此相对应的是:元时,一些茶具开始消亡,另一些茶具开始出现。所以,从饮茶器具来说,元代是上承唐宋、下启明清的过渡时期。

1.明朝时期

明朝时期,茶具经历了一次重大变革,这是因为唐宋时期人们以饮团饼茶为主,采用的是煮茶法或点茶法,饮茶器具与此相对应。自元代以后,特别是从明代开始,条形散茶已在全国范围内兴起,饮茶改为直接用沸水冲泡,所以,明代茶具有创新也有发展。

在明代,由于人们饮用的是条形散茶,比早先的团饼茶更易受潮,因此,储茶器具显得更为重要,人们普遍选择储存性能更好的锡瓶储茶。明代的烧水器具主要有炉和汤瓶,其中,炉以铜炉和竹炉最为时尚。饮茶器具最突出的特点,一是小茶壶的出现,二是茶盏的变化。

在这一时期,江西景德镇的白瓷茶具和青花瓷茶具、江苏宜兴的紫砂茶具获得了极大的发展,无论是色泽和造型,还是品种和式样,都进入了穷极精巧的新时期。

2.清朝时期

清代,我国的绿茶、红茶、青茶(乌龙茶)、白茶、黑茶和黄茶六大茶类已经形成。但这些茶类多为条形散茶。所以,无论哪种茶类,饮用时仍然沿用明代的直接冲泡法,基本上没有突破明人的规范。但与明代相比,清代茶具的制作工艺技术有长足的发展,这在清人使用的茶盏和茶壶上表现最为充分。

清代茶壶不但造型丰富多彩,而且品种琳琅满目,著名的有康熙五彩竹花壶、青花松竹梅纹壶、青花竹节壶,乾隆粉彩菊花壶、马蹄式壶,以及道光青花凤嘴壶、小方壶等。

清代的江苏宜兴紫砂壶茶具,在继承传统的同时,又有新的发展。康熙年间制壶名家陈鸣远制作的梅干壶、束柴三友壶、包袱壶、南瓜壶等,集雕塑装饰于一体,情韵生动,匠心独运,穷工极巧。嘉庆年间的杨彭年兄妹和道光、咸丰年间的邵大亨制作的紫砂茶壶,当时也是名噪一时,前者以精巧取胜,后者以浑朴见长。特别值得一提的是当时溧阳县令、"西泠八家"之一的陈曼生(本名陈鸿寿),传说他设计了新颖别致的"十八壶式",由杨彭年、杨凤年兄妹制作,待泥坯半干时,再由陈曼生用竹刀在壶上镌刻诗文或书画,这种工匠制作、文人设计的曼生壶,开创了新风,增添了文化底蕴。

此外,自清代开始,福州的脱胎漆茶具、四川的竹编茶具、海南的生物(如椰子、贝壳等)茶具也开始出现,自成一格,使清代茶具异彩纷呈。

(四)现代茶具

1.国内茶具

现代饮茶器具不但品种繁多,而且质地、形状多样,以用途分有储茶器具、烧水器具、沏茶器具、辅助器具等;以质地分有金属茶具、瓷器茶具、紫砂茶具、陶质茶具、玻璃茶具、竹木茶具、漆器茶具、纸质茶具、生物茶具等。使用时讲究茶器具的相互配置和组合,将艺术美和沏茶需要统一起来。

我国茶具的设计审美主要体现在材质、色彩和造型三个方面。

我国的茶具材质多种多样,有陶土茶具、搪瓷茶具、玻璃茶具、竹木茶具、金属茶具、瓷质茶具等。我国的金属茶具最早出现在南北朝时期,金属材质主要包括锡、铁、铜、金、银等,其中锡制茶叶罐流行至今,常见于高档茶具中。我国使用较多的茶具是瓷质茶具。它们以种类繁多、颇具艺术欣赏价值闻名,在纹饰、造型、器形等方面都有极高的艺术价值。瓷质茶具能彰显鲜明的地域特色,色彩上主要有彩瓷茶具、黑瓷茶具和白瓷茶具。

从色彩风格上看,我国茶具设计大多体现了"中庸之道",主要体现为暖色调的中性色,通常用熟褐色、土黄色、土红色等。茶具上的色彩主要分为表色和底色两种。其中表色指的是装饰花纹的颜色,大多运用蓝色、金色、灰色和红色;底色是指茶具整体的色彩样式,颜色多为灰、黑、蓝、白、土黄和土红。之所以运用这些颜色体现中庸之道,是因为灰色调可以起到辅助与点缀的作用。典型茶具色彩搭配样式就是白色和金色的搭配,以及能够增添立体感与空间感的灰、白二色,而土黄色和土红色作为体现茶具主要色彩基调的颜色,可给人带来恬静安然的惬意感。

在造型审美方面,茶具的款型设计通常展现了工艺师匠心独运的技巧、诗情画意的情感和浓厚的文化底蕴,体现了我国茶文化悠久的历史。

茶具不仅体现了人们在饮茶方面的需求,而且展现了中国人的审美价值,因此是视觉与情感的交融,文化与艺术的结合,融入了多种文化元素。为了将人文情怀呈现于茶具之中,在茶具的图案、结构、造型等细节设计方面都展现了中华民族鲜明的人文情怀。当代茶具设计添加了时尚流行元素,不仅能够展现茶具的实用性,而且注入了当代青年才俊对简单纯粹的生活的热爱。

2.国外茶具

西方世界对茶饮的广泛推广最早来自荷兰。荷兰人在宋元年间与中国进行贸易,给西方世界带去了茶叶并推广了茶叶,到明朝我国正式向欧洲贩卖茶叶。最初茶叶进入欧洲大陆时,由于其价格昂贵,当地人将茶叶认作皇帝的贡品和只有贵族才能享用的奢侈品。但随着贸易往来频繁,茶叶大量向欧洲大陆输入,茶叶成为底层人民也可以享用的日常饮品。18世纪中叶是茶叶在西方蓬勃发展的时期,英国逐渐流行下午茶,靠着自上而下的流传形成了具有独特英国风格特色的"英式饮茶法"。此时欧洲各个国家在茶具设计方面仍保留了我国传统的文化色彩,我国的茶具代表了财富、地位和权力。17世纪中期,荷兰人最早开始对中国茶具的样式进行模仿,这种茶具取名"法扬",是以中国青白瓷器为原型,在瓷器表面釉有花饰的茶具。到18世纪初期,德国陶工开始制作真正的硬质瓷器,被称为德列斯登瓷器。这种瓷器的诞生,为欧洲茶具设计的不断发展奠定了坚实的基础。到18世纪后期,西方大陆的茶具设计融入了西方传统宫廷艺术,逐步形成了欧洲18世纪华丽妩媚、典雅高贵的风格。

同样,从材质、色彩和造型三个方面来分析国外茶具设计审美。

以英国为例,其茶具设计和材质体现了唯美和浪漫的审美。英国人通常拒绝使用产生暗沉视觉联想的材质,偏好使用能让人产生美丽情愫和美好联想的材质。在茶具的设计方面,英国人也表现出对未来的美好憧憬以及内心深处对自然的喜爱。他们喜欢玻璃茶具,认为玻璃茶具既透明又时尚,可以使人的身心与视觉获得同等享受,还能够在泡茶时通过玻璃欣赏到花茶在冲泡过程中舒展、旋转的舞姿。英国人还喜欢使用陶瓷、金属茶具等。

英国人同中国人的饮茶习惯有所不同,英国人比较喜欢喝花茶,他们饮用花茶时使用的茶具的色彩会根据茶叶种类的不同而有所变化,其目的在于表现出花茶的自然芳香,以及给人带来淡雅清新之感。为了反映出黄菊花的清新淡雅,通常使用纯白色的茶具;为了映衬出红茶的暖意,通常使用紫色与粉色相互叠加的茶具。英国的茶具运用淡雅清新的颜色,为了表现出自然的和谐之美、纯洁之美,喜欢以白色搭配自然色调,这点与中国喜欢使用中性色调不同。英国的茶具能够散发自然的气息与芬芳,绿色、紫色和黄色等自然颜色在白色的映衬下更能表现出自然的美。

从造型上来讲,由于中西文化的不同,英国对茶具的设计有别于东方的审美,是一种独特的茶具设计审美。英国的茶具设计有一种婉约柔和的美,细腻之中饱含柔情,使人感受到淡雅中的高贵以及更多的视觉联想。英国人将茶具设计成倒梯形或倒三角形,表现出更注重生活情趣和细节。英国人设计的茶具注重弯曲角度与弧线等细节,茶具造型多为圆柱体和球体。英国茶具设计往往会加入欧洲审美元素,在茶具的细节设计上可以看到夸张与对立的设计要素,体现了西方设计对时尚理念的追求。

二、知器善用

历代茶具名匠创造了质地不一、形态各异、丰富多彩的茶具艺术品,传世之作更是不可多得的文物珍品。现将流行广、应用多,在茶具发展史上占有重要地位的茶具,结合其产地做分类介绍。

（一）玻璃茶具

1.茶具特点

玻璃,古人称之为流璃或琉璃,是一种有色半透明的矿物质。这种材料制作的茶具色泽鲜艳,给人光彩照人之感。我国的琉璃制作技术虽然起步较早,但直到唐代,随着中外文化交流的增多,西方琉璃器的不断传入,才开始烧制琉璃茶具。陕西扶风法门寺地宫出土的由唐僖宗供奉的素面圈足淡黄色琉璃茶盏和素面淡黄色琉璃茶托,是地道的中国琉璃茶具,虽然造型原始、装饰简朴、质地显浑、透明度低,但表明我国的琉璃茶具在唐代已经起步,在当时堪称珍贵之物。唐代元稹曾写诗赞誉琉璃,说它是"有色同寒冰,无物隔纤尘。象筵看不见,堪将对玉人"。难怪唐代在供奉法门寺塔佛骨舍利时,也将琉璃茶具列入供奉之物。宋时,我国独特的高铅琉璃器具相继问世。元、明时,规模较大的琉璃作坊在山东、新疆等地出现。清康熙时,在北京还开设了宫廷琉璃厂。自宋至清,虽有琉璃器件生产,但身价名贵,以琉璃艺术品为主,只有少量茶具制品,始终没有形成琉璃茶具的规模生产。

近代,随着玻璃工业的崛起,玻璃茶具很快兴起。玻璃质地透明,光泽夺目,可塑性强,用它制成的茶具,形态各异,用途广泛,加之价格低廉,购买方便,受到茶人好评。在众多玻璃茶器中,以玻璃煮茶壶、茶杯最为常见,用它煮茶泡茶,茶汤的色泽、姿色,茶叶在冲泡过程中的沉浮移动都尽收眼底。因此,接待宾客时用玻璃茶具冲泡各种细嫩名优茶,最富品赏价值。

2.使用手法

玻璃导热快,器具使用的手法原则是安全、卫生、美观。如果是带柄的壶、杯,则用拇指、食指、中指指腹提稳拿住柄部即可。

如果不带柄,则用右手指腹端住玻璃杯下部,左手指腹托住杯底,或拿稳盖碗边缘,避免器具烫手。

3.注意事项

玻璃质地轻脆易破碎,使用不慎可能会割手。

平常使用时需轻拿轻放。玻璃不保温、导热快,使用时要注意拿握手柄或玻璃杯底部,避免烫伤。极寒天气需温杯,以防器皿炸裂。一些不具备观赏价值且需要高温冲泡的重发酵茶,不宜使用玻璃茶具冲泡。

（二）瓷器茶具

1.茶具特点

(1)青瓷茶具。

青瓷茶具以浙江生产的质量较好。早在东汉年间,已开始生产色泽纯正、透明发光的青瓷。晋代浙江的越窑、婺窑、瓯窑已具相当规模。宋代，作为当时五大名窑之一的浙江龙泉哥窑生产的青瓷茶具，已达到鼎盛时期，远销各地。明代，青瓷茶具更以其质地细腻、造型端庄、釉色青莹，纹样雅丽而蜚声中外。16 世纪末，龙泉青瓷出口法国，轰动整个法兰西，人们用当时风靡欧洲的名剧《牧羊女》中的女主角雪拉同的美丽青袍与之相比，称龙泉青瓷为"雪拉同"，视为稀世珍品。这种茶具除具有瓷器茶具的众多优点外，因色泽青翠，用来冲泡绿茶，更有益汤色之美。不过，用它来冲泡红茶、白茶、黄茶、黑茶，则易使茶汤失去本来面目，有些美中不足。

（2）白瓷茶具。

白瓷茶具具有坯质致密透明，上釉、成陶火度高，无吸水性，音清而韵长等特点。因其色泽洁白，能反映出茶汤色泽，传热、保温性能适中，加之色彩缤纷，造型各异，堪称饮茶器具中之珍品。早在唐时，河北邢窑生产的白瓷器具已"天下无贵贱通用之"。唐朝白居易曾作诗盛赞四川大邑生产的白瓷茶碗。元代，江西景德镇白瓷茶具远销国外。如今，白瓷茶具更是精益求精，白釉茶具适合冲泡各类茶叶。

（3）黑瓷茶具。

黑瓷茶具始于晚唐，鼎盛于宋，延续于元，衰微于明、清。这是因为自宋代开始，饮茶方法已由唐时煎茶法逐渐改变为点茶法，而宋代流行的斗茶，又为黑瓷茶具的崛起创造了条件。

宋人衡量斗茶的效果，一看茶面汤花色泽和均匀度，以"鲜白"为先；二看汤花与茶盏相接处水痕的有无和出现的迟早，以"盏无水痕"为上。时任三司使给事中的蔡襄，在他的《茶录》中就说得很明白："视其面色鲜白，著盏无水痕为绝佳。建安斗试，以水痕先者为负，耐久者为胜。"而黑瓷茶具，正如宋代祝穆在《方舆胜览》中说的"茶色白，入黑盏，其痕易验"。所以，宋代的黑瓷茶盏成了瓷器茶具中的最大品种。福建建窑、江西吉州窑、山西榆次窑等，都大量生产黑瓷茶具，成为黑瓷茶具的主要产地。在出产黑瓷茶具的窑场中，建窑生产的"建盏"最为人称道。建盏配方独特，在烧制过程中使釉面呈现兔毫条纹、鹧鸪斑点、日曜斑点，一旦茶汤入盏，能放射出五彩纷呈的点点光辉，增加了斗茶的情趣。明代开始，由于"烹点"之法与宋代不同，黑瓷建盏"似不宜用"，仅作为点缀观赏"以备一种"而已。

（4）彩瓷茶具。

彩瓷茶具的品种花色很多，其中尤以青花瓷茶具最引人注目。青花瓷茶具其实是指以氧化钴为呈色剂，在瓷胎上直接描绘图案纹饰，再涂上一层透明釉，然后在窑内经1300 ℃左右高温还原烧制而成的器具。然而，对"青花"色泽中"青"的理解，古今亦有所不同。古人将黑、蓝、青、绿等诸色统称为"青"，故古时"青花"的含义比现在要广。青花瓷茶具的特点是花纹蓝白相映成趣，有赏心悦目之感，色彩淡雅，有华而不艳之力。加之彩料之上涂釉，显得滋润明亮，更平添了青花瓷茶具的魅力。

直到元代中后期，青花瓷茶具才开始成批生产，景德镇成了我国青花瓷茶具的主要生产地。由于青花瓷茶具绘画工艺水平高，特别是将中国传统绘画技法运用在瓷器上，也成为元代绘画的一大成就。元代以后除景德镇生产青花瓷茶具外，云南的玉溪、建水，浙江的江山等地也有少量青花瓷茶具生产，但无论是釉色、胎质，还是纹饰、画技，都不能与同时期景德镇生产的青花瓷茶具相比。明代,景德镇生产的青花瓷茶具,诸如茶壶、茶盅、茶盏,花色品种越来越多,质量愈来愈高,无论是器形、造型还是纹饰等都冠绝全国,成为其他生产青花瓷茶具的窑场模仿的对象。清代,特别是康熙、雍正、乾隆时期,青花瓷茶具在古陶瓷发展史上,又进入了一个历史高峰,超越前朝,影响后代。康熙年间烧制的青花瓷器具,更是史称"清代之最"。

综观明清时期,由于制瓷技术提高,社会经济发展,对外出口扩大,以及饮茶方法改变,青花瓷茶具获得了迅猛的发展,除景德镇外,较有影响的还有江西的吉安、乐平,广东的潮州、揭阳、博罗,云南的玉溪,四川的会理,福建的德化、安溪等地。

2.使用手法

瓷器茶具小巧精致,使用瓷器盖碗的时候用惯用手拇指和中指端住盖碗、紧抠盖碗边缘,食指轻按碗盖起到固定作用。如果是带柄的公道杯、茶杯,则拇指、食指、中指指尖提稳拿住柄部,其余手指并拢、微内扣即可。

3.注意事项

瓷器茶具是一种精美的传统手工艺品,尤其是上过釉之后的盖碗,表面很光滑,握住盖碗的时候要注意手指力道,太松器具会掉落,太紧会打翻碗盖,开水溢出烫伤手指。使用时需要多次练习,拿捏好力度。

(1)轻拿轻放。

使用瓷器茶具时,要轻柔地握取和放置,避免过度用力或摔落。瓷器制品较为脆弱,碰撞和震动容易损伤釉面,使茶具产生裂纹甚至缺口,因此持握瓷器茶具应温和稳定,轻拿轻放,以免造成破损。

(2)避免急剧温度变化。

瓷器茶具对温度变化非常敏感,避免将其暴露在急剧温度变化的环境下。例如,不要将冰冷的瓷器茶具直接置于沸水中,以免瓷器开裂。使用瓷器茶具冲泡茶叶之前,最好先用温水预热。在注水时,要缓慢、均匀地倾注,避免热水四溅烫伤。

(3)避免用硬质清洁工具洗刷瓷器茶具。

在清洗瓷器茶具时,应使用柔软的海绵或布轻轻擦拭,避免使用金属钢丝球或较硬的刷子清洁,以免刮伤茶具,破坏釉面。

(4)妥善保存。

使用后及时清洗茶具,并确保茶具完全干燥后进行存放,避免潮湿环境和阳光直射。同时要尊重瓷器茶具的价值,作为传统文化的珍贵遗产,瓷器茶具承载着丰厚的历史和文化内涵,尊重茶具才能体会其中的美妙之处,从而更好地欣赏和享受茶文化。

(三)紫砂茶具

1.茶具特点

紫砂茶具由陶器发展而成,是一种新质陶器。它始于宋代,盛于明清,流传至今。北宋梅尧臣的《依韵和杜相公谢蔡君谟寄茶》中说道:"小石冷泉留早味,紫泥新品泛春华。"
欧阳修的《和梅公仪尝茶》云:"喜共紫瓯吟且酌,羡君潇洒有余清。"说的都是紫砂茶具
在北宋刚开始兴起的情景。至于紫砂茶具由何人所创已无从考证。据说,北宋大诗人苏
轼在江苏宜兴独山讲学时,好饮茶,为便于外出时烹茶,曾烧制过由自己设计的提梁式紫
砂壶,以试茶审味,后人称它为"东坡壶"或是"提梁壶"。苏轼诗"银瓶泻油浮蚁酒,紫碗
铺粟盘龙茶"就是诗人对紫砂茶具赏识的表达。但从确切的文字记载而言,紫砂茶具始
造于明代正德年间。

今天紫砂茶具是用江苏宜兴南部及其毗邻的浙江长兴北部的一种特殊陶土,即紫金
泥烧制而成的。这种陶土含铁量大,有良好的可塑性,烧制温度以 1150 ℃左右为宜。紫
砂茶具的色泽,可利用紫泥色泽和质地的差别,经过"澄""洗",使之出现不同的色彩,如
可使天青泥呈暗肝色,蜜泥呈淡赭石色,石黄泥呈朱砂色,梨皮泥呈冻梨色等;另外,还可
通过不同质地紫泥的调配,使之呈现古铜、淡墨等色。优质的原料、天然的色泽,为烧制
优良紫砂茶具奠定了物质基础。

宜兴紫砂茶具之所以受到茶人的喜爱,除了因为这种茶具风格多样、造型多变、富有
文化品位、在古代茶具中别具一格外,还与这种茶具的质地适合泡茶有关。后人称紫砂
茶具有三大特点,就是"泡茶不走味,贮茶不变色,盛暑不易馊"。

紫砂茶具的质量以产于江苏宜兴的为佳,与其毗邻的浙江长兴亦有生产。经过历代
茶人的不断创新,"方非一式,圆不一相"就是人们对紫砂茶具器形的赞美。一般认为,一
件好的紫砂茶具必须具有三美,即造型美、制作美和功能美,三者兼备方称得上是一件美
善之作。

2.使用手法

紫砂茶具中,以紫砂壶最具代表性,这里主要介绍紫砂壶的使用方法。

(1)横把壶执法。

拇指插入壶把空心处,食指、中指、无名指握住壶把,倒水时以小臂为中心旋转倾倒,
肘部不可抬起,另一手食指轻压壶盖,配合完成倒茶动作。

(2)端把小壶执法。

食指压住壶盖,拇指和中指捏紧壶把,无名指顶住壶把下半部分的外侧,小指紧贴无
名指,不抬指或伸直外翘。移动小壶时以肘关节为原点移动小臂,倒茶时手腕发力,大臂
和小臂保持不动。

(3)端把大壶执法。

大壶因其体积大、质量重,一只手难以操作,故泡茶时可用惯用手拇指、食指、中指一
起捏紧壶把,另一只手的食指、中指轻压壶盖,以惯用手手腕发力倾倒出汤,双手手臂保
持不动。

3.注意事项

紫砂茶具是中国传统茶具中的珍品,具有独特的材质和造型,使用时需要注意以下
事项。

（1）新壶要开火后使用。

新壶开火就是将紫砂壶放入锅中，加入清水覆盖壶身，用大火煮沸后转小火继续煮30分钟，最后让壶自然冷却，这样就可以清除制壶过程中的异味和火燥气息了。

（2）使用完毕需仔细清洗。

在清洗紫砂茶具时，应使用清水轻轻冲洗。因紫砂壶有许多微小气孔，故不能使用洗涤剂直接清洁，否则无法保持茶具的原始质地。如有茶垢附着，可使用软毛刷轻刷。

（3）妥善储存。

紫砂茶具应存放在通风干燥的地方，避免阳光直射和潮湿环境，以防止霉变或影响茶具的质地。使用后，应及时清洗并彻底晾干，避免残留水渍。

（4）要经常使用。

紫砂茶具需要经常使用，茶汤的渗透和浸润有助于壶身的养护与提味。定期冲泡茶叶，可以使紫砂壶具备良好的茶香和光泽，壶体历久弥新。

（四）漆器茶具

1.茶具特点

采割天然漆树液汁进行炼制，掺进所需色料，制成绚丽夺目的器件，这是我国先人的创造发明之一。我国的漆器起源久远，在距今约7000年前的浙江余姚河姆渡文化中，就有可用来作为饮器的木胎漆碗，距今4000～5000年的浙江余杭良渚文化中，也有可用作饮器的嵌玉朱漆杯。夏商以后的漆制饮器就更多了。尽管如此，作为饮食器具的漆器，包括漆器茶具在内，在很长的历史发展中，一直未曾形成规模生产。特别自秦汉以后，有关漆器的文字记载不多，存世之物更属难觅，这种局面，直到清代开始才出现转机，由福建福州制作的脱胎漆器茶具日益引起了世人的注目。

脱胎漆器茶具的制作精细复杂，先要按照茶具的设计要求，做成木胎或泥胎模型，其上用夏布或绸料以漆裱上，再连上几道漆灰料，然后脱去模型，再经填灰、上漆、打磨、装饰等多道工序，才最终成为古朴典雅的脱胎漆器茶具。脱胎漆器茶具通常是一把茶壶连同四只茶杯，存放在圆形或长方形的茶盘内，壶、杯、盘通常呈一色，多为黑色，也有黄棕、棕红、深绿等色，并融书画于一体，饱含文化意蕴；且轻巧美观，色泽光亮，明鉴照人；又不怕水浸，耐高温、耐酸碱腐蚀。脱胎漆器茶具除有实用价值外，还有很高的艺术欣赏价值，常为鉴赏家所收藏。

2.注意事项

漆器茶具是一种精美而古老的传统工艺品，具有独特的艺术价值和实用功能。使用漆器茶具需要细心爱护，避免碰撞、过热和与酸碱物质接触。定期保养和妥善存放漆器茶具，可延长其使用寿命，并保持其美观和功能完好。

（1）漆器茶具需仔细使用。

由于漆器茶具采用多层漆涂层制作而成，因此它比其他普通茶具更为脆弱。在使用过程中，要避免猛击、碰撞或摔落，以免损坏茶具表面的漆层。

(2)漆器茶具要防止过热。

虽然漆器茶具经过特殊的工艺处理,具有一定的耐热性,但仍需避免将热水或热茶直接倒入茶具中,以免造成膨胀或变形。建议使用茶壶或茶杯先行冲泡,再将泡好的茶水倒入漆器茶具中。

(3)漆器茶具需要定期保养。

漆器茶具容易受到湿气和阳光的影响,因此需要定期清洁并放置在干燥通风的环境中。清洁时,应用温水轻轻擦拭茶具表面,并用干净柔软的布进行护理,切忌使用粗糙的材料或化学清洁剂,以免刮伤或损坏漆层。

(4)漆器茶具不适宜存放酸性或碱性物质。

漆器茶具的漆层容易与酸碱物质发生反应,因此应避免将酸性或碱性食品直接放入茶具中。如果需要存放一些茶叶或其他干燥物品,可以选择使用内胆进行分隔,并注意室温存放。

(5)漆器茶具需要注意防潮防晒。

漆器茶具对湿气非常敏感,因此在存放茶具时应选择防潮性能好的地方,并保持通风干燥。同时,要避免长时间暴露在阳光下,以免漆层变色或褪色。

（五）竹木茶具

1.茶具特点

隋唐以前,我国饮茶虽渐次推广开来,但属粗放饮茶。当时的饮茶器具,除陶瓷制品外,民间多用竹木制作而成。陆羽在《茶经·四之器》中开列的28种茶具,多数是用竹木制作的。竹木茶具,材料来源广,制作方便,对茶无污染,对人体又无害,因此,自古至今一直受到茶人的欢迎。但缺点是使用寿命短,无法长久保存,缺乏文物价值。到了清代,在四川出现了一种竹编茶具,它既是一种工艺品,又富有实用价值,主要品种有茶杯、茶盅、茶托、茶壶、茶盘等,多为成套制作。

竹编茶具由内胎和外套组成,内胎多为陶瓷类饮茶器具,外套用精选慈竹,经劈、启、揉、匀等多道工序,制成粗细如发的柔软竹丝,经烤色、染色,再按茶具内胎形状、大小编织嵌合,使之成为整齐划一的茶具。这种茶具不但色调和谐,美观大方,而且能保护内胎,减少损坏;同时,泡茶后不易烫手,并富含艺术欣赏价值。因此,多数人购置竹编茶具,不在其用,而重在摆设和收藏。

2.注意事项

竹木茶具是一种天然环保的茶具,注意使用技巧可有效延长竹木茶具的使用寿命。

(1)避免长时间浸泡。

竹木茶具通常不适合长时间泡水,特别是在使用后,应立即将茶水倒掉,避免茶液在茶具内长时间停留,以防止竹木茶具受到腐蚀或变形。

(2)及时清洁与保养。

使用竹木茶具后,应及时进行清洁和保养。使用温水和中性洗涤剂轻轻清洗,并用柔软的布擦干。切勿使用粗硬的清洁工具,以防刮伤茶具表面。竹木茶具相对较轻,使用时要轻拿轻放,避免过度负重或突然摔落,以防止破损或变形。

(3)避免受潮和高温。

竹木茶具对潮湿环境非常敏感,不及时干燥极易发霉,因此应避免接触水源及置于潮湿之处。长时间暴露在阳光下会导致竹木茶具变色和失去光泽,应避免将其暴露在高温环境下,以防止发生变形或开裂。

(4)注意防虫防蛀。

竹木茶具容易受到虫蛀的侵害,因此在存放时要注意采取防虫措施。建议将茶具存放在通风的地方保持干燥,以减少虫蛀的风险。

(5)尊重自然材质。

竹木茶具的制作材料天然环保,每一件都独一无二。在使用时,要尊重并珍惜这种自然材质的美感和独特性,体味竹木茶具带来的自然气息。

(六)金属茶具

1.茶具特点

金属用具是指由金、银、铜、铁、锡等金属材料制作而成的器具,是我国最古老的日用器具之一。公元前221年秦始皇统一中国,青铜器已得到了广泛的应用,古人用青铜制作盘、瓮盛水,制作爵、尊盛酒,这些青铜器皿自然也可用来盛茶。其实,这些青铜茶具最早都是商周时期的青铜酒具。自秦汉至六朝,茶叶作为饮料已渐成风尚,茶具也逐渐从与其他饮具共用中分离出来。大约到南北朝时,我国出现了包括饮茶器具在内的金银器具。到隋唐时,金银茶具的制作达到高峰。20世纪80年代中期,陕西扶风法门寺出土的一套由唐僖宗供奉的鎏金茶具,可谓金属茶具中罕见的稀世珍宝。但从宋代开始,对金属茶具的褒贬不一。元代以后,特别是从明代开始,随着茶类的创新、饮茶方法的改变以及陶瓷茶具的兴起,包括银质器具在内的金属茶具逐渐消失,少有人使用。但用金属制成的储茶器具,如锡瓶、锡罐等,却传用至今。这是因为金属储茶器具的密闭性要比纸、竹、木、瓷、陶等好,具有较好的防潮、避光性能,更有利于散茶的保存。

2.注意事项

(1)及时清洁与保养。

金属茶具使用后应及时清洗,避免茶渍长时间附着在表面。使用温水轻轻洗涤,并用柔软的布擦干。避免使用粗硬的清洁工具,以免划伤金属表面。金属茶具通常不适合长时间浸泡,在冲泡完成后,应及时倒出茶水,避免茶液在茶具内长时间停留,以防止金属茶具受到腐蚀或变色。

(2)避免碰撞。

金属茶具易受到碰撞和刮擦,使用时要轻拿轻放,并避免与其他坚硬物体接触。特别是在清洗和存放时,要避免堆叠或挤压,以防止变形或损坏。

（3）控制冲泡温度。

金属茶具在冲泡茶叶时会传导热量,因此需要注意控制冲泡温度。避免将过热的水直接倒入金属茶壶或茶杯中,以免烫伤手部。

（4）避免强酸强碱。

金属茶具对强酸和强碱的耐受性较差,因此避免使用含有强酸或强碱的清洁剂。在冲泡茶叶时,也不宜使用过酸或过碱的水,以免对金属茶具造成损害。

（5）注意储存环境。

金属茶具需要储存在干燥通风的地方,避免阳光直射和高温环境。储存时最好使用专用的茶具包装盒或柔软的布料进行保护,以防止刮伤或变形。金属茶具在长期使用过程中可能会出现氧化、变色或失去光泽的情况。可以定期进行抛光处理,使用合适的金属抛光剂将茶具表面的氧化物去除,使其恢复光亮。

三、选配收藏

（一）选配原则

茶具的选配与组合是一门学问,除了茶具本身所具备的功能性和文化性,还应最大限度地发挥茶的品质特性,使茶的物质和精神两种特性得到最大限度体现。因此,茶类的品种和花色、茶具的质地和式样、饮茶的地域与风情、人群的职业与喜好,对饮茶器具的选配都有不同的要求。

1.因茶制宜

名优细嫩茶要用敞口厚底玻璃杯冲泡,能更好地观察茶的形状、姿态和色泽。所以,绿茶、白茶、黄茶中的高级细嫩名优茶,如西湖龙井、洞庭碧螺春、白毫银针、开化龙顶、君山银针等,一般多选用玻璃杯冲泡。

玻璃茶具的生产原料是有色半透明的矿物质,一般为纯碱和石英砂,制成后有透明感。但玻璃茶具直到20世纪才被广泛应用。玻璃茶具可以更好地让饮茶者观察茶汤颜色,欣赏动人的茶姿;而普通绿茶可用瓷质茶壶冲泡,此外,也有用瓷质盏杯冲泡的。

红茶大多选用白瓷茶具冲泡。冲泡方法有单杯泡和双杯泡。选用白瓷茶壶(杯)作冲泡器或饮杯,能使红色的茶汤与白色的容器产生强烈的色差对比,使茶汤显得更加红艳。工夫红茶用双杯法(壶和杯结合)冲泡更佳。普通红茶可选用壶或白瓷盖碗冲泡。

乌龙茶、普洱茶的冲泡,由于水温要高,茶具要能耐温、保香、不走味,通常选用紫砂茶具(潮汕地区用盖碗)作冲泡器。用紫砂壶冲泡乌龙茶或普洱茶时,壶的大小要与杯的多少相配。同时,由于乌龙茶、普洱茶的原料一般比较粗大,紫砂茶具既能体现茶品的特性,又能掩饰这些茶的不足之处。

加料茶,往往在茶中加入贡菊、枸杞、花瓣等。这种茶可配盖碗,会让茶的汤面显得更加丰满。

至于一些艺术(扎束)型茶,诸如海贝吐珠、东方美人等,为了使茶显得美丽动人,可选用茶叶专用的直筒高脚玻璃杯冲泡,或者用香槟酒杯来冲泡。

2.因具制宜

冲泡普通绿茶,有"老茶壶泡,嫩茶杯冲"之说,这里的壶多指瓷质茶壶。

用盖碗冲泡,可以突出花茶的香之美,而掩饰花茶的色之平。盖碗的盖,一是有利保香,二是有利撇茶。另外,也可选用有盖瓷杯冲泡花茶。在北方地区,还习惯于用双杯法冲泡花茶,或用壶泡杯饮的方式冲泡花茶。

带滤网的茶具,特别适宜于冲泡红碎茶或奶茶。

漆器茶具采用天然漆树汁液,经掺色后加工而成。它耐酸、耐碱、耐温、不怕水浸,既有观赏价值,还可以用来泡茶。

我国台湾地区冲泡乌龙茶使用公道杯和闻香杯,目的是使茶汤均匀一致,便于用来闻香。这与台湾地区品乌龙茶特别注重香气有关。

3.因地制宜

江南一带喜饮名优绿茶,以用玻璃或瓷质茶具为宜。

北方地区习惯于饮花茶,多用大瓷壶泡茶,再倒入茶杯饮用。四川及西南地区好饮花茶和炒青绿茶,以使用盖碗冲泡为主。广东、福建、台湾,爱啜乌龙茶,大多用紫砂小壶或瓷质小盖碗泡茶。

同为乌龙茶,潮汕工夫茶用小壶或白瓷盖碗(瓯)冲泡,其品饮杯多用玉白色、人称"象牙白"的枫溪小瓷杯。闽南乌龙茶则用紫砂小茶壶冲泡,饮杯也为紫砂小杯。

冲泡红茶,南方人爱用白瓷杯,北方人则喜用白瓷茶壶,再分别斟到白瓷小盅中,认为共享一壶茶,共乐也融融。

少数民族喝茶,饮茶器具更是异彩纷呈。

布朗族人把茶当作食品,常年吃酸茶。酸茶的制作是在气温较高的五六月份,采来新鲜茶叶煮熟后,堆放在阴湿处让它发霉发酵,然后装入竹筒中埋在土里,一个月左右即可食用。

傣族是西双版纳地区人口最多的少数民族,傣族世代居住在平原河坝的富饶地区。西双版纳还有一支外来民族——拉祜族,数百年前从遥远的川藏高原迁居到西双版纳平原河坝。这支外来民族和当地傣族共同创造出独具特色的竹筒香茶。竹筒香茶有两种制作方法。一种是采摘细嫩的鲜叶,经杀青、揉捻后装入当地特有的甜竹内慢慢烤干,使之具有竹的清香。另一种是将鲜茶与糯米饭同时蒸,中间用纱布隔开,待茶叶软化并充分吸收糯米香气后倒出,立即装入甜竹内塞紧,用文火烤干,这样制作出来的茶,竹香、糯米香、茶香三香俱备,风味独特,已有 200 多年历史。

分布在我国西南高寒山区和高山深谷地区的藏族、珞巴族、门巴族、普米族、羌族等民族,受寒冷气候和陡峭地形等自然条件限制,大多数以高山地区出产的玉米、青稞、马铃薯等为主要口粮。这些民族普遍爱饮酥油茶(酥油是牛、羊奶煮沸搅拌冷却后凝结在表面的一层油脂)。做酥油茶时先把砖茶熬成浓茶汁,然后倒入一个高约 1 米、直径约 10 厘米的木桶,加上酥油、盐巴,用桶内活塞式的木棒上下冲捣,使茶水、酥油、食盐融为一体即成。打好的酥油茶倒入陶罐或茶壶里,置于文火上,随时取用。

我国西北的甘肃、青海、宁夏地区居住着信奉伊斯兰教的回族、东乡族、保安族、撒拉族等民族,他们饮茶也有其独特的风俗,家家户户都备有托盘、茶碗、碗盖组成的盖碗茶具,俗称"三炮台"。盖碗茶配料不一、名目繁多,一般有"八宝茶""十二味茶""红糖砖茶""白糖清茶""冰糖沱茶"等。炮制八宝盖碗茶时,须用开水冲一下碗,然后放入茶叶、冰糖、红枣、枸杞、桂圆肉、芝麻、葡萄干、杏干、柿饼、甘草等配料,盛水加盖,泡两三分钟后可饮用。喝盖碗茶时不用拿掉上面的盖子,也不用嘴巴吹漂在水面上的茶叶,而是用碗盖轻轻向外刮茶水,隔盖啜茗,让茶水缓缓入口,情趣盎然。

4.因人制宜

体力劳动者饮茶重在解渴,饮杯宜大,重在茶具的功能性。脑力劳动者饮茶重在精神和物质双重享受,讲究饮杯的质地、样式和文化性。男士与女士相比,前者重在饮具的精神情趣,后者要求外观秀雅。

至于少数民族饮茶,茶具式样更是奇特。蒙古族牧人在与恶劣的自然环境做斗争中缔造的茶文化,不但体现在奶茶的制作上,而且表现在特定的茶具方面。譬如搅拌奶茶使用的木槌,其形状为倒圆锥形、硬木制成。所用的茶碗用桦木制作,外镶用银,并刻以蒙古族传统的花纹式样,是富足人家常用的茶具,现今多用龙形花纹的细瓷碗代替。盛放奶茶所用的茶壶,多数为铜制,其造型则精巧别致,一般为圆形,嘴小底大,外表发亮,往往在壶盖、提手等位置镶嵌蒙古族传统吉祥花纹图案。此外,蒙古族传统的茶具还有诸如火撑子、捣茶臼、小刀、精致木盒、奶茶桶、各式各样的盘子、勺子等。

近些年,博物馆茶具文创颇受海内外年轻人喜爱。2017年9月,北京故宫博物院举办的"千里江山 —— 历代青绿山水画特展"开幕,展览以《千里江山图》为重点,开发了40多种文创产品,"千里江山手绘杯"就是其中之一,引发了观众浓厚的兴趣。2018年在韩国举办的"故宫文化创意产品国际综合展"中,北京故宫博物院以千里江山为主题,又推出系列文创产品130余件,分为故宫玩偶、宫廷饰品、居家摆件、书画、瓷器、文具等板块,使韩国民众能够直观感受到故宫文化与千里江山的魅力。

(二)收藏得当

1.玻璃茶具的收藏

玻璃茶具是一种晶莹透明且脆弱的茶具,收藏时需要注意以下几点:首先,选择优质的玻璃茶具,确保其材质纯净无杂质;其次,避免暴露在阳光下,因为阳光会使玻璃材质变黄或变脆;再次,要小心避免碰撞和摩擦,以防茶具破裂,还要保持干燥和清洁,避免水渍残留,可以使用柔软的布轻轻擦拭;最后,将玻璃茶具存放在安全的地方,远离小孩和宠物,减少意外碰撞的风险。

2.瓷器茶具的收藏

瓷器茶具作为中国传统茶文化的重要组成部分,有着悠久的历史和独特的艺术价值。在进行瓷器茶具的收藏时需注意几个要点。首先,关注传世名家作品和名窑制作的茶具,它们往往具有更高的收藏价值;其次,仔细观察茶具的制作工艺和质地,寻找完整、无瑕疵的作品;再次,收藏瓷器茶具要注意避免露天展示,避免阳光暴晒和潮湿环境,以防茶具受损或被污染;最后,定期进行保养和清洁,并使用专门的瓷器托盘或布垫来保护茶具。

3.紫砂茶具的收藏

在茶具护养中,紫砂茶具的保养显得尤为突出。而在紫砂茶具中,茶人最关注的是主泡器紫砂壶的保养。在日常生活中,人们所说的养壶其实指的就是对紫砂茶具的养护。养壶目的在于使紫砂壶更好地蕴香育味,进而使其焕发浑朴的光泽和油润的手感。

对于新购的紫砂壶,要注意先用细砂纸擦去附在壶身表面的砂粒,再用茶针撇去壶内砂片,并疏通壶嘴内孔;使用前先用茶泡上一周左右,以清除新壶中的泥味;每次泡完茶后,将茶渣倒掉,并用热水洗去残汤以保持清洁;在泡茶过程中用养壶笔均匀地刷壶身,使壶焕发光泽;清洗表面时,先用水冲洗,再用干净的茶巾擦拭,最后放在干燥通风无异味的地方阴干。

4.其他茶具的收藏

除了玻璃、瓷器和紫砂茶具,还有许多其他类型的茶具可以收藏。对于木质茶具,应选择品质良好的木材,定期保养,避免虫蛀和干裂;对于铁质茶具,要防止生锈,可以使用食用油进行保养和清洁;对于金属茶具,要注意避免氧化和损伤表面装饰。

总之,不论是什么类型的茶具,都需要注意材质选择、存放环境、定期保养和清洁,以确保茶具的完整性和艺术价值。

四、精品鉴赏

(一)景德镇瓷器茶具

江西景德镇有中国瓷都之称。这里制造的白瓷在唐代就闻名遐迩,有"白如玉,薄如纸,明如镜,声如磬"之誉,人称"假白玉"。宋代彭器资的《送许屯田诗》中,赞景德镇瓷器为:"浮梁巧烧瓷,颜色比琼玖。"为此,宋真宗赵恒于景德元年(1004年)下旨,在浮梁县昌南镇兴建御窑,并改昌南镇为景德镇。宋代的青白盏茶具就是以景德镇为主要产地的。当时生产的瓷器茶具,多彩施釉,并以书画相辅,给人以雅致悦目之感。到了元代,景德镇生产的瓷器茶具已有不少远销国外,日本"茶汤之祖"村田珠光爱不释手,将它命名为"珠光青瓷"。明洪武二年(1369年)在景德镇设立专门工场,制造皇室茶礼所需的茶具。景德镇成了全国的制瓷中心,生产的彩瓷茶具造型精巧、质地细腻、书画雅致、色彩鲜丽。明代刘侗、于奕正著的《帝京景物略》有"成杯一双,值十万钱"的记载。清乾隆年间(1736—1795年),景德镇生产的珐琅、粉彩等釉彩茶具,质如白玉,薄如蛋壳,达到了相当完美的程度,成为皇宫中的珍品。至今,在故宫博物院中仍藏有康熙、雍正、乾隆时期的景德镇白瓷茶具。

用景德镇瓷器茶具泡茶,总能相映增辉。茶具因洁白如玉的色泽、别致精巧的造型、匠心别具的书画,成了颇具欣赏价值的艺术品,因而深受世界茶人欢迎,并以拥有为荣。

(二)龙泉青瓷茶具

近年来,中国的考古工作者在浙江省绍兴市上虞区发掘出汉代古窑遗址多处,表明远在东汉时期,古人已经在那里生产出色泽纯正、透明发光的青瓷器。魏晋南北朝时期,浙江的越窑、婺窑和瓯窑已具备一定规模,能生产青釉茶具、彩色茶具。唐代开创了以绘画技术美化青瓷茶具的先例。陆羽对浙江青瓷茶具十分推崇,在《茶经》中写到,"碗,越州上,鼎州次""邢瓷类银,越瓷类玉""邢瓷类雪,则越瓷类冰",认为越瓷比邢瓷、婺瓷都好。顾况《茶赋》说:"舒铁如金之鼎,越泥似玉之瓯。"陆龟蒙用"九秋风露越窑开,夺得千峰翠色来"的诗句,称赞越窑青瓷茶具的瑰丽色彩。唐时,越窑青瓷已颇负盛名。宋代,在中国"五大名窑"中,浙江杭州官窑和龙泉哥窑生产的青瓷茶具发展到了鼎盛时期,因造型端庄,釉色青莹,纹样雅丽,被誉为稀世珍品。明代,青瓷茶具更是蜚声中外。

16世纪末,当龙泉青瓷在法国市场出现时,轰动了整个法兰西。他们认为无论怎样比拟,也找不出适当的词汇去称呼它。后来,只得用欧洲名剧《牧羊女》中的女主角雪拉同的美丽青袍来比喻,从此以后,欧洲文献中的"雪拉同"就成了龙泉青瓷的代名词。

(三)枫溪特种茶具

枫溪本是广东潮州市的一个镇,历史上是潮州窑的所在地,以产白瓷茶具出名。这种白瓷色如象牙,古朴中不乏宝光之气。与此同时,其地产的紫砂茶具,质量也属上乘。而吃潮州工夫茶(即啜乌龙茶),又是潮州一俗。

啜乌龙茶用的是一套古色古香的"烹茶四宝":玉书煨(烧水壶)、风炉(火炉)、孟臣罐(茶壶)、若琛瓯(茗杯)。扁形赭色的烧水紫砂壶,俗称玉书煨,显得朴素淡雅;汕头土陶风炉,娇小玲珑,用来生火烧水;冲泡用的孟臣紫砂罐,系容量仅50～100 mL的茶壶,小的如早橘,大的似香瓜,如今的孟臣罐,已为枫溪白瓷盖碗所替代;若琛瓯原本是小得出奇的紫砂饮杯,只有半只乒乓球大小,仅能容纳4 mL茶汤,如今已为白瓷饮杯所替代。通常三只白瓷饮杯与白瓷盖碗一起,放在圆形的茶盘中。不少潮州吃工夫茶世家,也是"烹茶四宝"的收藏家,家藏几套、十几套,甚至几十套的也不少见。

(四)福州漆器茶具

福州漆器茶具产于福建福州,始于清代。脱胎漆器茶具光彩夺目、明鉴照人,又融书画艺术于一体,所以,与其说它是茶具,还不如说它是一件艺术品,它虽有使用功能,却很少用来泡茶。许多爱茶人都以拥有福州脱胎漆器茶具为贵,往往将其陈列于柜,供人鉴赏。漆器茶具通常是一把壶、四只杯,放在一只圆形或长方形的托盘中。壶、杯、盘多为一色,其中又以黑色为多。近年来,宝砂闪光、嵌白玉、金丝玛瑙、釉变金丝、仿古瓷等新品种漆器茶具的相继问世,更使人耳目一新,特别是创造了红如宝石的"赤金砂"和"暗花"等新工艺以后,漆器茶具更上一层楼。

此外,还有四川竹编茶具,它用细如发丝的竹丝编成外壳,内衬陶瓷茶具,两者之间紧密无间,可谓"天衣无缝"。这茶具为中国特有,亦是不可多得的艺术珍品。这种茶具在浙江安吉亦有生产,受到中外茶人的欢迎。

延伸阅读

唐代丝绸之路上的茶与茶具

大唐盛世是中国文化史上一个里程碑式的文化现象。唐代文化是在继承中国传统文化的基础上,广泛吸取外来文化精华形成的,在中国文化史上有着崇高地位,对世界多地有着深远影响。唐代是我国饮茶历史上重要的转折点。中国第一部词典《尔雅》已经有了关于茶的记载。加拿大学者贝剑铭(A.Benn)认为,尽管很早就有人食用或者饮用茶树的叶子,但直到唐代,茶才从众多植物里独立出来。

唐玄宗开元年间,因为僧人流行坐禅,需要提神醒脑,僧人把茶与其他植物饮品区分开,茶开始和酒并驾齐驱,成为一个有竞争力的饮品品类。约764年,茶圣陆羽完成世界上第一部关于茶叶的专著《茶经》。他总结了茶叶种植、采摘、制作、鉴别和饮用的流程,推动了茶饮的传播。有学者研究,陆羽写完《茶经》短短几十年之后,茶就成为风靡全国的饮品。780年,唐朝开始征收茶叶税,并且很快进行对外贸易,可见饮茶风尚传播的速度之快。2016年,河南巩义一座中晚唐时期墓葬中出土一件唐三彩俑,施黄褐釉和绿釉,粉红色胎,右侧为一坐俑,左侧一风炉上置有茶镀,二者共坐于一个长方形底板上。此件器物被专家认为是最接近陆羽煮茶形象的唐三彩。

与此同时,茶叶、茶具、茶礼逐渐通过陆路和海路贸易传播到周边国家和地区。隋唐时期,茶文化经由中国东部沿海登州(今蓬莱)、扬州、明州(今宁波)等港口到达朝鲜、日本,衍生出后来的韩国茶礼和日本茶道。阿拉伯人所著《印度中国航海记》载:"唐宣宗大中五年(851年),(中国)有一种冲入热水以为饮品的植物……其名为Sakn,中国各都邑皆有贩卖……此物有苦味。"此外,不少出水文物见证了与茶有关的海上贸易。1998年发现的"黑石号"沉船,出水5万多件长沙窑瓷器,不少瓷器上写有"茶盏子"的铭文,表明了其茶具用途,记录了9世纪唐朝茶叶贸易的高峰。

随着唐代饮茶之风盛行,茶马互市在陆上"丝绸之路"兴起。由于这样的贸易往来,"丝绸之路"上很多民族或国家形成了饮茶、恃茶的习惯。"其后尚茶成风,时回纥入朝,始驱马市茶",就是唐与回鹘茶马互市的记载。水陆贸易的畅通,为文化的传播和发展提供了机遇,也促成西方器物的流入,其中最具代表性的当属金银器。金银器的发展与饮茶、品茶风靡相互促进。唐人不仅乐于茶道,而且讲究饮茶用具,一些高级场合大量使用金银茶具。出土与传世金银器中,不少与茶具有关,丰富和扩充了茶文化内涵。

由于唐代饮用的茶绝大多数均先制作成团饼,因此烹茶时要先将茶饼烘干,再用碾子碾碎。唐人饮茶,对茶末的细度有着特殊要求,碾出的茶末要过罗后方可烹煮饮用。有学者研究认为,煎茶道是在水初沸时加适量的盐,二沸时出水一瓢后,用竹夹环击水心 —— 搅击出漩涡,很快将碾罗好的茶末投入水中,稍过一会儿,便将先舀出的那瓢水倒入汤中,三沸时,将烧好的茶舀出。

胡戟在《二十世纪唐研究》一书中说,唐代是我国饮茶历史上前所未有的繁荣时期,由唐代以前的药饮、解渴式的粗放煎饮,发展到细煎慢啜式的品饮,在此基础上形成了饮茶艺术。唐朝茶叶和茶具随着“丝绸之路”走向世界,为茶文化在后世进一步繁荣奠定了坚实基础。陶瓷茶具及金银茶具成为今人领略唐代蓬勃茶文化的物证。

资料来源 张斌.唐代丝绸之路上的茶与茶具 [N].中国文物报,2021-10-19 (007).

【思考研讨】

(1)茶具按照材质可以分为哪些类别?请简要介绍每种类别的特点。

(2)茶具的发展史可以分为哪几个阶段?请简要概括每个阶段的茶具特征。

(3)使用茶具时有哪些注意事项?请列举一些常用茶具的使用技巧和规范。

(4)请列举几个著名的茶具制作产地,并介绍其特色。

【参考文献】

[1]赵艳红,宋伯轩,宋永生.茶·器与艺 [M].北京:化学工业出版社,2018.

[2]中国茶叶博物馆.话说中国茶 [M].2 版.北京:中国农业出版社,2018.

[3]王旭烽.茶语者 [M].北京:作家出版社,2014.

[4]丁以寿,章传政.中华茶文化 [M].北京:中华书局,2012.

[5]程启坤,姚国坤,张莉颖.茶及茶文化二十一讲 [M].上海:上海文化出版社,2012.

[6]胡民强.中华茶文化 [M].北京:中国人民大学出版社,2022.

[7]黄文勇.建盏的文化传承与创新发展 [J].陶瓷,2022(08).

[8]胡庚申.中外茶文化交流在茶具设计的审美比较 [J].福建茶叶,2017(06).

[9]杨万娟.中国少数民族的茶文化 [J].中南民族学院学报(哲学社会科学版),1999(04).

[10]徐诺,庞大伟.蒙古族民俗饮茶文化 [J].福建茶叶,2017(12).

[11]翁伊麟.博物馆文化创意设计研究 [D].南京:南京艺术学院,2021.

第四讲　茶礼俗

【内容提要】

(1) 日常茶礼:以茶表敬意,以茶会亲友,以茶贺节庆,以茶祈平安。

(2) 婚嫁茶礼:婚嫁茶礼的起源与发展,以茶结良缘,以茶定终身,以茶迎佳人。

(3) 祭祀茶俗:以茶祭先祖,以茶祭神灵,以茶伴亡灵,以茶祭茶神。

(4) 民族茶俗:土家族擂茶、白族三道茶、内蒙古奶茶、瑶族打油茶、藏族酥油茶、回族刮碗子茶。

【关键词】

饮茶习俗;祭祀;婚嫁;少数民族

案例导入

茶叶生产习俗与传说（节选）

武夷山是我国名茶之乡,地方官历来十分注重茶叶生产。据《清异录》记载,五代闽国时期,闽王"甘露堂前两株茶,郁茂婆娑,宫人呼为清人树。每春初,嫔墙戏摘新芽,堂中设倾筐会"。嫔妃摘新芽的举动可以说是一种仪式,是闽地采茶之俗的滥觞。宋代时设有御茶园生产"研茶",即将茶叶蒸焙研碎后塑成团状,这种茶被列为贡品。在御茶园内有口通泉井,井旁有"喊山台"和"喊泉台"。自元代开始,每年惊蛰,崇安县令都要在此举行隆重的开山仪式,当县令拈香跪拜、念完祭文后,隶卒便鸣金击鼓,同时高喊:"茶发芽了,茶发芽了!"意为把茶芽"唤醒",从而使它萌发生长。仪式过后,即开山采茶。欧阳修《尝新茶呈圣俞》一诗中对"喊山"这一习俗有生动的描绘:"年穷腊尽春欲动,蛰雷未起驱龙蛇。夜闻击鼓满山谷,千人助叫声喊呀。万木寒痴睡不醒,惟有此树先萌芽。"直到现在,此地茶农仍有喊山的习俗。

资料来源　余悦.事茶淳俗 [M].上海:上海人民出版社,2008.

一、日常茶礼

（一）以茶表敬意

早在 3000 多年前的周朝,茶已被奉为礼品与贡品。唐代刘贞亮赞美"茶有十德",即以茶散郁气,以茶驱睡气,以茶养生气,以茶除病气,以茶利礼仁,以茶表敬意,以茶尝滋味,以茶养身体,以茶可行道,以茶可雅志。饮茶不仅能够达到强身健体的目的,而且能修身养性、和乐亲友,彰显一个人的内涵气质。同时,由于茶本身的清俭、淡洁属性,人们在日常的交往活动中多用"茶"来表示敬意。用茶来表示敬意的方式也有很多种,其中最具有代表性的就是客来敬茶。

1.客来敬茶

中华民族素重礼仪,历来有热情好客的美德。中国被称为礼仪之邦。我国许多地区都有着客来敬茶的传统礼节。约成书于东汉的《桐君录》有记:南方、交州、广州一带煮盐人,煮瓜芦木叶当茶饮,能使人通夜不眠,并"客来先设"。这是关于客来敬茶的最早记载。东晋名士王濛好饮茶,每有客至必以"茶汤敬客"。到了宋代,客来敬茶成为常礼。南宋诗人杜耒有句:"寒夜客来茶当酒,竹炉汤沸火初红。"东晋陆纳的"茶果待客"、桓温的"茶果宴客",至今仍传为佳话。

2.客来敬茶的基本原则

客来敬茶包含了深厚的内涵。它不但要讲究茶叶的质量,而且要讲究泡茶的艺术和待客礼仪。客来敬茶之时对细微之处的把控是非常重要的,如果处理得当,将进一步传递主人对宾客的关怀与尊敬,反之则会显出主人的唐突和不专业。

首先,要做好泡茶前的准备工作。要对客人的饮茶偏好预先做了解,选茶要因人而异。若条件允许,为了尽可能满足客人的需求,也可以多备几种茶叶,供客人选择。在取绿茶等散茶时,应使用茶则、茶匙等专业茶具,切忌用手直接抓取,其目的是防止手气或杂味影响茶叶的品质,也是出于卫生以及对客人的尊重的考虑。茶叶要适量,多则味浓,少则味淡。另外,给客人准备的茶盏、茶杯,也应当着客人的面,以开水温杯,以示清洁。

其次,在泡茶、奉茶的时候要注意礼节。俗话道:"酒满茶半。"给客人斟茶不可入杯太满,七分为敬。在出汤分杯时,应遵循轻柔舒缓的原则。当有两位以上的客人时,端出的茶量、茶色要均匀,不能"厚此薄彼";如果水温过高,还应提醒客人,以免被烫伤。沏茶的顺序要由尊到卑,按顺时针方向进行。茶壶壶嘴不能正对客人,否则有要客人赶快离开的意思。敬茶应双手奉茶,讲究一些的,还会在茶杯下放一个茶盘或者茶托。主人陪伴客人饮茶时,在客人已喝去半杯时及时添加开水,使茶汤浓度、温度前后大略一致。茶叶可以反复泡三至四次,过多冲泡则会影响茶汤的味道。如果茶叶经过反复冲泡后茶汤无色,则暗示逐客。饮茶结束,务必要等客人离开后,才可以收拾茶具。

3.不同地域民族的客来敬茶

东南地区的客家人,以前常年居住在较为偏僻的地方,客人较少,不论何时走进哪一家,主人都会马上取出"茶米",泡一杯香气扑鼻的浓茶敬上。客家人称茶叶为"茶米",他们把茶与米同样看待为生活中不可缺少的东西。来客进门,主人先敬茶,品尝一番后才开始拉家常或谈正事,正如客家人常说的"喝上两杯再说"。

安徽人的茶礼非常讲究,如有贵宾临门,讲究"吃三茶",就是枣栗茶、鸡蛋茶和清茶,三茶又叫"利市茶",象征着大吉大利、发财如意。

湖南怀化地区的侗族喜欢用甜酒、油茶招待客人。请人进屋做客,要用"茶三、酒四、烟八杆"的招待规矩,其中"茶三"就是指"吃油茶要连吃三碗"。

对于宁夏、甘肃一带的回族,喝罐罐茶是迎客时必不可少的礼节。亲友进门,主人和客人一起围坐在火炉旁,熬煮罐罐茶,一边喝茶一边叙旧,气氛融洽。

在南通地区饮茶,主家会根据来者身份,在茶中添加搭配之物。若来客为老人,则会在茶水中加几朵代代花,一是使茶汤香气更浓郁,二是祝福老人子孙代代富贵;若来的是新婚夫妇,则会在杯中放些红枣,寓意甜甜美美、早生贵子。

一些产茶地区的茶农多以上好的细叶嫩茶待客,自己则多饮粗茶。

以茶待客并不是繁文缛节,而是代表真诚敬意,希望通过茶水传递人情味。

4.以茶表敬意的其他方式

除了广为流传的客来敬茶外,以茶表敬意的方式还有很多。

中国历来就有尊师重教的传统,旧时江西南昌地区送学生入私塾启蒙,要备上一份拜师礼,其中会有一包茶叶,以表达对老师的崇敬,也希望老师多多费神教自家的孩子。弟子拜访老师时,饮茶也有特殊的礼节,民国《安义县志》记载:"师位西南,东北面,弟子西面茶。"

敬老是客家人的优良传统,每当有族人进入花甲之年,乡亲们都习惯在老人生日那天祝寿。子女也乐意为父母做寿,宴请亲朋好友。翌日,主家邀请乡亲们一块儿吃擂茶,以示对寿者祝贺的答谢。这一风俗称为做寿答礼茶。只要有设宴,次日都要设擂茶答谢。

中国古代民间还有寄茶的习俗。唐代诗人卢仝收到在朝廷做官的孟谏议寄来的新茶时,写下了《走笔谢孟谏议寄新茶》一诗:"开缄宛见谏议面,手阅月团三百片。"诗人卢纶在《新茶咏寄上西川相公二十三舅大夫二十舅》诗中写道:"三献蓬莱始一尝,日调金鼎阅芳香。贮之玉合才半饼,寄与阿连题数行。"玉盒装的茶,卢纶只留下了一半,另一半寄给远在京城做官的二位妻舅。由此可见,茶已远远超出了本身固有的物质功能,还承载了一些特殊的情谊。这种"寄茶习俗"一经形成便很快被百姓接受,世代相传。直至今日,每当新茶上市,人们总要选购一些具有地方特色的名茶寄给远方的亲朋好友,以表达内心的敬意和思念之情。

(二)以茶会亲友

茶叶代表着和睦友爱,是人际关系的润滑剂,是增进亲情友情的桥梁。在民间,人们喜欢邀请亲朋好友喝茶,在一杯又一杯的茶水中,增进彼此之间的感情。"以茶会友",人们因饮茶聚到一起,逐渐产生了很多与茶有关的活动。

1.以茶和乐亲友

宋代极讲究茶道,皇帝士大夫无不好此,文人雅士更热衷于斗茶。斗茶是在品茶的基础上发展起来的,将泡好的茶倒入小酒杯一样大小的茶盅内,像饮酒一样细细品味。每年清明节前后,新茶初出,斗茶之风达到高潮,参与者从五六人到十几人不等,多为名流雅士,还有店铺的老板、街坊邻居等。斗茶的场所通常是有规模的茶叶店,茶叶店还配备小厨房以便煮茶。有些人家拥有雅洁的内室、花木扶疏的庭院或临水清幽之地,都是斗茶的理想场所。参与者会拿出自己珍藏的好茶,轮流烹煮,相互品评,以分高下。

客家人群体观念很强,一家有事,乡里乡亲都会伸手相助,各家各户之间礼尚往来,亲密无间。凡接受帮助的，或被祝贺的，户主总要寻找一个适当的机会，邀请有关人员到家里来，请他们喝茶作为答谢，久而久之，形成了特有的客家答礼茶文化。在客家人的日常生活中，需要答礼的项目很多，如婴儿满月、老人做寿、小孩上学、子女入仕、病人康复、儿子结婚、女儿出嫁等。通常以"擂茶"形式答礼，才算答厚礼。

2.以茶化解矛盾

茶除了可以和亲睦邻，还可以调节矛盾。

吃讲茶是一种古老的民俗遗风。当人们在生活中遇到如债务纷争、婚姻不和、权益受损、名誉受辱或遗产分配等棘手问题时，双方会选择在茶馆这样一个公共的场所，邀请德高望重的人士作为调解者来解决这些矛盾。调解者通过耐心地劝说和公正的评判，促使当事人理性对话、适度让步，最终和解，使关系重新变得和谐。吃讲茶以其公开透明的方式和独到的魅力，成了我国很多地方解决纠纷的优良习俗。在不同的地区，这种传统也融入了各自的文化特色，使之更为丰富多元。

在安徽黄山，有一种解决邻里纠纷的方式被形象地称为"吃茶讲壶"。当乡亲们因为一些小事情而产生矛盾时，他们会邀请一个中间人，然后各自带上一只茶壶，坐在一起喝茶聊天。通过分享茶水和对话，他们不仅品味着茶的香醇，而且在谈笑间化解了矛盾，达成和解。所以，"吃茶讲壶"这个习俗实际上就是"吃茶讲理，品壶言和"的意思，象征着在茶香四溢中，人们用平和的方式沟通，化解矛盾，重归于好。

在扬州，当遇到纠纷时，双方当事人会先来到茶馆，并邀请一位被称为"中人"的公正人士来主持调解。在茶馆里，"中人"会坐在中间，而双方则分别坐在两侧。开始时，双方各自的茶壶壶嘴相对，象征着双方意见不合。随着调解的进行，如果双方的矛盾得到了解决，那么"中人"就会将两只茶壶的壶嘴相交，寓意着双方的和解。如果有一方仍然有异议，他可以将自己的茶壶向后拉开，继续进行讨论。最后，还是由"中人"进行裁决，将双方的茶壶拉到一起，象征着矛盾的解决。如果"中人"判定一方在纠纷中理亏，他会将该方的壶盖掀开反扣，意味着这次"吃讲茶"的茶资应由理亏的一方支付。当然，如果另一方表现出善意，也可以选择将自己的壶盖反扣，这样茶资就会由双方共同支付。

（三）以茶贺节庆

日常生活中处处离不开茶，家中有喜事时，人们往往相聚在一起饮茶庆祝。逢年过节，人们也通常用茶来表示庆贺。

在福建宁化地区，当新房落成后，居民们会选择一个吉利的日子来设立新灶，完成迁居仪式。在这个过程中，他们会制作一锅擂茶，邀请周围的邻居们共同品尝，这被称为"新灶茶"。作为回报，来喝茶的邻居们会带上如粉干粉皮、猪油等作为贺礼。主家在接受这些礼物时，会按照习俗回赠其中的一半，以表达感谢和分享喜悦之情。在闽西、粤东地区，客家人在年关来临或正月出门有"送茶料"的习俗。所谓"茶料"，即佐茶之料，主要有橘饼、冬瓜条、陈皮等茶点，主人用毛边纸包好，然后贴一小块红纸以示新春之喜。

四川宜宾有"过年过节先摆茶"的风俗，不管经济条件如何，家家户户在节日摆茶待客。吃过茶后才摆上碟子菜下酒，酒吃过了才上主菜。吃完饭后，还要给客人端水洗脸洗手，再递上一杯茶。

在绍兴卖茶的茶楼、茶室、茶店，到了大年初一，经常来光顾的老茶客总会得到"元宝茶"的优惠。所谓"元宝茶"，就是在茶缸中添加一颗"金橘"或"青橄榄"，象征新年"元宝进门，发财致富"。

鄂东一带还有"元宵茶"的习俗。当地人把香菜叶切碎，拌上炒熟的碎绿豆、芝麻，用盐腌上几天，正月的时候就用沸水冲泡来招待客人。

而在江浙一带，端午节有吃"五黄"（黄鳝、黄鱼、黄瓜、咸鸭蛋黄、雄黄酒）的习俗，民谣有"喝了雄黄酒，百病都远走"的说法。但是饮雄黄酒后会燥热难当，必须喝浓茶以解之。所以，一般家里在端午节除了准备"五黄"，还要泡一茶缸浓茶供家人饮用。端午茶由此而成为不可缺少的时令茶，相沿成习。

（四）以茶祈平安

茶叶在人们心目中是圣洁的，能驱除污秽，因此，人们往往用茶来求平安、避邪气、驱晦气、祈福佑。

民间认为茶叶是辟邪物，有驱邪禳灾的神奇作用。人们在建造新房、上梁立柱时，均有撒米粒、茶叶的风俗。走夜路怕遇邪的人，在口中含着茶叶，可以放心大胆地往前走。住在河边的人家，认为有水鬼作祟时，便向河中撒茶叶和米，认为这样可以保佑家人平安无事。放焰口的和尚，一边念着经文，一边用手掸出茶叶和米以驱邪鬼。

许多地方有"洗三礼"的习俗，即婴儿出生后第三天，会集好友举行沐浴仪式，洗涤污秽、消灾祛邪、祈福平安。在江苏如东，"洗三"时洗头的一定得是绿茶的茶叶水。民间认为，茶叶洗头后，小孩长大后的头皮会是青色的，还有平肝的作用。浙江湖州地区，孩儿满月剃头用茶汤来洗，称为"茶浴开石"，意为长命富贵，早开智慧。湖州德清县这一风俗又稍有不同，城镇和农村稍微考究点的人家，孩儿满月剃头请剃头师傅到家里，婆婆要敬上一杯清茶。茶凉后，剃头师傅要给剃满月头的孩子脸上抹上茶水，然后小心谨慎地剃头。这个习俗称作"茶浴开面"，寓意长命百岁，天真活泼。

福建福安人在砌厨房灶台时，会在灶桥底下埋上一个小陶瓮。这个陶瓮中装着茶叶、谷子、麦子、豆、芝麻、竹钉和钱七样东西，称为"七宝瓮"。"七宝瓮"是五谷丰登、人丁兴旺的象征，民间认为家有"七宝瓮"，将来的生活必会顺心如意。

二、婚嫁茶礼

（一）婚嫁茶礼的起源与发展

在我国，茶与婚姻有着非常密切的关系。明代许次纾《茶疏》曰："茶不移本，植必子生。"古人结婚必以茶为礼，取其不移植之意也。古人认为茶树只能从种子萌芽成株，不可移栽，把茶当作矢志不渝的象征。茶性之芬华高洁，象征夫妻双方相敬如宾，忠贞不二。茶枝往往连理,正如夫妻双方执子之手,与之偕老。茶树枝繁叶茂,又象征着整个家庭多子多福,人丁兴旺。茶作为一种吉祥的象征,不仅成为女子出嫁时的陪嫁品,而且在整个婚嫁过程中扮演着重要角色。

唐太宗贞观十五年,松赞干布以吐蕃最隆重的礼仪迎接从唐朝长安远嫁而来的文成公主。按照汉民族的婚嫁礼节,文成公主入藏时带去了纸、酒和"渳湖含膏"等名贵茶叶及茶籽。虽然当时并没有"茶礼"之说,但帝王将茶列为自己女儿的陪嫁品,至少可以证明茶在此时已经有了吉祥的含义,开创了我国婚嫁用茶的历史先河。

茶礼作为风俗在宋代真正形成,到近代形成了"三茶六礼"的婚嫁茶俗活动,并一直沿用至今。古代男女成婚程序复杂,礼节繁多,《仪礼·士昏礼》中记载周代男女成婚必须要遵从"六礼",即纳采、问名、纳吉、纳征、请期以及亲迎。经过这六礼男女双方才算订了婚。而所谓"三茶",就是"下茶""定茶"及"合茶"。民间习惯将男方下聘叫作"下茶"或"过茶",把女子受聘叫作"受茶"或"吃茶",婚宴前,男方必须送厚礼到女方下"定茶",最后迎娶新娘后要举办"合茶"的仪式。"茶礼"的兴起,对后世婚嫁习俗产生了很大影响,"茶礼"几乎成为婚礼的代名词。

(二)以茶结良缘

在遵循"父母之命、媒妁之言"的包办婚姻的年代,青年男女自由交往的机会并不多。有些民族地区喜欢将饮茶聚会作为青年男女寻找对象的一种活动方式。他们借难得一次的喝茶机会,趁机表明对对方的爱慕。

元代张雨《湖州竹枝词》云:"临湖门外是侬家,郎若闲时来吃茶。黄土筑墙茅盖屋,门前一树紫荆花。"这首词含蓄婉转地描述了少女邀请意中人到她家吃茶的场景,表现了借喝茶来约心上人的淳朴民情。

湖北民歌《六口茶》中,男子从喝第一口茶到喝第六口茶,通过喝茶对歌询问女子家的相关情况,女子通过茶歌回应,将自己家中一切情况都告诉了男子。青年人之间的爱慕之情,通过一问一答的茶歌对唱慢慢表达,体现了土家族男女对自由爱情生活的向往。

土家族、苗族有着"扛碗茶"的风俗。在一天忙碌的劳作后,村民们端着装满了茶水的大海碗,习惯性地聚在村里的某一处,青年男女趁着这段时间互相交流感情,如果男女双方有意就相互交碗,并要很快地将茶喝完。第一次交碗过后,有情人会约好一个地方,说好不见不散,互相喂喝,到了这个程度,表示爱情已经成熟。单身汉若想讨得女子欢心,每天吃晚饭时就端个装满香茶的大海碗到村头的大树底下去,如果某位女性拿起这碗香茶饮用,那就表明她对此人有意。

佤族中有"串姑娘"的习俗。佤族的未婚青年男子夜晚到佤族未婚姑娘家中去,坐在姑娘家火塘边与姑娘谈情说爱。这时,姑娘就要煮茶、敬茶给佤族小伙子喝。在佤族的习俗中,女人一般是不能煮茶敬给客人的,只有在佤族小伙子"串姑娘"的时候,才由佤族姑娘亲自煮茶给小伙子喝。

傣族有一种独特的茶食叫茶叶泡饭。在云南一些地区,茶叶泡饭是姑娘表达爱意的方式。据说,每当寨子里过节聚会时,寨中的姑娘总是习惯在客人中寻找自己喜欢的小伙子，找到意中人后，就泡一碗茶叶泡饭给他吃。如果小伙子接受了姑娘的茶叶泡饭，就意味着他愿意和她进一步发展。如果小伙子不吃姑娘送的茶叶泡饭，姑娘知道他不喜欢自己，就会自觉地离开。

（三）以茶定终身

茶树代表"坚贞"，象征爱情"从一而终"。明朝郎瑛的《七修类稿》记载："种茶下籽，不可移植，移植则不复生也。故女子受聘，谓之吃茶，又聘以茶为礼者，见其从一之义。"民间有一家女儿不吃两家茶的风俗，意思是好女儿是不收两家聘礼的，吃茶成了订婚的象征。明代冯梦龙《醒世恒言》中，有一则《陈多寿生死夫妻》的故事，说的是柳氏嫌贫爱富，硬逼着女儿退掉陈家的聘礼，另外许配一富贵人家，可是女儿死活不从，她说："从没见好人家女子吃两家茶。"《红楼梦》第二十五回写道，王熙凤送给林黛玉暹罗茶时，她半真半假地笑着说："你既吃了我们家的茶，怎么还不给我们家做媳妇？"黛玉顿时满脸通红，羞得说不出话来。小说中的这些描写，反映了当时茶在婚恋中的重要作用。

江南杭州、嘉兴一带，年轻姑娘家里会备些好茶，若是姑娘有看中的小伙子，女方会以最好的茶相待，这叫"毛脚女婿茶"。如果男女双方中意，爱情关系确定下来后，在举行定亲仪式时，除聘金外，还要互赠茶壶，并用红纸包上茶花，分赠给各自的亲朋好友，这叫"订婚茶"。

在湖南浏阳等地，也有以茶订婚的风俗。媒人约好日子，引小伙子到女方家见面，如若女方相中，便端茶给男子喝；男子若认可，喝完茶就在杯中放茶钱，茶钱必须为双数。男子若不愿意，喝完后便将茶杯倒置桌上，略付些"茶钱"即可。

在江西南康相亲叫"看妹崽子"，男女双方见面，女的若相中男的，即奉上冰糖茶，男的接了茶就表示同意，再将"红包"放在茶盘内，作为"见面礼"，尔后双方父母议定聘礼、嫁妆。

在湖北孝感等地，男女双方缔结婚姻的时候，男方备办的各项礼品中，必须要有茶和盐。因茶产于山上，盐来自海中，名曰"山茗海沙"，用方言读来，与"山盟海誓"谐音。

在一些少数民族的婚礼习俗中，茶叶也是必不可少的聘礼。在拉祜族，媒人提亲都要走三趟、过三关：第一趟，先带茶叶、烟草各一包，酒一瓶；第二趟，须带酒二十碗，绿布一块，烟叶两把，烧茶用的土罐两只；第三趟，须带土布一块，绿布一尺，一箩大约40斤的谷子。从这些礼品中，一方可以了解到求婚另一方的家庭情况，茶叶香不香，烟叶辣不辣，布织得好不好，以便决定是否定亲。如今，有些聘礼已经不再送了，但是茶是不能缺的。用拉祜族人的话来说："没有茶，就不能算作结婚。"

云南德昂族有一种独特的婚俗，当女方父母拒绝男方求婚而姑娘本人又非常愿意时，小伙子会在女方家门口挂一包干茶作为已接走姑娘的信号。两天后，男方带茶叶、芭蕉和咸鱼提亲，若女方家收下礼物则表示同意婚事，如果退回礼物就说明坚决反对，男方只得将姑娘送回。成亲时，女方需陪嫁亲自培育的茶树，象征爱情永恒。如果离婚，则将茶树归还女方。

（四）以茶迎佳人

婚礼仪式过程中，茶叶是不可或缺的一样物件。根据茶水一苦二甜三回味的寓意，婚礼阶段喝茶寓意生活苦尽甘来，幸福回味无穷，其本质上仍是对美好祝福的寄托和表达。

潮汕地区的婚礼上，新娘要向家族长辈亲属敬茶，俗称"食新娘茶"。新娘端着茶敬给在座的亲戚朋友，都要恭恭敬敬地说一声："请喝茶。"如果是敬长辈则要下跪，被敬者要饮茶两杯，喝完后要垫茶金，俗称"赏面钱"。新娘收到"赏面钱"后也要用布料等物回礼。

湖南衡阳一带的"合合茶"就是在闹洞房时，让一对新人同坐一条板凳，把左腿放在对方右腿上面，新郎用左手搭在新娘肩上，新娘则以右手搭在新郎肩上，空下的两只手，以拇指与食指共同合为正方形，由他人取茶杯放于其中，斟满茶后，闹洞房的人们依次上去品尝。"合合茶"蕴含着对新婚夫妇日后生活的美好祝福。

长沙一带的"吃抬茶"则是一对新人共抬茶盘，上面摆满茶杯，新婚夫妇走到闹洞房的人面前，恭请饮用。但这些人需分别说出祝福语方能饮茶，说不出就吃不上茶。

在湖北英山，夫妻入洞房后，要闭门喝"合欢酒"，然后喝"同心茶"。荆州地区，夫妻拜堂后，要举行隆重的转茶仪式。由儿童递茶一盘两杯，相互转让三次后，再将两杯茶转入一杯，由新郎一口饮尽，以表和睦。

在藏族婚礼中，新娘到夫家门前，先喝三口酥油茶后下马，脚要踩在有青稞和茶叶的地上。新郎母亲提着一桶牛奶欢迎新娘。新娘用左手中指浸奶水，向天弹洒几点，表示感谢神灵后，由新郎给新娘献上哈达，方能迎新娘进门。在婚礼过程中，由新娘亲自熬出大量的酥油茶来招待宾客，熬出的茶汤一定要色泽艳红，以此象征日后夫妻生活甜甜蜜蜜、红红火火。

白族婚俗中，新娘婚后第二天需向公婆和丈夫敬"拜会茶"，亲手烤制两杯茶并献上亲手缝制的布鞋。公婆饮茶后会给新娘回赠钱或首饰，新郎也要回赠金银头饰。新婚夫妻互赠礼物象征着日后生活美满，爱情长久。

在土家族婚庆中，同样有"拜茶礼"的风俗。新婚第二天，新郎与新娘要早起给前来参加婚礼喝喜酒的亲友们敬鸡蛋茶——每碗放入三个煮熟去壳的鸡蛋，再配以蜂蜜或红糖，冲入沸水而成。鸡蛋表示团团圆圆、和和美美，三个鸡蛋则寓意"一生二，二生三，三生万物"。这体现了土家人朴素的世界观，也表达了对新人的祝福，希望新娘能给家族添丁添财，人丁兴旺。

三、祭祀茶俗

（一）以茶祭先祖

1. "以茶为祭"的起源

祭祀自古以来就为朝廷和家族所重视，并成为传统礼法的重要组成部分。古人认为茶叶是圣洁之物，上到王公贵族，下至庶民百姓，在祭祀中都离不开清香芬芳的茶，人们用茶膜拜神祇、供奉佛祖、追思先人。"无茶不在丧"的观念，在中华祭祀礼仪中根深蒂固。主要有三种用茶作祭的形式：一是在茶碗、茶盏中注入茶水；二是不煮泡而只放干茶；三是不放茶，而只置茶壶、茶盅作为象征。"以茶为祭"是我国民俗文化的重要组成部分。

萧子显《南齐书》中记载，齐武帝萧赜于永明十一年七月下诏："我灵上慎勿以牲为祭，唯设饼、茶饮、干饭、酒脯而已。天上贵贱，咸同此制。"齐武帝的这一遗嘱是现存茶叶作祭的最早记载。在丧事纪念中用茶做祭品，创始于民间，萧赜则把民间出现的这种礼俗吸收到统治阶级的丧礼之中，鼓励和推广了这种制度。

2.以茶祭祖

祭祖是中国的传统习俗，是一项隆重的民俗活动。除夕、清明节、重阳节、中元节是汉族传统节日里祭祖的四大节日。因各地礼俗的不同，祭祖形式也各异。

在我国江南地区，最常见的就是以茶水为祭。祭祀一般在傍晚五时左右举行，家族的长辈备好丰盛的祭品，其中就有茶水一杯。祭祀开始时，一家之主嘴里念念有词，祈祷祖先保佑全家平安、子孙后代成才。祈祷完毕，主人会烧一些纸钱，借此与自己的祖宗对话，最后将茶水泼在地上，希望祖先也能品饮清茶。

中国民间历来流传以"三茶六酒"（三杯茶、六杯酒）和"清茶四果"作为祭品的习俗。浙江绍兴、宁波等地供奉神灵和祭祀祖先时，祭桌上除鸡、鸭、肉等食品外，还置杯九个，其中三杯茶、六杯酒。因九为奇数之终，代表多数，以此表示祭祀隆重丰盛。

我国还有用干茶及茶具来祭祀的习俗。在清代，宫廷祭祀祖陵时必用茶叶。同治十年，冬至大祭时即有"松罗茶叶十三两"的记载；光绪五年，岁暮大祭的祭品中也有"松罗茶叶二斤"的记述。关于祭品在祭祀中的组合规格，在《大清通礼·卷六》中已有明确记载，而《兴京公署档》中也有关于用茶具祭祀的描述："茶房用镀金马勺、银碗、玉碗二十余种。"

我国少数民族也有以茶祭祖的风俗，最典型的要数德昂族。在德昂族有祭家堂（即祭祀祖先）的风俗，一般每年祭两次，若修房盖屋则要大祭一次，祭祀用品中，要有七堆茶叶。祈祷由村中担任祭司的头人"达岗"进行，以求家神保佑全家身体安康、六畜兴旺、五谷丰登。

瑶族人在逢年过节，阴历初一、十五时都要祭拜神灵祖先，烧几炷香，供上三碗油茶，祈求平安顺利。家中有人出远门，也要选吉日烧香，供奉油茶，祈求祖先赐福，好让出门人在外能有所成，日后好衣锦还乡。现在，家中有人考上大学了，往往也用油茶供奉先人，意为向先人报喜，说家中孩子有出息，并祈望先人福佑。

（二）以茶祭神灵

据《泰山述记》记载，唐代张嘉贞等四位文人以茶宴祭祀泰山。茶宴祭神的程序，一般是将名贵茶叶献于神像前，请神享受茶之芳香，再由主祭人庄重地调茶，包括烧水、冲沏、接献等，以示敬意。祭祀结束后，将茶水洒于大地，以告慰神灵，祈求平安喜乐。

茶进入宫廷最初的用途就是祭祀。皇帝虽然贵为天子,也要向神灵顶礼膜拜,在祭祀天神、地祇和宗庙祖先的繁缛仪式中,祭品都少不了茶。

辽代契丹贵族每年春秋或行军前,会在木叶山举行"祭山"仪式,皇帝、皇后率领皇族三父房绕树转三圈后上香,再以酒肉、茶果、饼饵祭奠。

到了清代,祭祀礼节较为烦杂。正月初九为天诞,皇家在养心殿院内摆设天坛大供一桌,以进行朝天忏的礼拜,祈求赐福解厄,其中就有"茶九盅"的仪式。二月初一在养心殿用御案供桌摆设的太阳供,贡品为"八路茶三盅"。立春那日,皇帝会在宫中的延庆殿进行九叩迎春仪式,为民祈福,贡品是"五路茶三盅"。七月初七,用茶更为烦杂。乾隆时期,寅正二刻在西峰秀色大亭内上一桌供品,西边灯罩后设有一个大如意茶盘。首领太监从大如意茶盘上取出茶一盅、酒一杯,跪进与占礼官进行祭奠。卯初时分,乾隆在细乐声中就位行三叩礼,并祝赞献茶,首领太监用小如意茶盘取出寿字黄盅进贡。午初再献宝供一桌,用大黄盅盛茶、果、茶七品(东边四品,西边三品)。供品献毕后,再献上菜、果、茶,乾隆皇帝再次就位行三叩礼。

在福建安溪,每逢农历初一和十五,当地群众有向佛祖、观音菩萨、地方神灵敬奉清茶的习俗。这天清晨,主人早起,在晨露犹存时,从水井或山泉之中汲取清水,起火烹煮,用上等铁观音泡出三杯醇香的清茶,在神位前敬奉,以祈求神灵保佑家人平安、事业兴旺。

在浙江宁波、绍兴等地,每年农历三月十九日祭拜观音菩萨,八月中秋祭拜月光娘娘。民间传说观音菩萨和月光娘娘都是吃素的,以清茶祭祀,以示对神灵的无限敬意。

流行于福建、台湾地区的正月初九"拜天公",即为玉皇大帝生日祝寿。在祭祀前一天,全家人要斋戒沐浴,设祭坛,在长凳上叠高八仙桌为顶桌,上供三个彩色纸制的玉皇大帝神座,所供祭品就有"清茶各三"。

在江西,人们认为神灵也像常人一样有喝茶的习俗,于是在庙宇跪拜神像,或居家祭拜神仙时,都会斟上茶汤。敬神后的细茶,又成了福佑安康的"神物"。

云南宁蒗彝族自治县和兰坪白族普米族自治县等地,在祭祀时用木棍、木板搭成高台,称为"龙塔",为龙神住处。人们以酒、牛奶、酥油、乳饼、茶叶、鸡蛋等祭于龙塔上,求龙神保佑人畜兴旺、风调雨顺、五谷丰登。

(三)以茶伴亡灵

从挖掘的长沙马王堆西汉古墓可知,中国早在 2100 年前就已将茶叶作为随葬物。古人认为茶叶有洁净、干燥的作用,茶叶随葬有利于吸收墓穴异味,有利于遗体保存。在我国湖南地区,旧时盛行棺木土葬时,死者的枕头要用茶叶作为填充料,称为"茶叶枕头"。在江苏的有些地方,死者入殓时先在棺材底撒上一层茶叶、米粒,至出殡盖棺时再撒上一层茶叶、米粒。

茶在中国的丧葬习俗中还成为重要的"信物"。自古以来,中国常有在死者手中放置一包茶叶的习俗。传统社会认为,人死后会被鬼役驱至孟婆那里灌饮迷魂汤(又称孟婆汤),目的是让死者忘却人间旧事,甚而将死者导入迷津服苦役。饮茶则可以让逝者清醒,保持理智,不受鬼役蒙骗。在安徽寿县地区,成殓时须用茶叶一包,并拌以土灰置于逝者手中,这样逝者的灵魂过孟婆亭时便可不饮迷魂汤。而浙江地区为让逝者不饮迷魂汤,临终前除口衔银锭外,要先用甘露叶做成菱形的随葬品,再在逝者手中置茶叶一包。认为有此两物,逝后如口渴,有甘露、红菱,即可不饮迷魂汤。

丧葬时用茶叶,大多为逝者而备,但中国福建福安地区却有为活人备茶叶、悬挂"龙籽袋"的习俗。旧时福安地区,凡家中有人亡故,都得请风水先生看风水,选择"宝地"后再挖穴埋葬。在棺木入穴前,由风水先生在地穴里铺上地毯,嘴里念念有词,然后将一把茶叶、豆子、谷子、芝麻及钱币等撒在穴中的地毯上,再由逝者家属将撒在地毯上的东西收集起来,用布袋装好,封好口,悬挂在家中楼梁式木仓内长久保存,名为"龙籽袋"。龙籽袋据说是逝者留给家属的"财富"。茶叶历来是吉祥之物,其寓意是能"驱妖除魔",并保佑逝者的子孙"消灾祛病""人丁兴旺";豆和谷子等则象征后代"五谷丰登""六畜兴旺";钱币等则表示后代子孙享有"金银钱物""财源茂盛""吃穿不愁"。

(四)以茶祭茶神

"百工技艺,各祀其祖,三百六十行,无祖不定。"以茶祀神,自然也少不了供奉茶界的祖师爷 —— 茶神。供奉的茶神与祭祀仪式因地而异,在祭祀时,茶是必不可少的祭品。

陆羽死后,有人将他奉为茶神,将其画像供奉于茶作坊、茶库、茶店、茶馆等,有的地方还以卢仝、裴汶为配神。民间卖茶者还将陶制的陆羽像放在茶灶之间,有生意的时候以茶为祭,生意不好的时候则把神像放在锅里用热水浸泡,或者往神像中注茶水,据传这样可以保佑茶味醇厚清香,财源茂盛。

湘西苗族聚居区流行祭茶神,祭祀分早、中、晚三次,仪式严肃神秘。传说茶神穿戴褴褛,闻听笑声,就会认为是在讥笑他,不愿降临,这样茶树就不会茂盛。所以白天在室内祭祀时,不准闲人进入,甚至用布围起来。倘在夜晚祭祀,时常也要熄灯才行。祭品以茶为主,也放些米粑及纸钱之类。

在云南景洪基诺山区的某些少数民族中,每年农历正月,都会举行一场特别的祭茶树仪式。每个家庭的男性家长都会在清晨时带着一只公鸡来到茶树下宰杀。他们将鸡毛和鸡血粘在树干上,同时口中念念有词,祈求茶树青翠,并且希望神灵能够保佑他们,让茶叶产量增加。

我国台湾地区种茶始于清代。早期做茶师傅多从福建聘请,每年春季做茶季节,大批茶工从福建渡海到台湾,秋季返回家乡。因渡海安全为众人关注,故航海保护神妈祖被茶工供奉祭拜。早期员工们春天从家乡随身带去保护渡海安全的妈祖香火,到台湾后把香火挂在茶郊永和兴的"回春所"内,秋天再带回家乡。后来,更是直接从福建迎来"茶郊妈祖",供奉在回春所内让大家祭拜。每年农历九月二十二日茶神陆羽生日,也为共同祭拜茶郊妈祖之日。祭拜方式依照茶郊永和兴主事惯例,轮流担任炉主。从此以后,闽台茶人共同祭拜茶郊妈祖,至今不改。

四、民族茶俗

"千里不同风,百里不同俗。"中国地域辽阔,民族众多,茶叶产区分布广泛,有着丰富的茶叶品种。不同地区、不同民族的人也因自然、社会环境的不同,形成了区别较大的、具有地方或民族特色的饮茶习惯、风俗等。

（一）土家族擂茶

土家族是一个历史悠久的民族,主要分布在湘、鄂、渝、黔交界地带的武陵山区。由于当地自然环境适宜种茶,长期以来一直是优质名茶的重要产地。土家族至今仍保留着一种古老而特别的吃茶方法 —— 擂茶。

制作擂茶的时候,通常先把生叶、生姜、生米按照个人口味和喜好的比例倒入擂钵中,用力来回研捣,直到三种原料混合研磨成糊状时,再起钵入锅,加水煮沸,5～10分钟后便制成了擂茶。

随着时间的推移,人们制作擂茶的原料和方法都更加讲究。除了茶叶、生姜、生米外,还会添加炒熟的芝麻、花生、黄豆、绿豆、玉米等,甚至还会加入食盐、胡椒粉之类的调味品,这样吃茶可以达到香、甜、咸、苦、涩、辣俱全的效果。当然,擂茶的原料也随季节和气候的不同而有所变化。如春夏湿热,人们会在原料中加入艾叶和薄荷等;秋季干燥,用金盏菊或白菊花;冬天寒冷,土家人会加入竹叶椒等用开水冲饮。

土家族人人都有喝擂茶的习惯,他们视喝擂茶如同吃饭一样,会在用餐前喝上几碗擂茶。有的人一天不喝擂茶,就感到全身乏力,精神不爽,故有"喝上两杯擂茶,胜吃两帖补药"之说。如有客来,往往见者有份。客人们还会携带各种清淡、香脆的茶点,如炒花生、薯片、盐酥豆、橘饼等,一边喝茶,一边吃茶点,欢声笑语,不绝于耳。这样的氛围,在大都市是很难领略到的。

（二）白族三道茶

白族的习俗是客从远方来,多以三道茶相待。大理是"南方丝路"和"茶马古道"的交叉路口,地理位置得天独厚,自古出名茶。在众多名茶中有一道极具特色的茶 —— 白族三道茶。"三道茶"是云南白族招待贵宾时的一种饮茶方式,徐霞客来大理时,也被这种独特的礼俗感动。他在游记中这样描述:"注茶为玩,初清茶、中盐茶、次蜜茶。"

"三道茶"的做法有着独特的讲究,同时蕴含了深刻的人生哲理。第一道为"苦茶",制作时,由司茶者将一只小砂罐置于文火上烘烤,待罐烤热后,取适量茶叶放入罐内,并不停地转动砂罐,使茶叶受热均匀,待罐内茶叶转黄,立即注入已经烧沸的开水。茶经烘烤、煮沸而成,看上去色如琥珀,闻起来焦香扑鼻,喝下去滋味苦涩,寓清苦之意,代表人生的苦境。按照规矩,客人应当将头道茶一饮而尽。第二道茶称为"甜茶"。当客人喝完第一道茶后,主人重新用小砂罐置茶、烤茶、煮茶,并在茶盅里放入少许红糖、乳扇、桂皮等，这样沏成的茶香甜可口，代表苦尽甘来。第三道茶是"回味茶"，煮茶方法与前两道茶相同，只是茶盅中放的原料已换成适量蜂蜜，少许炒米花，若干粒花椒，一撮核桃仁，茶容量通常为六七分满。这杯茶，喝起来甜、酸、苦、辣，各味俱全，回味无穷，代表人生的淡境，寓意要有淡泊的心胸和恢宏的气度，这样才能达到"宠辱不惊"的人生境界。

（三）蒙古奶茶

蒙古族是较早接受饮茶的少数民族之一，饮茶历史和茶叶贸易史非常久远。蒙古族人喜爱喝茶，有"一日三茶"之说，奶茶、酥油茶和面茶是蒙古族人最常饮用的三种茶。

每日清晨，蒙古族主妇的第一件事是先煮一锅咸奶茶。首先把盛上水的铜壶放在火撑子上，迅速把片状的砖茶在茶臼中捣成碎末，撒到铜壶中煎熬。待茶水变为琥珀色，女主人用铜勺从奶桶里舀起牛奶轻轻倒入铜壶，然后放上盐熬煮，一边熬一边用勺子扬沸，等到水乳相融，有一股淡淡的香味洋溢在屋内，奶茶就熬成了。通常一家人只在晚上放牧回家时才正式用餐一次，但是早、中、晚各饮一次奶茶，是必不可少的。

如果到蒙古族人家做客，一定会受到敬奶茶的热情款待，这是欢迎客人的一种礼节。客人坐好后，主人站起来，用双手捧茶碗向客人敬献，客人用右手把茶碗接过来放在桌上。接着主人双手端来一盘奶食，客人用右手接住，倒在左手里，用右手的无名指将鲜奶蘸取少许，向天弹洒，并放在嘴里舔一舔。倒茶的顺序也有讲究，每次倒茶，都要按照年龄的大小，从长者开始依次敬茶。茶喝到半碗以后，就要给客人添茶。茶不可倒得太满，也不能只倒一半，七分为敬。倒茶的时候，壶嘴或勺头要向北向里，不能向南向外，因为向里福从里来，向外福朝外流。

（四）瑶族打油茶

打油茶亦称"吃豆茶"，是居住在云南、贵州、湖南、广西的瑶族、侗族等少数民族都非常喜爱的一种茶。这是他们长期在与山地潮湿、瘴气重的自然环境中所形成的独特饮食习俗，并随着当地庙会的开展而传播开来。

打油茶的做法十分讲究，作料多样，营养丰富，一般经过四道程序。一是"炸阴米"，将晒干的熟糯米放入茶油中炸成米花；二是"选茶"，通常有两种茶可供选用，经专门烘炒的末茶或者是刚从茶树上采下的幼嫩新梢，凡芽长于叶、叶柄稍长、雨水叶、紫色叶、虫伤叶等一概不取；三是"选料"，打油茶用料通常有花生米、玉米花、黄豆、芝麻、糯粑、笋干等，应预先制作好待用；四是"煮茶"，生火后待锅底发热，放适量食油入锅，待油面冒青烟时，立即投入适量茶叶入锅翻炒，当茶叶发出清香时，加上少许芝麻、食盐，再炒几下，然后放水加盖，煮沸3～5分钟，即可将油茶连汤带料起锅，盛入碗中待喝。

瑶族人热情好客，当贵客临门，主人会亲自煮油茶款待。油茶一般连做四锅，第三、第四锅最为浓醇。敬茶时，老者、长者或身份高的客人优先。喝完三碗后，客人若不想再喝，可用筷子将碗中佐料拨干净并横放在碗口，主人便不再添茶。对于喝油茶，瑶族人有一首民谣唱道："一碗不成，两碗无义，三碗四碗麻麻地，五碗六碗够情谊。"

油茶是瑶族人民纯朴的待客之道。人们通过一起喝油茶、拉家常,增进彼此之间的感情;有时也会通过一起喝油茶谈营生,甚至解决邻里间的矛盾和纠纷。在传承过程中,"打油茶"成为瑶族特有的习俗和文化,是瑶族社交的重要手段和方式、人生礼仪的重要环节、招待贵客的最高礼节。

(五)藏族酥油茶

藏族民间有个谚语:"宁可三日无肉,不可一日无茶。"据藏族史料记载,西藏高原盛行饮茶之风,开始于松赞干布时期与唐朝之间的茶马贸易。"茶马互市"不但成为藏汉经济交流的渠道,促进了西藏民间贸易的发展,而且对西藏高原茶文化的形成起到了促进的作用,使西藏饮茶日益成风。藏族人民以肉食和酥油为主食,食物结构中乳肉类占比较大。茶叶因富含酚类化合物,能生津止渴,在藏民餐食中扮演重要角色,有着"其腥肉之食,非茶不消;青稞之热,非茶不解"之说。藏族主要饮茶方式有酥油茶、奶茶、盐茶和清茶。其中,酥油茶是最受欢迎的饮茶方式,也是藏族人民不可或缺的饮品,其独特的制作方法形成了具有高原特色的茶文化。

酥油茶是藏族必备的待客饮料,而且敬酥油茶是藏族最郑重的礼节之一。宾客上门入座后,主妇立即会奉上糌粑,随后,主客按辈分大小先后敬茶。喝酥油茶不能一饮而尽,要留下少许,表示对主妇打茶手艺不凡的一种赞许。喝完二三巡后,如不想再喝,一饮而尽表示已喝饱。

(六)回族刮碗子茶

回族主要散布在我国的大西北,其居住地多高原沙漠,气候干旱冰冷,缺少蔬菜,以食牛羊肉、奶制品为主。而茶叶中存在许多维生素和多酚类物质,不光能够弥补蔬菜的缺乏,并且有助于去油除腻,进而协助消化。所以,自古以来,回族人民最喜爱的传统饮料是茶。

回族喝茶的方法多样,其间有代表性的是喝刮碗子茶。刮碗子茶用的茶具俗称"三件套"或"三炮台",它由茶碗、碗盖和碗托或盘组成。茶碗盛茶,碗盖保香,碗托防烫。喝茶时一手提托,一手握盖,并用盖顺碗口由里向外刮几下,这样一则可拨去浮在茶汤表面的泡沫;二则使碗里的茶叶不停地翻滚,得以充分浸泡;三则使茶与其他果干彻底相融。刮碗子茶的名称也由此而生。

刮碗子茶多使用普通的炒青绿茶,冲泡茶时,茶碗中除放茶外,还放冰糖和多种干果,如苹果干、葡萄干、柿饼、桃干、红枣、桂圆干、枸杞子等,有的人家还加白菊花、芝麻之类,通常多达八种,故也有人称其为"八宝茶"。由于刮碗子茶中食品种类较多,加之各种配料在茶汤中的浸出速度不同,因此,每次续水后喝起来的滋味是不一样的。一般说来,刮碗子茶用沸水冲泡,随即加盖,五六分钟即可饮用。回族茶谚有"一刮甜,二刮香,三刮茶露变清汤"之说。这是说,"刮"第一遍时,只能喝到最先溶化的糖的甜味。"刮"第二遍时,茶叶与佐料经过炮制,香味完全散发,这时味道最佳。而"刮"第三遍时,茶的滋味开始变淡,各种干果的味道产生。大抵说来,一杯刮碗子茶能冲泡五六次,甚至更多。

"客人远至,盖碗先上",回族人以刮碗子茶待客。每逢节假日,家里有客人来时,主人会当面冲泡并双手捧送,表示敬意。喝刮碗子茶时,不能拿掉盖子或吹茶叶,应左手托碗,右手抓起盖子,轻轻地"刮"几下。每刮一次后将茶盖呈倾斜状,用嘴吸着喝,不能连续吞饮。敬茶时,更不能一口不饮,那样会被认为是对主人不礼貌、不尊重。

延伸阅读

唐宋茶礼茶俗述略（节选）

　　贡茶始于晋代,唐宋贡茶品种数量增多,多为极品名茶。皇帝向臣僚赐茶在唐宋已形成制度,成为表示皇恩浩荡的一种方式。赐茶对象也很广泛,包括大臣、近侍、学士、僧道、将帅,乃至出征的士兵、出役的工匠、道旁的耕夫、年老者、外交使节等。如果说唐代还视赐茶为异恩殊典,宋代则已习以为常,但照例要上谢表。如唐代宗时,中书舍人常衮有获"赐茶百串"的殊荣;后在贞元年间(785—805年),常罢相后,任建州刺史,首创研膏茶。唐御史中丞武元衡获赐茶二斤,请当时著名文人刘禹锡、柳宗元分别写了三道谢表,尚觉意犹未尽,又亲撰《谢赐新火及新茶表》上之。在唐德宗(779—805年在位)时,赐茶已成为制度,每年循例向翰林学士赐新茶;此外,晦日、上巳、重九等节日,还赐茶果。据宋代钱易《南部新书·壬集》载,唐代皇帝死后,学士联名吊丧,可获"赐茶十串"。同书还载:"翰林当直学士,春晚人困,则日赐成象殿茶果。"

　　宋初,建茶声誉鹊起,北苑龙凤茶身价百倍,获赐此极品茶成为身价和荣宠的象征。杨亿《杨文公谈苑·建州蜡茶》载:"龙茶以供乘舆及赐执政、亲王、长(公)主,余皇族、学士、将帅皆得凤茶,舍人、近臣赐京挺、的乳,馆阁赐白乳。"可见是将不同茶品分赐不同对象,体现了等级森严。欧阳修《居士集》卷十四《感事诗》注云:"仁宗朝作学士,上幸阁,赐黄封酒一瓶,凤团茶一斤。"苏轼《用前韵答西掖诸公见和》诗云:"上樽日日写黄封,赐茗时时开小凤。"可证神宗时仍实行此制。四朝重臣韩琦《安阳集·中书东厅十咏·苟药》中有"时摘嫩苗烹赐茗,更从云脚发清香";葛胜仲《丹阳集·立春不得寐偶成律诗记事》云"云泉烹赐茗,罗帕荐珍柑";李光《庄简集·九日登琼台再次前韵》之"明朝汲新泉,旧篚余赐茗",都是咏赐茶之作。至于谢赐茶表更是铺天盖地,不计其数,这种千篇一律的官样文章实在乏味。对修撰国史的史官似乎特别优待,有"月赐龙团"之制,见韩驹(字子苍)《又谢送凤团及建茶》诗:"白发前朝旧史官,风炉煮茗暮江寒。苍龙不复从天下,拭泪看君小凤团。"

　　资料来源　方健.唐宋茶礼茶俗述略[J].民俗研究,1998(4).

【思考研讨】

(1)以茶表敬意的方式有哪些?

(2)婚嫁茶礼是一种传统文化,在当代社会中如何保留和发扬这一传统?

(3)祭祀茶俗在中国文化中扮演着重要的角色,你对祭祀茶俗的意义有怎样的理解?

（4）你还知道哪些少数民族的特色茶俗？试着说明讲解。

【参考文献】

［1］余悦.茶事淳俗［M］.上海：上海人民出版社，2008.

［2］尤文宪.茶文化十二讲［M］.北京：当代世界出版社，2018.

［3］中国茶叶博物馆.话说中国茶［M］.2 版.北京：中国农业出版社，2018.

［4］康乃.中国茶文化趣谈［M］.北京：中国旅游出版社，2006.

［5］吴尚平，龚青山.世界茶俗大观［M］.济南：山东大学出版社，1922.

［6］陈林，李丽霞.茶文化传播［M］.北京：中国轻工业出版社，2015.

［7］张耀武，龚永新.中国茶祭的文化考察［J］.农业考古，2010(2).

［8］黄碧雁.民间茶俗和茶礼仪的分析［J］.福建茶叶，2016(3).

［9］周智修，薛晨，阮浩耕.中华茶文化的精神内核探析 —— 以茶礼、茶俗、茶艺、茶事艺文为例［J］.茶叶科学，2021(2).

［10］龚永新.客来敬茶：民族特色与人的社会化［J］，茶叶，2019(01).

［11］何道明，潘世东.承袭与流变：清代汉水流域方志中的茶俗文化［J］.农业考古，2022(02).

［12］吴尚平.衡阳新婚合合茶［M］.农业考古，1992(04).

第五讲　茶技艺

【内容提要】

(1)饮法流变:茶的饮法随着时间和地域的变化而不断发展,从原始的直接泡水到精致的茶艺表演。

(2)茶艺分类:茶艺根据不同的传统细分为多个派系。

(3)沏茶技艺:沏茶是茶艺中最基本的环节之一,需要掌握正确的水温、茶量、冲泡时间和倒茶姿势等技巧。

(4)品茗环境:品茗环境包括茶具、照明、温度、氛围等因素,可以影响茶的味道和享受体验。

【关键词】

饮法流变;茶艺分类;沏茶技艺;品茗环境

案例导入

品味"点茶"之美

"采取枝头雀舌,带露和烟捣碎,炼作紫金堆。碾破春无限,飞起绿尘埃。汲清泉,烹活水,试将来,放下兔毫瓯子,滋味舌头回。"这首南宋咏茶词,写的是宋代流行的"茶文化"。

考古资料显示,在西汉早期,饮茶已出现。在汉景帝阳陵里,发现尚未腐烂的茶叶。既然汉初茶已出现于宫廷,此前在民间应该已有加工饮用。茶曾作为药饮存在,和五谷杂粮一起煮食,故南北朝前就有茶粥一词。这种习俗到了陆羽写《茶经》的盛唐,仍在民间流行。

流行于宋朝的点茶法在晚唐已经出现。煮茶是投茶入锅,而点茶是将茶粉先放进茶盏中,然后分步加入沸水,用茶筅击打。往茶盏里加水,用一种瓶,类似现在的壶,唐代叫汤瓶。在出土的唐代晚期长沙窑汤瓶中,瓶身书"茶瓶"二字。

五代时闽王和两宋宫廷的贡茶基地设立在建州北苑,就是今天福建省建瓯市东凤镇的凤凰山下。这一地区的茶叶加工出来的茶适合点茶。在斗茶中,往往独占鳌头。

关于如何点茶、点茶的比赛方式以及斗茶的评判标准,蔡襄的《茶录》和宋徽宗的《大观茶论》记载比较详细。两宋留下的与茶相关的著作和文章,基本上都与北苑贡茶有关,涵盖了产地、采摘、加工、鉴别、饮用和器具等方面。蔡襄曾担任福建路转运使,这个职务要负责监制北苑贡茶。北苑贡茶,名目繁多,代表了不同等级。从五代的蜡面、研膏,到宋初的龙凤团,到蔡襄的小龙团,再到宋徽宗时代的龙团胜雪,等级越多,耗费越大。蔡襄推出的是小龙团,是当时最高级别的贡茶。

从宋人传下的茶书中,我们基本能完整了解宋人的茶叶加工程序,分为采摘、拣茶、蒸茶、榨茶、研茶、造茶(成型)、过黄(烘干)。看似简单,实际每个环节都比较复杂。

根据《茶录》和《大观茶论》复原的点茶程序,比制茶程序还多。首先对茶进行处理,要炙茶,即烤茶。然后是用砧椎椎茶,把茶放进木臼中初步捣碎。接着用茶碾碾茶,用石磨磨茶,进一步细化,接近面粉的细度。

点茶分为两个动作,一是注汤,二是击拂。点就是击拂,换成通俗说法,点一碗茶来,就是打一碗茶来。点茶的第一步是调膏,根据盏的容量,投入一定比例茶粉后,先用稍低温的水,将茶粉调成糊状,就是所谓的膏。之后再注汤 6 次,每次的数量和位置都配合以轻重缓急不同的击拂手法。击拂是宋人用工具搅动茶膏的专用动词,可理解为我们现在的"打"。

点茶的评判标准是色、香、味。色,面色鲜白,蔡襄以青白为上,而宋徽宗以纯白为上,代表了宋代不同时期的标准。香,为馨香四达。味,为甘香重滑,为味之全。甘是回甘,需香落于汤中,口齿留香,重是滋味厚重,滑是不苦不涩。

宋代的建安,除了出产贡茶,还出产被认定为贡茶最佳伴侣的兔毫盏。这是一种铁灰色胎黑釉带银灰色竖条纹的盏,后人又称为建盏。之所以用黑釉兔毫盏斗茶,除了胎厚保温,更重要的是茶色白,黑白对比,便于观察茶面优劣。

点茶之事,在宋徽宗时代到达巅峰。传世的辽宋金元时期的绘画有不少饮茶场景,如南宋刘松年的《碾茶图》,直观记录了当时点茶用具用品的造型,可以和文献以及出土的文物相印证。

南宋时期,点茶也由日本来杭州径山寺的僧人传到了日本,演绎成日本后来的抹茶道。明初,朱元璋下令罢供团茶,改贡散茶,从此点茶就退出了历史舞台,不过与点茶相关的文化依然随处可见。

资料来源　余闻荣.品味"点茶"之美 [N].人民日报,2020-07-25(05).

一、饮法流变

饮法流变是指随着时间的推移和社会文化的变迁,人们对饮品的制作、调配及饮用方式的变化。在古代,茶叶通常是以砖茶或散茶的形式进行保存和运输,要泡茶需要将茶砖磨成细末或拆成散茶后再加入水中煮沸,现代的茶叶则以袋泡茶或罐装茶为主流,泡茶也更趋向于轻便快捷。

中国是世界上最早认识茶和饮用茶的国家。茶作为一种特殊饮料,既具健身、解渴、疗疾之效,又富有欣赏、助兴之用,千百年来,茶文化逐渐形成一种特殊的文化现象。作为日常饮用的茶,其经过了一个从药用到食用再到茗饮的漫长过程,再加上受农业技术的发展、茶叶加工技术的提升、茶具的演变以及历代文化审美取向、地域文化以及生活方式的差异等因素影响,从古至今,饮茶方式主要经历了煮茶、煎茶、点茶、泡茶四次较大的流变。

茶叶的饮法和作用随着时间的推移发生了很多变化。起源于中国的茶文化可追溯到 3000 多年前的神农氏。他在探索药用植物的过程中发现了茶叶的种子和叶子,于是开始将其作为药用植物使用。之后人们将茶叶煮成糊状后食用,此种饮法流传至唐朝。

到了宋朝,随着文人雅士的兴起,茶饮成为社交活动和文化娱乐的一部分,社会上产生了"品茶"之风。宋代的茶文化之所以能够如此繁荣,与茶叶作为一种药用品来使用密切相关。当时的人们普遍认为,喝茶可以清热解毒、提神醒脑。经过几个世纪的发展,茶的药用价值已经逐渐被验证和扩展。

随着时间的推移,茶叶在饮用方式和作用方面也逐渐分化。例如,绿茶的清热解毒作用比较明显,红茶则有提神醒脑、安神、促进血液循环等作用。同时,茶文化逐渐被传播到世界各地,产生了许多不同的饮茶方式和文化。

(一)煮茶法

1.煮茶法的起源

煮茶法的历史源远流长,自汉至今一直流行。从汉魏六朝至初唐,煮茶法是当时饮茶的主流方式。中唐以来,煮茶法作为支流仍然存在。饮茶脱胎于茶的食用和药用,所以煮茶法直接来源于茶的食用和药用方法。饮茶有比较明确的文字记载是在西汉末期的巴蜀地区,因此推测煮茶法的发明当属于巴蜀之人,时间不晚于西汉末。

2.煮茶法所用的茶叶、茶具

根据史料记载,煮茶法不限茶叶,无论是茶树鲜叶还是经过加工制作的各类茶叶,均可用来煮饮。团饼类茶叶则先敲碎、捣成末后煮饮。而茶具方面,汉魏六朝时,还没有专门的煮茶、饮茶器具,茶器与食器往往混用,往往是在鼎、釜、锅中煮茶,用食碗饮茶。直到唐代以后,才有了专门茶器的记载。

3.煮茶法的做法

在中唐以前,茶叶加工粗放,做法也较简单,就是将茶与水混合,茶或先或后,水或冷或热,置炉上火煮,直至煮沸,或煮之百沸。煮茶法简便易行,可酌情加盐、姜、椒、桂、酥等调饮,煮成羹饮,或煮成茗粥。调饮是煮茶法的主要方式,也可不加任何佐料清饮。

(二)煎茶法

1.煎茶法的起源

饮茶至中唐开始普及,形成"比屋之饮"的盛况,且"始自中地,流于塞外"。隋唐时期的饮茶除延续汉魏南北朝的煮茶法外,又有了泡茶法和煎茶法。而煎茶法是唐代饮茶的主流形式。其实煎茶法是从煮茶法演化而来的,具体而言是直接从末茶的煮饮法改进而来的。陆羽在《茶经》中曾引用西晋杜育《荈赋》中"焕如积雪,晔若春敷"这两句诗来说明茶煎成时的状态,可见《荈赋》描写的茶汤特征与唐时煎茶一致。由此推测,陆羽式煎茶萌芽于西晋,实际上也可以看作煮茶的精简版。

2.煎茶法所用的茶叶和茶具

唐代茶叶有粗、散、末、饼四类,而以饼茶为主,两宋茶叶有片(团饼)、散、末茶,北宋以片茶为主,南宋以散茶为主。不论是片茶还是散茶,都须碾成茶末而煎用。散茶直接碾罗成茶末,团饼茶则要经炙、捣后碾罗成茶末。唐代为适应煎茶的需要,发明了茶碾、茶罗、风炉、鍑(铛、铫)、竹筴、则、瓢、茶碗、水方、涤方等茶具。按陆羽《茶经》记载,煎茶器具有二十四式,质地有金属、瓷、陶、竹、木等。煎茶法的典型茶具是风炉、鍑、勺、茶碗,最崇尚越窑青瓷茶具。

3.煎茶法的做法

据《茶经》所载,煎茶法的程序有备器、炙茶、碾罗、择水、取水、候汤、煎茶、酌茶、啜饮。其与煮茶法的主要区别有二,其一,煎茶法入汤之茶一般是末茶,而煮茶法用散、末茶皆可;其二,煎茶法汤于一沸投茶,并加以环搅,三沸则止,而煮茶法茶投冷、热水皆可,须经较长时间的熬煮。

(三)点茶法

1.点茶法的起源

最早具体描述点茶茶艺的是北宋蔡襄的《茶录》。点茶法始于建安民间斗茶,时间约在五代宋初,盛行于宋元时期,北传辽、金,并于宋代东传日本后流传至今,现在日本茶道中的抹茶道采用的就是点茶法。到明朝前中期,点茶法仍被沿用。点茶法源于煎茶法,是对煎茶法的改革,煎茶是在鍑中进行的,待水二沸时下茶末,三沸时煎茶完成,用瓢舀到茶碗中饮用。由此想到,既然煎茶是以茶入沸水(水沸后下茶),那么沸水入茶(先置茶后加沸水)也应该可行,于是发明了点茶法。

2.点茶法所用的茶叶和茶具

点茶的茶叶用片、散、末茶皆可,但要经炙、碾、磨、罗成茶粉。煎茶用末茶,碾、罗便可。点茶用茶粉,不仅要碾而且要磨。点茶的茶具有风炉、汤瓶、茶碾、茶磨、茶罗合、茶匙、茶筅、茶盏等。天目油滴盏、建州兔毫盏,汤瓶,茶磨、托盏、茶筅是点茶法典型茶具。

3.点茶法的做法

从蔡襄《茶录》、宋徽宗《大观茶论》等书来看,点茶法的主要程序有备器、洗茶、炙茶、碾茶、磨茶、罗茶、择水、取火、候汤、茶盏、点茶(调膏、击拂)。点茶法和煎茶法的最大不同之处就在于,不再将茶末放到锅里去煮,而是放在茶盏里,用瓷瓶烧开水注入,再加以击拂,产生泡沫后再饮用,也不添加食盐,保持茶叶的真味。

（四）泡茶法

1.泡茶法的起源

泡茶法有两个来源，一是源于唐代"痷茶"的壶泡法；二是源于宋代点茶法的"撮泡法"。壶泡法始于唐代，盛行于明清。唐代发明蒸青制茶法，专采春天的嫩芽，经过蒸焙之后，制成散茶，饮用时用全叶冲泡。这是茶在饮用上的又一进步。宋代研碎冲饮法和全叶冲泡法并存。至明代，制茶方法以制散茶为主，饮用方法也基本上以全叶冲泡为主。而"撮泡法"是在点茶法中，略去调膏、击拂，便形成了末茶的冲泡，将末茶改为散茶，就形成了"撮泡"。撮泡萌芽于南宋或元代。

2.泡茶法所用的茶叶、茶具

泡茶法不择茶叶，各种各类均可。只是紧压茶要捣碎后取用。而泡茶的茶具主要有茶炉、茶铫（烧水壶）、茶壶、茶盏（茶杯、盖碗）等。泡茶法崇尚景瓷宜陶，紫砂壶和盖碗杯是典型茶具。

3.泡茶法的做法

泡茶法的做法主要有两种。一种是自明代开始的撮泡法，即置茶于茶壶或盖瓯中，以沸水冲泡，再分酾到茶盏（瓯、杯）中饮用。撮泡法的主要程序有备茶、备器、择水、取火、候汤、洁盏（杯）、投茶、冲注、品啜等。另外一种是较为普遍的壶泡法，即置茶于茶壶中，以沸水冲泡，再分到茶盏中饮用。壶泡法的主要程序有备器、择水、取火、候汤、投茶、冲泡、酾茶等。现今流行于闽、粤、台地区的"工夫茶"就是典型的壶泡法。

中国饮茶方式的流变反映了我国农业技术的不断进步与发展，茶艺技术的不断提升，茶文化底蕴的不断增强以及中国人不断开拓创新的精神。这些饮茶方式都是中国古人的智慧结晶，现代开始流行的速溶茶、茶饮料、新式奶茶等饮用方式是新兴茶饮法的开端，我们不妨立足在古人的基础上，把中国的茶文化发展得更加博大精深。

二、茶艺分类

中国是茶的故乡，茶艺的内容非常丰富。茶艺是一项将制茶、品茶、赏茶、聊天等活动结合起来的文化艺术活动，具有丰富的内涵。茶艺分类主要根据不同的制茶方式、茶叶品种、区域、文化背景等因素来进行。由于划分的依据不同，茶艺的类型也不同。

以茶为主体来分，茶艺可分为绿茶茶艺、乌龙茶茶艺、红茶茶艺、花茶茶艺等。

以泡茶茶具来分，茶艺可分为壶泡茶艺、杯泡茶艺等。

以人为主体来分，茶艺可分为宫廷茶艺、文士茶艺、民俗茶艺、三教茶艺等。

以表现形式来分，茶艺可分为表演型茶艺、待客型茶艺、独饮型茶艺等。

以适用范围来分，茶艺可分为服务型茶艺、生活型茶艺、科普型茶艺等。

（一）以茶为主体来分

以茶为主体来分类，实质上是茶艺顺茶性的表现。我国的自然茶分为绿茶、红茶、乌龙茶（青茶）、黄茶、白茶、黑茶等六类，花茶和紧压茶虽然属于再制茶，但在茶艺中也常用。所以以茶为主体来分类，茶艺至少可分为八类。

（二）以泡茶茶具来分

茶艺又因使用泡茶茶具的不同而分为壶泡法和杯泡法两大类。壶泡法是在茶壶中泡茶，然后分斟到茶杯（盏）中饮用；杯泡法是直接在茶杯（盏）中泡茶并饮用，明代人称之为"撮泡"，撮茶入杯而泡。清代以来，从壶泡茶艺又分化出专属冲泡青茶的工夫茶艺，杯泡茶艺又可细分为盖碗泡法和玻璃杯泡法。工夫茶艺原特指冲泡青茶的茶艺，当代茶人又借鉴工夫茶具和泡法来冲泡非青茶类的茶，故另称之为工夫法茶艺，以与工夫茶艺相区别。这样，泡茶茶艺可分为工夫茶艺、壶泡茶艺、盖碗泡茶艺、玻璃杯泡茶艺、工夫法茶艺五类。若算上少数民族和某些地方的饮茶习俗——民俗茶艺，则当代茶艺可分为工夫茶艺、壶泡茶艺、盖碗泡茶艺、玻璃杯泡茶艺、工夫法茶艺、民俗茶艺六类。民俗茶艺的情况特殊，方法不一，多属调饮，实难作为一类，这里姑且将其单列。

（三）以人为主体来分

1.宫廷茶艺

宫廷茶艺是中华传统文化的重要组成部分，是中华茶文化的精髓之一。在古代，宫廷茶艺曾经是皇帝和贵族生活中必不可少的一部分，也是举行重要活动时必备的礼仪。

宫廷茶艺的技艺主要包括清洁器具、茶叶选择、泡茶步骤、倒茶技巧、服务礼仪。

清洁器具：在进行茶艺表演时，器具的清洁至关重要。用热水和软毛刷清洗茶壶、茶杯等器具，并用干净的毛巾擦干。

茶叶选择：宫廷茶艺通常使用品质高、口感优美的龙井、碧螺春、黄山毛峰等茶叶。

泡茶步骤：先将新鲜开水倒入茶壶中，使茶壶预热，再倒掉水；接着把适量的茶叶放进茶壶里，再加入适量的热水，盖上茶壶盖子，静置1～2分钟后即可饮用。

倒茶技巧：在倒茶时，可以将茶杯放在盘子上，同时拿起茶壶把茶液分别倒入各个茶杯中，保证每个杯子里的茶液分量相同。

服务礼仪：宫廷茶艺强调服务礼仪，如对客人的敬茶、宾主尊卑等方面都需要注意。同时，还要注意茶具陈设和清洁卫生等细节问题。

2.文士茶艺

文士茶艺是中国传统社会中的一种茶道，主要流行于宋代及以后的文人圈子中。其注重的不仅是泡茶的技巧，而且强调了茶与文化的结合，追求一种雅致、深邃的艺术表现。文士茶艺是中华传统文化的重要组成部分,其追求雅致、清静和自然的艺术享受。

文士茶艺的技巧主要包括选择茶具、茶叶选择、泡茶步骤、点心搭配、倒茶技巧、服务礼仪。

选择茶具:文士茶艺注重器物的美感和文化内涵,可以选择陶瓷、紫砂等传统茶具,也可以选择现代设计感强的茶具。

茶叶选择:文士茶艺通常选用香气高、口感纯正的名优茶叶,如龙井、碧螺春、大红袍等。

泡茶步骤:先将茶具泡在温水里预热,再将适量的茶叶放进茶壶或茶杯中,加入适量的热水,盖上盖子,浸泡片刻后即可倒出。

点心搭配:文士茶艺重视点心和茶的搭配,可以搭配一些小点心、干果等食品,以增强茶会的趣味性。

倒茶技巧:在倒茶时,可以把茶杯放在一个盘子上,再用茶壶倒茶,由于茶的浓淡不同,可以从一杯开始往后倒,直到所有茶杯都倒满。

服务礼仪:文士茶艺注重礼仪,对客人要有敬重之心,注意言语和举止。

总的来说,文士茶艺是一种追求自然、雅致、清静的艺术享受,需要不断练习和提升自己的技能和修养。

3.民俗茶艺

民俗茶艺是指中国传统的茶道、礼仪和节日习俗相结合的一种民间文化现象。在中国的许多地方,人们在重要节日或场合招待客人时,会以茶艺表达热情、礼貌。这些茶艺的注意事项通常包括选用适宜的茶叶、器具,斟茶倒水的动作,以及对客人的言谈举止等各个方面。此外,像清明节、端午节、中秋节等传统节日也有特定的茶艺仪式,比如清明节的祭奠茶、端午节的龙舟茶等。这些茶艺不仅是一种礼仪,而且是一种文化传承和交流的方式。

水温掌控:不同种类的茶叶需要不同的水温。一般来说,绿茶和白茶需要较低的水温(70~80 ℃),红茶和黑茶需要较高的水温(90~100 ℃)。因此,在泡茶之前,要先了解所泡茶的适宜水温。

茶具准备:茶具的选择应根据茶叶的种类、泡茶方式以及人数等因素进行。常见茶具有紫砂壶、玻璃壶、陶瓷杯等。在使用前要确保清洁,避免留下异味。

茶叶量的控制:茶叶的用量直接影响到茶的香气、口感和色泽。一般来说,每次泡茶的茶叶量应为茶杯容量的三分之一至二分之一。

泡茶次数:不同种类的茶叶泡茶次数也会有所不同。一般来说,绿茶可泡两三次,红茶则可泡四五次。

倒茶技巧:倒茶时应将壶口对准杯沿,慢慢地均匀倒入,避免倒得过多或者倒得太快。

茶艺表现:茶艺不仅是泡茶的技巧,而且包括了一定的表现和礼仪。从接客、给茶到品茗,都需要注意姿势、动作等细节。

4."三教"茶艺

"三教"茶艺指的是一种将茶道与儒、释、道"三教"相结合的文化活动。在中国,儒、释、道都有自己的茶文化传统,并将茶作为一种重要的修行媒介。

儒家茶艺以礼仪为重,尤其体现在茶道师与客人之间的互动上。茶道师会以恰当的方式烹制并奉上茶水,客人则需遵守一定的礼节和规矩来回应。

释家茶艺主要体现在禅宗茶道中,强调"茶禅一味"的理念,通过泡茶、品茶的过程来达到清心寡欲、禅定定心的效果。

道家茶艺则注重茶与自然的联系,追求自然与人的和谐,在泡茶、品茶的过程中培养内心的平静和自由。

总之,"三教"茶艺旨在通过茶道的方式来传递其信仰和哲学观念,也是一种将茶道与文化、艺术相结合的形式,让人们在享受茶香的同时感悟人生意义。

（四）以表现形式来分

1.表演型茶艺

茶艺表演是一种文化传统活动。它将中华文化中的茶道、礼仪、美学等元素融合在一起。

茶道仪式:茶艺表演者会根据不同的茶艺流派和传统仪式,展示茶道仪式的过程和精髓。

环境布置:在表演现场,一般会搭建一个专门的茶席,并配以适当的灯光、音乐等环境因素,打造出温馨、雅致的氛围。

茶具装饰:表演者会仔细挑选茶具,并通过装饰和摆放让其更具艺术美感。

音乐和舞蹈:表演者会选择合适的音乐和舞蹈,与茶道仪式相结合,形成一种独特的文化体验。

茶艺技巧:表演者会展示各种茶艺技巧,如泡茶、倒茶、品茶等,尽显专业功底。

故事讲解:表演者会融入故事情节,讲述茶文化的历史和传承,让观众更深入地了解茶道文化。

通过以上不同元素的巧妙组合,表演型茶艺呈现出一种综合性的艺术表演形式,让观众不仅可以品尝到美味的茶水,而且能欣赏到传统文化的魅力。

2.待客型茶艺

待客型茶艺是一种注重服务和交际的茶艺形式,强调以茶会友、以茶交流的精神,通过烹泡茶水、提供点心和茶具等细节,在营造轻松愉悦的气氛中,促进人与人之间的沟通和情感交流。

在待客型茶艺中,不仅需要掌握茶道礼仪和技巧,而且需要具备社交技能和服务意识。表演者必须随时注意茶友的需求,根据茶友的口味和身体状况,选择适合的茶品和点心,并妥善处理好茶具和环境卫生问题,使茶友有舒适、温馨的用茶体验。

除了烹泡茶水和提供点心外,待客型茶艺还包括以下几个方面。

细心周到:表演者要热情周到地接待茶友,关注他们的需要和反馈,让他们感受到被重视和尊重。

社交技巧:表演者要有良好的人际交往能力,了解茶友的背景和兴趣爱好,提供恰当的话题和互动,促进人与人之间的交流。

知识普及:表演者可以借助茶艺表演的机会,向茶友介绍茶文化、茶知识和茶道礼仪,让茶友更深入地了解茶文化。

待客型茶艺侧重于在家里接待客人,接待对象主要是亲戚朋友以及客人,是一种注重服务和人情味的茶艺形式,其核心价值在于传递温暖、关爱和感悟。通过这种方式,人与人之间可以建立更紧密的联系,创造更美好的社交环境。

待客型茶艺是以茶为媒介进行交流的文化形式,它倡导了一种简约、自然、平等的生活方式和社交模式,具有一定的文化价值和精神内涵。

3.独饮型茶艺

独饮型茶艺是一种注重个人品位、追求精致细腻的茶艺表演方式,强调品茗的过程和感受。其特点是一人独享,通过高质量的茶具、水、茶叶及独特的泡茶技巧,让茶味更加纯净、回味悠长。

如陆游《临安春雨初霁》写道:"矮纸斜行闲作草,晴窗细乳戏分茶。"铺开小纸从容地斜写行行草草,字字有章法,晴日窗前细细地煮水、沏茶、撇沫,试着品名茶。如白居易的《食后》写道:"食罢一觉睡,起来两瓯茶。举头看日影,已复西南斜。"饭后小憩,然后独自品茶两杯,赏山看水,宁静淡泊,知足常乐,自是人生乐事。

(五)以适用范围来分

1.服务型茶艺

服务型茶艺是指以为顾客提供优质的茶艺服务为主要目标的一种茶艺形式。服务型茶艺师不仅要掌握基本的茶艺技能,而且需要有较强的沟通和服务能力,能够根据客人的喜好和需求,为其提供个性化的茶艺服务。

服务型茶艺侧重于经营性的茶艺,接待的客人主要是顾客,包括以下几个方面。

沟通服务:与客人进行愉悦的交流,了解客人对茶的喜好和需求,然后根据客人的不同要求来提供相应的茶艺服务。

茶艺表演:通过独特的茶艺表演方式,吸引客人的注意力,创造轻松、愉快的氛围。

茶具配饰:选用高档的茶具和装饰品,营造舒适、优雅的茶室环境。

品茶服务:为客人提供精细、周到的品茶服务,包括选择合适的茶叶、控制水温、倒茶等方面。

茶文化传播:向客人介绍中华茶文化的历史、种类、品饮方法及茶道礼仪,增强客人对中华茶文化的认知和兴趣。

服务型茶艺旨在为客人提供一种高品质、个性化的茶艺体验,让客人在享受茶艺带来的美妙感觉的同时,也能够了解和欣赏中华茶文化。

2.生活型茶艺

生活型茶艺注重在日常生活中实践和传承茶文化,强调茶的生活化、个体化和情感化。虽然有些也会追求高雅与华美的仪式感,但更注重茶与人的交流和沟通。生活型茶艺以独特的视角和方法,将茶艺融入日常生活中,让人们更好地享受茶文化带来的内涵和价值。

生活型茶艺实际上包含了前面讲的待客型茶艺和独饮型茶艺。生活型茶艺的实践方式多样,可以是自己泡一杯茶,在安静的环境里感受茶香,也可以是和朋友一起品茶聊天,分享心情和生活。此外,生活型茶艺还注重传承和发扬传统茶文化,通过茶艺表演、家庭茶道等形式,让更多的人了解和爱上茶文化。

总之,生活型茶艺是一种注重情感交流和生活感悟的茶艺形式。它在日常生活中传递茶文化的精髓,让人们更好地领略生活的美好与意义。

生活型茶艺的方式如下。

享受一杯早茶:每天早上泡一杯喜欢的茶,静坐片刻,让自己慢慢地进入一天的状态。

茶香四溢的午后:在周末或休息时间里,泡一壶茶,静坐读书或与朋友聊天,享受茶香四溢。

健康生活的选择:将茶艺作为一种健康生活方式,每天坚持饮用一定量的茶,保持身体健康。

感性的艺术表现:将泡茶过程视为一种艺术表现,借助茶具和环境营造出一种美好的氛围,让茶艺成为感性的艺术表现。

客人招待的选择:在家中招待客人时,用茶艺接待客人,给他们留下深刻的印象。

每个人都可以根据自己的喜好和需求,选择适合自己的生活型茶艺方式,让茶艺成为生活中的一部分,带来健康、美好和愉悦。

3.科普型茶艺

茶艺是一门源远流长的文化艺术,旨在通过介绍制茶、品茶、赏茶等环节展示茶文化的精髓和美学价值。以下是一些关于科普型茶艺的内容。

茶艺的历史和发展:茶文化的起源、古代茶道的兴盛与衰落、现代茶文化的发展趋势等。

茶具的种类和使用方法:茶壶、茶杯、茶盘、茶船等茶具种类及其用途,如何正确使用。

茶的分类和品尝技巧:茶的种类、特点、烘焙程度、冲泡方式、品尝技巧等。

茶文化的哲学内涵和精神价值:茶道中的礼仪、人文情怀、博雅修身等。

三、沏茶技艺

沏茶是中国传统的饮茶方式，也是一种文化。对于喜好饮茶的人来说，学会沏茶技艺是必不可少的。沏出一杯香气扑鼻、滋味浓郁的好茶，需要一定的技巧和经验。

（一）基本知识

1.茶具准备

茶具是茶事活动及品茶的重要工具。它不仅影响着茶水的口感和香气，而且显示着主人的品位和文化修养。在选购茶具时，需要考虑多方面因素，包括材质、款式、工艺等。

一是材质。传统的茶具材质有陶瓷、紫砂、玻璃、铁器等。陶瓷茶具以其多样化的造型和色彩被广泛使用，但其密度较大，容易吸附茶香。紫砂茶具则以通透度好、保温性强，且能增强茶水滋味的特点而备受喜爱。玻璃茶具透明清晰，能显示茶汤的颜色和变化，令人赏心悦目。铁器茶具造型别致，经久耐用，但需要注意防锈处理。

二是款式。茶具的款式应与其所处的环境和主人的个人品位相协调。对于传统的中式茶具来说，应该注重其造型和比例的和谐，色泽的典雅和古朴，文字图案的精美和优雅。同时，还可以根据自己的喜好选择一些现代简约的茶具，例如流线型的杯子和壶等，这可以突破传统束缚，展示个人的艺术品位。

三是工艺。茶具的工艺决定着它的品质和使用寿命。在购买茶具时需要留意其制作工艺是否精细，表面是否光滑，手感是否舒适，口部是否平整。尤其需要注意茶具内部的处理，如陶瓷茶具的釉面是否均匀且无气泡、紫砂茶具的内胆是否光滑，以确保茶水不会被污染或影响口感。

四是适配。绿茶宜用透明无纹玻璃杯、瓷杯、盖碗等冲泡；黄茶宜用瓷壶、杯具、盖碗；白茶宜用玻璃煮茶壶、白瓷盖碗、透明玻璃杯；红茶宜用白瓷盖碗、玻璃杯等；乌龙茶宜用盖碗、紫砂壶等茶具泡饮；黑茶可使用紫砂壶、白瓷盖碗、飘逸杯等茶具冲泡。

2.水质选择

茶是中华民族日常生活中的必需品，泡茶技艺也成为中华传统文化的一部分。在泡茶过程中，水质选择是至关重要的，它直接影响着茶叶本身的质量和口感。因此，选择合适的水质是泡出一杯好茶的关键所在。

首先，正常的自来水并不适合泡茶。自来水中含有大量的氯气、铁锈、残留药物等物质，这些都会对茶水产生不良影响。尤其是氯气，它不仅会破坏茶叶中的芳香物质，还会使茶汤变得苦涩，失去原有的滋味。因此，如果想要泡出一杯口感香醇的好茶，最好使用经过处理的优质水。

其次，适合泡茶的水应该是软水。硬水中含有较多的钙、镁等矿物质离子，这些物质会与茶叶中的茶碱结合,生成难以消化的沉淀物,影响茶叶的口感和营养价值。相反,软水中的矿物质含量较低,能够更好地留住茶叶中的芳香物质和维生素等营养成分。因此,选择适合泡茶的软水能够更好地保留茶叶原有的香气和滋味。

最后,温度也是泡茶时需要注意的关键因素。不同种类的茶叶对水温的要求也不同,一般来说,绿茶需要较低的水温,黑茶则需要较高的水温。如果水温过高或过低,都会影响茶叶的本质特性和口感。因此,在泡茶时需要根据茶叶的种类和品牌,选取适合的水温进行冲泡。

3.茶叶选择

茶叶的选择是泡茶过程中非常重要的环节,不同的茶叶具有不同的风味和功效。因此,在泡茶时选择合适的茶叶也是非常关键的。

首先需要了解不同种类茶叶的特点。在泡茶时根据自己想要达到的效果选取相应的茶叶是非常必要的。然后需要考虑茶叶的质量。好的茶叶不仅口感更佳,而且营养价值更高。

在选购茶叶时,可以从以下几个方面入手:一是观察外观,正宗的茶叶应该色泽明亮;二是闻香,正宗的茶叶应该有自己独特的香味,香气浓郁,无异味;三是口感,好的茶叶口感柔和、甘爽。此外,还可以根据茶叶产地、品牌等因素来选择。

4.茶水比例

茶水的比例可以影响茶的口感和味道。如果茶水太浓,茶的口感会变得苦涩;如果茶水太淡,茶则会变得清淡无味。因此,泡茶时要注意掌握合适的茶水比例,这样才能泡出好喝的茶。

不同种类的茶需要不同的茶水比例。对于绿茶来说,一般以 1∶50 的茶水比例泡茶最为合适,也就是说每克茶叶需要 50 毫升的水;对于红茶、黑茶等较重口味的茶叶,则可以使用 1∶30 或 1∶40 的比例,这样可以更好地释放茶叶的香气。

5.水温控制

泡茶是一件看似简单却又需要技巧的事情,水温控制则是决定茶叶香气、色泽和口感的关键之一。

不同种类的茶叶需要不同的水温才能最大限度地释放出其特有的香气和味道。例如,绿茶需要比较低的水温(70~80 ℃)来避免过度氧化和苦涩,白茶需要稍高的水温(85~90 ℃)来激发其清新甘甜的味道,红茶则需要更高的水温(95~100 ℃)来释放浓郁的香气。因此,在泡茶时,一定要根据茶叶的种类来选择适合的水温,否则会影响茶叶的品质和口感。

水温的控制还与泡茶时间和茶具大小有关。大茶具通常需要更高的水温,因为它们会导致水温下降得更快;小茶具则需要更精准的水温调节,因为水温升高得更快。此外,泡茶的时间也会影响水温的选择。如果你想让茶叶浸泡得更久一些,那么可以使用稍低的水温来减缓茶叶释放香气的速度;而如果你想让茶汤更为浓郁,那么可以使用稍高的水温来加快茶叶香气的释放速度。正确的水温控制不仅能够提升茶叶的品质和口感,而且能保护我们的健康。事实上,过热的水不仅可能导致茶叶苦涩、难喝,还可能破坏茶叶中的营养成分并损害人体健康。因此,在泡茶时,一定要注意不要使用过热的水,以避免对身体造成不良影响。

6.泡茶时间掌握

在泡茶的过程中,掌握好泡茶时间非常重要,这不仅能够保证茶的口感和营养成分,而且可以让我们更好地享受到茶的美味。

不同种类的茶需要不同的泡茶时间。例如,绿茶需要较短的时间,一般为1~2分钟;红茶根据茶的属性作出适当调整,一般为30秒;花茶则需要较长的时间,为5~8分钟。如果泡茶时间过短,茶叶未完全展开,茶汤颜色偏浅,口感会比较清淡;如果泡茶时间过长,则容易使茶的滋味变得苦涩,影响口感。

泡茶时间还要根据个人口味来调整。有些人喜欢浓郁的茶水,可以适当延长泡茶时间;而有些人喜欢淡雅的茶味,可以适当缩短泡茶时间。在泡茶的过程中,可以不断尝试并找到适合自己口味的泡茶方法。

7.倒茶技巧

倒茶技巧,是指在茶道表演中,将热水从茶壶倒入茶杯的过程。这一过程需要技巧、美感和情趣相结合,才能真正达到茶道的境界。

首先,倒茶技巧需要练习,只有经过多次的实践和反复推敲,才能够准确掌握倒茶的技巧。其次,倒茶技巧需要具备审美感,如控制倾斜角度、高度和速度等,使水流顺畅,形成优美的弧线,从而呈现出极致的美感。最后,倒茶技巧还需要注重情趣,如以客为尊、细心体贴和温柔待人等,让品茶者在品尝茶汤的同时也感受到主人的热情。

倒茶技巧不仅是茶道表演的一个环节,而且体现了茶文化的精髓。它不仅是一种技术动作,而且是一种文化传承和生活方式的体现。

总之,通过学习沏茶技巧,可以更好地享受茶的美味和文化。当我们掌握了倒茶技巧,就可以更好地体验到茶的魅力,进而领略到中华传统文化的博大精深。不仅如此,我们还能从中领悟到生活的哲理,学会追求内心的平静和清净。在繁忙的生活中,沏一杯好茶,静心品味,或许是我们最需要的放松和舒缓。

(二)主要泡法

1.玻璃杯泡法

(1)备具。

准备茶具,玻璃杯泡绿茶所用的茶具包括玻璃提梁壶、玻璃水盂、茶道组、茶叶罐、茶荷、茶巾、玻璃杯、杯托。茶具按"前低后高"原则收纳放置。

（2）布具、备水。

布具：将茶盘上的茶具依次摆放在茶桌上，以方便操作，要求做到美观。要注意的是，桌椅的位置也需要调整，让泡茶者坐着泡茶时两脚板平放，整个人的姿势舒服端正。

备水：注重水温、水量的控制。

（3）挪杯、翻杯。

将玻璃杯挪到指定的地方，将倒扣在杯托上的杯子翻转过来

（4）取茶、赏茶。

用茶拨将茶叶从茶叶罐中取至茶荷，给客人赏茶。

（5）润杯。

往玻璃杯里注入少量热水，通过转动手腕的方式，让整个杯身湿润。润杯后净水。

（6）投茶（置茶）。

以冲泡名优绿茶为例，茶与水的比例控制在 1∶50 左右，即冲泡容器的注水量如果是 150 mL，则投茶量为 3 g 左右。细嫩的茶叶用量可稍多一点。考虑到杯泡非茶汤分离泡法，投茶量可减少。具体的投茶量可根据饮茶者实际需要而做调整。

投茶：将茶荷里的茶叶分别投到三个玻璃杯中。取茶适量，使用上投法、中投法、下投法，如果事前懂得茶性，更能泡好茶汤。

上投法：先注水至七分满，再投茶，适用于绿茶、白茶等清香型茶叶，如西湖龙井、碧螺春等。这种冲泡方法注重轻盈清爽，保留茶叶清香。

中投法：注 1/3 水，投茶，再注水至七分满，适用于大多数茶叶，如红茶、乌龙茶等。这种冲泡方法注重平衡口感，既有茶香又有茶味。

下投法：先投茶，再注水至七分满，适用于普洱茶、黑茶等发酵茶类，如普洱生茶、普洱熟茶等。这种冲泡方法注重浓厚口感，突出茶叶的陈香和厚重感。

各投茶法实质上是根据气温变化，人为调控泡茶水温。

（7）浸润泡、摇香。

浸润泡：用回旋斟水法往杯中注入少许热水，浸润茶叶。

摇香：用手腕力量快速摇动杯身，让茶叶得到初步舒展。

（8）凤凰三点头。

如果是茶叶下投法，可用"凤凰三点头"的方法冲水入杯中，不宜太满，至杯子总容量的七成左右即可。

凤凰三点头：通过手腕提点方式将手中提梁壶由低至高反复冲水三次，提梁壶三上三下、水流三起三落，茶叶在杯中翻滚（被称为"跳绿茶舞"）。凤凰三点头仿若凤凰三次点头，表达对客人的深深敬意。

（9）奉茶。

按照茶道礼仪来讲，主人给客人奉茶时应使用双手端茶。在端茶时若茶杯有杯耳，就要用一只手抓住杯耳，另一只手托住杯底，把茶端给客人。如果茶杯没有杯耳，就需用左手托着底部，右手放在茶盘的边缘给客人端茶。

（10）收具。

冲泡结束后，将茶具重新收回到茶盘之中。收具顺序为，最后放的先收，依次收入托盘中归位。

2.盖碗泡法

下面以红茶为例介绍盖碗泡法。

(1) 备水、备具。

备水：注重水温水量的控制。

备具：准备茶具。所用的茶具包括玻璃提梁壶、玻璃水盂、茶道组、茶叶罐、赏茶荷、茶巾、盖碗、杯托。茶具按"前低后高"原则摆放。

(2) 布具。

布具：将茶盘上的茶具依次摆放在茶桌上，以方便操作。同时要求做到美观。要注意的是桌椅的位置也需要调整，让泡茶者坐着泡茶时两脚板平放，整个人的姿势舒服端正。

(3) 赏茶。

取少量茶叶置于茶荷上，观察茶叶的形态与色泽，细嗅茶叶的清香，以确定茶叶品质。

(4) 温杯、洁具。

用盖碗泡茶时，先将碗盖掀开，注入沸水，之后盖上碗盖，用沸水浇淋盖碗烫洗消毒。

(5) 投茶。

将5～6 g 的茶叶，用茶匙轻轻地从茶荷投入盖碗中，在此过程中要避免将茶叶撒到外面。

(6) 润茶。

润，意为加水使其变得不干燥，也就是用水来浸润茶叶。润茶的茶汤大家通常是不喝的。润茶结束后，才开始正式冲泡。

(7) 泡茶。

再次往盖碗中注入开水，并盖上碗盖焖泡，4～5 分钟后即可开盖品饮。想要喝到饱满丰沛的茶汤，环壁注水很重要。相比之下，定点注水更适合在几冲之后，干茶彻底被浸润后使用。

(8) 出汤。

手法要平、稳、快，碗要端平，到了出汤的时候要快，尽快沥干，沥干后，盖碗归位，盖子可稍微打开，让茶叶通氧气，这样茶汤更美味。

(9 奉茶。

将泡好的茶汤递给客人时，需用茶盘托着盖碗，置于客人的右手前方，请客人自行端茶。

（10）品茶。

泡好的茶汤不可急于饮用，需要先观察茶汤、茶叶，端起盖碗，揭开碗盖，细嗅茶的香气，观察茶汤以及叶底形态，最后轻啜一口茶汤，细品茶的滋味。

3.壶泡法

茶具配置：湿茶盘、紫砂壶、品茗杯、闻香杯、杯托、茶道组、茶荷、茶叶罐、开水壶、茶巾。注意茶杯内壁以白色为佳，便于欣赏茶汤真色。

（1）备具。

泡茶台上居中摆放茶盘。茶盘内分为左、中、右三列：左列纵向摆茶道组、茶叶罐、茶巾（茶巾上叠放茶荷）；中列前方是闻香杯，中间是茶壶，最后面放杯托；右列前方摆品茗杯，后方是开水壶。

（2）备水。

尽可能选用清洁的天然水。将水放入容器急火煮至沸腾，冲入热水瓶备用。泡茶前用少许开水温壶，再倒入煮开的水储存。这一点在气温较低时十分重要，温热后的水壶储水可避免水温下降过快。

（3）布具。

分宾主入座后，泡茶者双手将开水壶移至茶盘右侧前方桌面（与茶盘相距 10 cm 左右）；杯托放置右侧后方桌面；茶道组移放到茶盘左侧前方桌面；茶叶罐放置左侧中间桌面；取下茶巾、茶荷放在茶盘后方左侧桌面；将紫砂壶移至茶盘内居中位置。

（4）温壶。

使用紫砂壶冲泡茶前需要冲洗茶具，左手以兰花指手法轻轻掀起壶盖放在茶盘上，同时右手提开水壶向茶壶内注入少许热水；左手盖好壶盖，右手放下开水壶；右手执壶把，左手托茶壶底，按逆时针方向运用手腕旋转茶壶，令茶壶周身受热均匀。

（5）投茶。

观干茶形，闻干茶香，取茶适量，投入茶壶中。

（6）冲泡。

右手提开水壶，左手用茶巾托茶壶底，右手用逆时针的回旋手法向茶壶内注入开水。然后盖好茶壶盖，右手握茶壶把，左手托茶壶底，逆时针转动茶壶，进行浸润泡。盖上壶盖，静置片刻就可以出茶。需要注意的是，在使用壶泡法泡茶时，要控制好热水的温度和冲泡时间，不同品种的茶叶需要采用不同的温度和时间。

润茶：沸水置入壶中，水位为刚浸过茶叶，快速倒去以唤醒茶叶。

温杯：将润茶水倒入品茗杯、闻香杯中，用"狮子滚绣球"的动作或逆时针平摇品茗杯，或以手滚动温杯的手法温洗品茗杯，最后一个品茗杯的水直接倒入茶盘中。闻香杯中的润茶水，可用来淋壶，以保持茶汤的温度。

候汤：注意注水的速度和角度。注水的速度会影响到水的温度，注水快则温度高，注水慢、水流细则水温相对要低一些，要针对所泡茶叶特性的不同来做出适当调整。注水的角度会影响水对茶叶的冲击和茶叶的翻滚,毫较多的茶和熟茶不能过度冲击和翻滚,否则茶汤会浑浊不透亮。

出汤:壶中的茶水可采取巡回式分茶,一壶茶通常分四杯。从茶壶倒茶入杯时,不要一次倒满,开始每杯先两点,然后巡回均匀地加至七分满,使每杯茶汤浓度一致,当茶壶倒茶入闻香杯将尽时,以"点"状将"精华"依次"点"到各闻香杯中,每杯要滴得均匀,以求每杯茶汤浓度一致,即"关公巡城、韩信点兵"。

翻杯:将品茗杯倒扣在闻香杯上,扣合好后翻转过来,放置于杯托上。

(7)奉茶。

双手将泡好的茶依次敬给来宾。这是一个宾主融洽交流的过程,奉茶者行伸掌礼请来宾用茶,接茶者宜点头微笑表示谢意,或答以伸掌礼。

4.碗泡法

准备好茶具,可以是玻璃碗、瓷碗、陶碗、大口的建盏,甚至铜铁等金属的碗形器等皆可,外加一个汤匙、若干品杯等。

往茶碗倒入适量的开水(8~10分满),再加入茶叶,等待片刻以使茶叶焯散,然后用茶盖盖上茶碗,让茶叶发酵。等待片刻后,揭开茶盖,观察茶叶的状态,如果茶叶还未完全展开,则可以再倒一些开水,继续等待。轻轻拿起茶碗,把茶碗旋转几次,使茶叶充分沉淀,并产生香气。最后,将茶汤用汤匙舀到品杯,就可以品尝了。

四、品茗环境

品茗作为一种休闲方式,深受中国古代儒家、道家、佛家的青睐。"乐山乐水""返璞归真"的思想无不与品茗相契合。中华茶文化倡导"中正平和"的茶道理念,品茗被当成一种高雅的艺术享受,既讲究泡茶技艺,又注重情趣,追求天然的野趣,从而使心灵的纯净与山水融为一体,达到"平生于物原无取,消受山中一杯茶"的境界。

古代对茶境之美有真知灼见的品茗人,非明代徐渭莫属。他在《煎茶七类》中说:"茶宜精舍、云林、竹灶,幽人雅士,寒宵兀坐,松月下,花鸟间,清泉白石,绿藓苍苔,素手汲泉,红妆扫雪,船头吹火,竹里飘烟。"这段话一语道破了古今品茗人的心事和对茶境之美的终极追求。

品茗环境泛指人们在品尝香茗时所选择和营造的氛围及条件,包括自然景色、人工建筑和设施、摆设、饮茶对象以及节令气候等因素。

(一)品茗场所

品茗场所是指专门供应和提供茶叶品尝、欣赏和交流的场所。一些常见的品茗场所如下。

1.茶馆

茶馆的历史可以追溯到唐朝,当时茶馆是为了方便旅客休息而设立的。随着时间的推移,茶馆逐渐成为人们饮茶、品茶、聊天的场所,也成了文人墨客、民间艺人创作和表演的场所。在茶馆里,人们可以尝到各种不同口味的茶。同时,茶馆还会举行一些文艺活动,比如评书、杂技等,吸引了许多观众前来观看。

2.茶艺馆

茶艺馆是专门展示和推广茶文化的场所,可以学习茶道、茶艺。它不仅提供各种茶品,而且会介绍茶叶的品种、产地、制作方法及泡茶的技巧等知识。茶艺馆通常还会有专业的茶艺师,他们会为客人展示如何泡茶,如何品尝茶以及如何欣赏茶等。在茶艺馆中,客人可以体验到舒适愉悦的环境,享受到纯净清香的茶香气息,同时能够了解茶文化的历史和精髓。茶艺馆也成了人们放松身心、结交朋友的好去处。茶艺馆的兴起,是对传统茶文化的继承和创新。它通过现代化的装修、服务和管理方式,使得茶文化更加活跃,更加接近人们的生活,吸引了越来越多的年轻人前来参观、学习、品茶和交流。

3.书店茶吧

书店茶吧是一种结合了阅读和品茶的休闲场所,适合那些喜欢在轻松的氛围下品茶、读书的人群。这种场所通常提供各种优质的茶叶,并且提供不同的泡茶方式,让顾客能够自由选择。此外,书店茶吧还会提供各种类别的书籍,让顾客可以边品尝茶饮,边阅读书籍,享受一段静谧的时光。书店茶吧还提供音乐演出,让顾客可以在品茶、阅读的同时,欣赏高质量的音乐表演。书店茶吧是一种集品茶、阅读、音乐于一体的多功能场所,是现代人追求生活品质的理想去处。

4.茶室

茶室是一种传统的品茗场所,用于品茶、交流和休息。茶室通常建在花园或庭院中,设计简洁而雅致,与周围环境相融合。在茶室中,通常会使用自然材料铺地,并设置低桌、坐垫等简单的家具。茶室的主人通常会泡茶供客人饮用,客人则要遵守一定的礼仪。茶室也是茶文化中重要的一部分,代表着和谐、平静、尊重和纯粹,其以私人定制、精致高雅为主打,提供更高端、个性化的品茶服务。

5.茶社

茶社指一个地方或组织,以提供茶文化学习和交流为主要活动内容。在茶社里,会有专业的茶人或茶艺师傅为大家讲解茶的种类、制作方法等知识,并进行茶艺表演和品茶活动。茶社还常常组织茶友一起去茶园参观,体验采茶、制茶,以增进对茶文化的认识和了解。茶社也是许多茶爱好者交流和结交朋友的场所。

6.茶园

在茶树种植区域内,设有供游客品尝当地名茶的场所。

7.茶博物馆

茶博馆是一般具有陈列展示、学术研究、科普宣传、非遗传承、培训体验、对外交流等功能,是茶文化的重要宣传窗口和交流平台。不论综合性茶博馆,还是专题性茶博馆,一般都会设有品茗区域。

8.茶旅民宿

茶旅民宿主要经营茶叶产业旅游、茶文化体验等业务,提供住宿、品茗等服务。

9.茶文化街区

茶文化街区是以茶文化为主题的商业街区,集聚了各式茶馆、茶具店、茶叶店等茶文化相关商家。

（二）品茗环境的设计

1.空间布局

品茗环境的空间布局要有一定的规划和设计,包括各个区域的分隔、茶席的设置、座位的摆放等。

2.色彩搭配

色彩是品茗环境中不可忽略的因素,应根据不同场合选择不同的主题色和配色方案。品茗环境的色彩搭配主要有以下几种。

绿色:绿色是品茗的代表色,因此与绿色相搭配的颜色可以是类似的深浅不同的绿色,也可以是与绿色相近的黄色、蓝色等。

淡雅的色彩:淡雅的色彩包括米白色等,这些颜色与茶具、茶叶等都能产生良好的协调效果。

金属色:金属色包括金色等高光色彩,这些色彩搭配茶具或茶叶能够增加质感和奢华感。

暖色系:红色等。

自然色:棕色等。

3.灯光照明

灯光照明对于品茗环境的氛围营造起到了至关重要的作用,品茗环境的灯光照明应该以柔和、舒适为主,营造出一种温馨、安静的氛围。以下是几种常见的品茗环境灯光照明方式。

暖色调灯光：选择颜色偏暖的灯光，如黄色等，可以营造出温馨、舒适的氛围。

点缀式灯光：在茶室中设置一些点缀灯，如落地灯等，可以增强茶室的层次感，同时也能达到柔和的灯光效果。

自然光源：若有条件，尽可能利用自然光源，使光线自然且柔和，更符合品茗场所的本质。

可调节灯光：使用可调节光源的灯具，根据不同的场景和需求进行灯光亮度和颜色的调节，更加灵活和实用。

品茗环境的灯光照明需要根据场所、氛围和需求进行综合考虑，选择合适的灯光方案，以便能让顾客享受到更好的品茶体验。

4.装饰品摆放

在品茗环境中，装饰品的摆放也是至关重要的，可以通过不同的小物件来丰富环境。装饰品应该简约、自然，以突出茶文化的内涵。墙面可用淡色系的壁纸或石膏线装饰，营造出温馨、自然的氛围。

5.声音控制

品茗环境中的声音应该是柔和轻缓的，可以适当地播放轻音乐或自然声音等。

（三）品茗环境的布置

1.茶具

茶具应该保持干净和整齐。茶艺师也可以根据茶客的需求为其提供不同类型的茶具，让品茗更加贴合茶客的喜好和口味。

2.茶叶

品茗需要选择上乘的茶叶，还要考虑到不同茶叶的适宜炮制方式和时间等因素。茶艺师应该根据茶客的需求和偏好来选取不同种类的茶叶。

3.茶室

品茗需要有一个温馨舒适的环境，一般采用木质结构或者竹编结构的茶室，以营造出充满自然和文化气息的氛围。茶室内的装饰也应该体现出中式传统文化特色，如屏风、书法作品等。

4.音乐

品茗时适当播放轻柔的音乐可以让人们更好地放松身心，增强品茶的感官体验。

5.灯光

品茗时的灯光照明需要根据场所、氛围和需求进行综合考虑,选择合适的灯光方案,从而让顾客享受到更好的品茶体验。

6.清香

品茗时空气中的味道也很重要,品茗的清香,是指在品尝茶叶时所感受到的淡雅香气。这种香气具有浓郁的植物芳香味道,但又不会过于刺激,给人一种清新、舒适的感觉。品茗者可以通过嗅闻和品尝来感受清香,这也是品茶过程中最重要的一环。对茶叶的清香进行鉴赏,既可以享受到茶叶的美妙滋味,也可以了解茶叶的品质和特点。

7.卫生

注意环境的清洁卫生,保持整洁干净的环境非常重要,能让人舒适与安心。

对于品茗的环境设施,应该精心设计和布置,以满足茶客品茗时的各种需求。 总之,一个好的品茗环境可以带给人们舒适、放松的体验,提高品茶的质量和享受感。所以,在品茶前,选择一个合适的场所,营造优美的氛围,是非常必要的。

茶文化是中华民族优秀传统文化的重要组成部分,融合了儒家、道家、法家的思想精髓,有着丰富的内容和深刻的哲理。茶文化“天人合一”的人文精神和“以和为贵”的民族精神,对我们构建和谐的社会,继承和弘扬优秀传统文化有着重要作用。生活在经济科技飞速发展、竞争日趋激烈的社会环境中,茶文化中丰富深刻的哲学思想有助于更好地发展自己。

延伸阅读

我家的茶事

冰心 1989-10-16

袁鹰同志来信要我为《清风集》写一篇文章,并替我出了题目,是“我家的茶事”。我真不知从哪里说起!

从前有一位诗人(我忘了他的名字),写过一首很幽默的诗:

> 琴棋书画诗酒花,
> 当时样样不离它。
> 而今万事都更变,
> 柴米油盐酱醋茶。

这首诗我觉得很有意思。

这首诗第一句的七件事,从来就与我无“缘”。我在《关于男人》中写到“我的小舅舅”那一段里,就提到他怎样苦心地想把我“培养”成个“才女”。他给我买了风琴、棋子、文房四宝、彩色颜料等,都是精制的。结果因为我是个坐不住的“野孩子”,一件也没学好。

他也灰了心,不干了!我不会作诗,那些《繁星》《春水》,等等,不过是分行写的"零碎的思想"。酒呢,我从来不会喝,喝半杯头就晕了,而且医生也不许我喝。至于"花"呢,我从小就爱——我想天下也不会有一个不爱花的人——可惜我只会欣赏,却没有继承到我的祖父和父亲的种花艺术和耐心。我没有种过花,虽然我接受过不少朋友的赠花。我送朋友的花篮,都是从花卉公司买来的!

至于"柴米油盐酱醋",作为一个主妇,我每天必须和它们打交道,至少和买菜的阿姨,算这些东西的账。

现在谈到了正题,就是"茶",我是从中年以后才有喝茶的习惯。现在我是每天早上沏一杯茉莉香片,外加几朵杭菊(杭菊是降火的,我这人从小就"火"大。祖父曾说过,我吃了五颗荔枝,眼珠就红了,因此他只让我吃龙眼)。

茉莉香片是福建的特产。我从小就看见我父亲喝茶的盖碗里,足足有半杯茶叶,浓得发苦。发苦的茶,我从来不敢喝。我总是先倒大半杯开水,然后从父亲的杯里,兑一点浓茶,颜色是浅黄的。那只是止渴,而不是品茶。

23岁以后,我到美国留学,更习惯于只喝冰冷的水了。29岁和文藻结婚后,我们家客厅沙发旁边的茶几上,虽然摆着周作人先生送的一副日本精制的茶具:一只竹柄的茶壶和四只带盖子的茶杯,白底青花,十分素雅可爱。但是茶壶里装的仍是凉开水,因为文藻和我都没有喝茶的习惯。直到有一天,文藻的清华同学闻一多和梁实秋先生来后,我们受了一顿讥笑和教训,我们才准备了待客的茶和烟。

抗战时期,我们从沦陷的北平,先到了云南,两年后又到重庆。文藻住在重庆城里,我和孩子们为避轰炸,住到了郊外的歌乐山。百无聊赖之中,我一面用"男士"的笔名,写着《关于女人》的游戏文字来挣稿费,一面沏着福建乡亲送我的茉莉香片来解渴,这时总想起我故去的祖父和父亲,而感到"茶"的特别香冽。我虽然不敢沏得太浓,却是从那时起一直喝到现在!

资料来源 袁鹰.清风集[M].北京:华夏出版社,1997.

【思考研讨】

(1)以人为主体的茶艺分类标准是什么?

(2)如何通过观色、闻香、辨形、品味四个环节评判茶汤?

(3)以"二十四节气"为主题开展一次茶会。

(4)根据个人兴趣,组建绿茶玻璃杯泡法、红茶盖碗泡法两个小组,遴选优秀代表,在班级分享展示。

【参考文献】

[1]李春苗.宫廷茶艺[M].北京:北京大学出版社,2018.

[2]李时中.中国茶文化史[M].北京:中国轻工业出版社,2017.

［3］雷文波 . 茶叶分类与品茶技巧 [M]. 南京：江苏凤凰文艺出版社,2010.

［4］李宜谦 . 茶道精神与人生哲学 [M]. 北京：中国社会科学出版社,2015.

［5］杨志宏 . 茶艺表演大师的技巧与讲解 [M]. 长沙：湖南科学技术出版社,2010.

［6］龚永新 . 茶文化与茶道艺术 [M].2 版 . 北京：中国农业出版社,2023.

［7］林治 . 中国茶艺的分类和发展方向 [C]// 中国茶叶学会,中国台湾茶协会 . 第六届海峡两岸茶业学术研讨会论文集（摘要）,2010.

［8］余悦 . 韵外之致味外之旨 ——《中国茶韵》诠释 [J]. 农业考古,2002(04).

［9］罗庆江 ."中国茶道" 浅谈 [J]. 农业考古,2001(04).

［10］朱红缨 . 茶文化学体系下的茶艺界定研究 [J]. 茶叶,2006(03).

第六讲　茶文艺

【内容提要】

(1)茶文艺是展现茶事活动的文学艺术形式,涵盖诗词联赋、歌舞戏曲、小说散文、书法绘画等方面。

(2)茶文艺全方位呈现茶文化的艺术美。

(3)茶事文艺作品历经发展,兼具史料和艺术双重价值。

【关键词】

茶诗词;茶文;茶歌舞;茶戏曲;茶书画

案例导入

茶赋

茶之为饮,发乎神农。兴于汉魏,盛于唐宋。繁于明清,昌于当今。穿越千年,流俗至今。历史悠久,可谓国粹。

茶之家族,品类繁多。黑白青绿红黄,济济一堂;东西南北中外,全球飘香。六大茶系,皆为兄弟。色香味形,各臻妙谛。其形圆若珠玉,尖似银针,卷若花蕾,舒似流云;其色黑似乌金,白似凝脂,青如春草,绿似翡翠,红似丹阳,橙如黄石;其味或浓或淡,或重或轻,或涩或甜,或幽或浅,或续或断,或长或短……

茶之为用,功效甚众。为食可充饥,入药提精神。大而论之,可资政,可通商,可谈兵;小而言之,可交友,可润文,可养生;细而言之,可解渴生津,可减肥降脂,可明目清心,可保肝除郁,可美容护肤……

茶之为俗,因地而差。千奇百态,雅俗俱佳。北京大碗茶,成都盖碗茶,羊城早市茶,福建功夫茶,云南九道茶,江浙四时茶,西北八宝茶……

茶为国之瑰宝,更乃民生所珍。一茶一世界,品茶如品人。察其色,观其形,闻其香,赏其韵,玩其味,醒其神,参其道,养其性。人生如茶,茶如人生。茶致静,宁静致远;茶尚清,清正廉明;茶导和,和衷共济;茶贵雅,高雅文明。七分茶,八分酒。一壶好茶,可沛九州《正气》,能助"六艺"灵境。茶韵滋养品性,潜移默化心灵。荡涤胸中浊气,鼓舞揽月壮志。

翠屏苍苍,天造茶乡。岷水汤汤,文脉悠长。叙府泱泱,茶道流芳。和乃自然之道,雅为修身之方。茶道文化彰显地方特色,和雅教育培养国家栋梁。

资料来源　蒋德均.茶赋 [N].人民日报(海外版),2020-02-24(12)

一、诗词赋联

(一)诗词

中国是诗的国度,茶的故乡。茶诗文化历史悠久,至少可以追溯到西晋时期,无数文人墨客纷纷挥毫,共作出逾3500篇茶诗,作者有870余人。这些茶诗体裁多样,涵盖律诗、绝句、宫词等,充满趣味,内容广泛,涉及名人、亲人、饮茶风情等。下面从佳作及体裁两方面分类,辑录一些具有典型性的茶事诗词。

1.历史悠久　佳作精选

(1)中国最早的茶诗:《娇女诗》(节选)。

左思,字太冲,齐国临淄县(今山东淄博)人。西晋时期大臣、文学家。

吾家有娇女,皎皎颇白皙。

小字为纨素,口齿自清历。

……

其姊字惠芳,面目粲如画。

……

驰骛翔园林,果下皆生摘。

……

贪华风雨中,眄忽数百适。

……

止为茶荈据,吹嘘对鼎立。

脂腻漫白袖,烟熏染阿锡。

衣被皆重地,难与沉水碧。

……

作者精心描绘了两个小女儿天真稚气、活泼可爱的种种情态,准确形象地勾画出她们娇憨活泼的性格,字里行间透露出慈父对女儿们的深深爱意,与她们相处时的欢愉与喜悦,流露出家庭生活特有的温馨与情味。其中,"止为茶荈据……难与沉水碧"更是精妙地描绘出姐妹俩对茶的深深喜爱,以及茶器与煮茶习俗的细腻描绘,使此诗成为《茶经》节录中最早提及茶的诗篇之一,流传千古。

(2)中国第一首以茶为主题的茶诗:《答族侄僧中孚赠玉泉仙人掌茶》。

李白,字太白,号青莲居士,有"诗仙"之称,唐代伟大的浪漫主义诗人。

常闻玉泉山,山洞多乳窟。仙鼠如白鸦,倒悬清溪月。

茗生此中石,玉泉流不歇。根柯洒芳津,采服润肌骨。

丛老卷绿叶,枝枝相接连。曝成仙人掌,似拍洪崖肩。

举世未见之,其名定谁传。宗英乃禅伯,投赠有佳篇。

清镜烛无盐,顾惭西子妍。朝坐有余兴,长吟播诸天。

这是中国历史上第一首以茶为主题的茶诗。此作品与宜昌当阳有着不少渊源,玉泉寺出产"仙人掌茶",据史料记载,该茶最早出现于唐朝,诗仙在游玩时碰到了僧人中孚,中孚赠"仙人掌茶",李白以诗答谢,该诗详细介绍了仙人掌茶的生长环境、加工方法、形状、功效等。

(3)茶境之美咏茶词:《品令·茶词》。

黄庭坚,北宋诗人、词人,字鲁直,自号山谷道人,晚号涪翁,又称黄豫章,以谪仙自称,世称金华仙伯。洪州分宁(今江西修水)人。

凤舞团团饼。恨分破、教孤令。金渠体净,只轮慢碾,玉尘光莹。汤响松风,早减了、二分酒病。

味浓香永。醉乡路、成佳境。恰如灯下,故人万里,归来对影。口不能言,心下快活自省。

在宋代这个尚茶、爱茶的时代,黄庭坚的词作汲取了浓厚的茶文化精髓。他生于茶乡修水,自幼便深受茶农种茶、采茶、卖茶的熏陶,因此对茶和茶农怀有难以割舍的情感。黄庭坚的一生跌宕起伏,四处漂泊,与家乡渐行渐远,但茶的香气总能唤起他心中对故乡的深深眷恋。

为了抒发对茶的喜爱和对家乡的怀念,黄庭坚创作了这首咏茶词。该词巧妙地将煮茶、饮茶这些日常行为描绘得细腻入微、栩栩如生。词的上阕以情人离别为喻,将掰碎碾磨龙凤团茶中的凤饼茶,比作分离的双弯凤,而茶饼化作琼粉玉屑,煮水恰时,恰似情感的完美交融。下阕则描绘品饮茶汤时的无言感受,如同重逢故人的喜悦,难以用言语表达。这一比喻深深触动了饮茶人的心弦,引发了无尽的共鸣。

2.体裁多样 不拘一格

(1)杂言诗。

被世人尊称为"茶仙"的卢仝所写杂言古诗的代表《走笔谢孟谏议寄新茶》,以茶为媒,细细描绘从一碗至七碗的品茶之旅,展现其清新与灵动。饮至七碗,他高声问:"蓬莱山,在何处? 玉川子,乘此清风欲归去"。这不仅是茶的颂歌,而且是他对宇宙生命之感悟,是对心灵之洗涤。一切忧虑与愁绪,皆在茶香中化为乌有,因此,此诗被赞誉为"七碗茶歌"。

(2)宝塔诗。

与白居易并称"元白"的诗人元稹,所作宝塔诗《一字至七字诗·茶》。

茶,

香叶,嫩芽。

慕诗客,爱僧家。

碾雕白玉,罗织红纱。

铫煎黄蕊色,碗转麴尘花。

夜后邀陪明月,晨前独对朝霞。

洗尽古今人不倦,将知醉后岂堪夸。

宝塔诗,亦名"一字至七字诗",其形若宝塔,逐层递字,诗意盎然。此诗意蕴深长,三层意趣跃然纸上:首述茶之本真,引发人们对茶之钟爱;次述茶之煎煮,细描人们品茗之习俗;终述茶之神效,提神醒酒,功用非凡。全诗洋溢着人们对茶之热爱与赞美,尽显茶之魅力与韵味。

(3)回文诗。

苏轼所作"回文诗"《记梦回文二首(并叙)》。苏轼,字子瞻,又字和仲,号铁冠道人、东坡居士,世称苏东坡、苏仙、坡仙。眉州眉山(今属四川省眉山市)人,北宋文学家、书法家、画家,历史治水名人,共写茶诗80余首。

其一

酡颜玉碗捧纤纤，乱点余花唾碧衫。

歌咽水云凝静院，梦惊松雪落空岩。

其二

空花落尽酒倾缸，日上山融雪涨江。

红焙浅瓯新火活，龙团小碾斗晴窗。

这是两首通体回文诗，又可倒读出下面两首，极为别致。

其一

岩空落雪松惊梦，院静凝云水咽歌。

衫碧唾花余点乱，纤纤捧碗玉颜酡。

其二

窗晴斗碾小团龙，活火新瓯浅焙红。

江涨雪融山上日，缸倾酒尽落花空。

回文诗，如茶之韵味，顺读倒读皆成章，意义如一，尽显作者对茶的深情厚谊。苏轼以回文写茶诗，堪称一绝。在《记梦回文二首（并叙）》中，苏轼梦见了大雪初晴后的景象，人们用雪水烹煮小团茶，歌声悠扬，茶香四溢。在这美妙的梦境中，苏轼细品茶香，挥毫写下回文诗。梦醒后只记得一句，却仍能续写绝句，足见其才华和对茶的痴迷。此诗如茶，回甘无穷，令人陶醉。

（二）楹联

茶联是以茶为题材的对联，是茶文化的一种文学艺术兼书法形式的载体。它是中华文化中的一种独特表达方式，通过精炼的对仗和深远的意境，将茶文化的精髓和韵味展现得淋漓尽致。茶联常常出现在茶馆、茶楼、茶园、茶亭的门庭或石柱上，不仅美化了环境，而且增强了文化气息，促进品茗情趣。

1.茶叶店门联

松涛烹雪醒诗梦；竹院浮烟荡俗尘。

采向雨前，烹宜竹里；经翻陆羽，歌记卢仝。

泉香好解相如渴；火候闲评东坡诗。

龙井泉多奇味；武夷茶发异香。

九曲夷山采雀舌；一溪活水煮龙团。

春共山中采；香宜竹里煎。

雀舌未经三月雨；龙芽新占一枝春。

竹粉含新意；松风寄逸情。

2.茶馆、茶社、茶楼楹联

泉从石出情宜冽，茶自峰生味更圆。（杭州西湖龙井茶室，明·陈继儒）

得与天下同其乐，不可一日无此君。（杭州"茶人之家"）

诗写梅花月,茶煎谷雨春。(宋·黄庚《对客》)

一杯春露暂留客,两腋清风几欲仙。(南宋·郑清之)

小天地,大场合,让我一席;论英雄,谈古今,喝它几杯。(泉州茶馆)

独携天上小团月,来试人间第二泉。(南京雨花台茶社)

陶潜善饮,易牙善烹,饮烹有度;陶侃惜分,夏禹惜寸,分寸无遗。(广州陶陶居)

3.名人撰茶联

花笺茗碗香千载,云影波光活一楼。(清代诗人、书法家何绍基题成都望江楼)

拣茶为款同心友,筑室因藏善本书。(清代名士张廷济撰)

买丝客去休浇酒;糊饼人来且吃茶。(阮元任云贵总督时为云南金山寺亭柱撰)

品泉茶三口白水;竹仙寺两个山人。(清代文人胡简志为潜江竹仙寺茶楼撰)

扫来竹叶烹茶叶;劈碎松根煮菜根。(清代郑板桥撰)

欲把西湖比西子,从来佳茗似佳人。(出自苏东坡《饮湖上初晴后雨》与《次韵曹辅寄壑源试焙新茶》诗)

(三)谚语

谚语,民间智慧的结晶,广泛流传于百姓之中,以简洁明快的短语形式,反映劳动人民的生活哲学和真知灼见。它易于理解,口语化强。茶谚语则源自我国茶农和茶人的茶叶种植、采摘、制作与品饮的实践经验,承载着我国悠久的茶文化历史。

"开门七件事,柴米油盐酱醋茶" —— 茶等同于柴米油盐酱醋,是人民生活的必需品。

"插得秧来茶又老,采得茶来秧又草" —— 采摘谚语春天农忙季节,既要早稻插秧,又要来制春茶,有点忙不过来。

"千杉万松,一生不空;千茶万桐,一世不穷" —— 种植谚语杉、松、茶、桐都属于经济作物,能够帮助农民致富。

"千茶万桑,万事兴旺" —— 种植谚语,流行于湖北、浙江、江西等地。茶、桑都属于经济作物,能够帮助农民增加收入。

"早采三天是个宝,迟采三天便是草" —— 茶树新梢的生长具有强烈的季节性,如果采摘及时,就能够保证茶叶的产量、质量,增加经济效益;如果采摘不及时,将严重影响茶叶的产量和品质,造成茶园的浪费。

二、歌舞戏曲

茶歌舞戏曲,源自唐朝,千年岁月积淀成璀璨文化。最初,茶歌与茶舞是茶农情感的抒发;明清之际,两者交融,孕育出地域特色鲜明的戏曲艺术。

其表演形式丰富多彩,无论是独唱的激昂,对唱的和谐,还是群唱的磅礴,都各具特色,引人入胜。其内容多围绕茶事与茶道,展现了对自然与人文的敬畏与赞美。而各地方言与曲调的巧妙融合,更是为其增添了浓厚的地域色彩。

中华人民共和国成立后,茶歌舞戏曲得到了深度的传承与创新,融入现代元素,焕发新生。如今,它已成为中国非物质文化遗产的重要组成部分,承载着中华优秀文化的精髓与魅力。

(一)茶歌茶舞

茶歌、茶舞是茶文化的重要组成部分。它们源于茶叶的生产和饮用实践,并展现了深厚的文化底蕴。据茶史记载,西晋孙楚的《出歌》是最早将茶作为歌咏对象的文献,其中的"荈诧"即指茶叶。唐代皎然的《茶歌》、卢仝的《走笔谢孟谏议寄新茶》以及刘禹锡的《西山兰若试茶歌》等诗作,传说在宋代时已被谱成乐曲,广为传唱,成为茶文化的瑰宝。

茶舞蹈方面,尽管史籍中关于茶叶舞蹈的具体记载较少,但我们仍能从流传于南方各省的"茶灯"或"采茶灯"中窥见一二。舞者左手提着茶篮,右手持扇,载歌载舞,生动地展现了采茶劳动的场景。此外,壮族也有类似的舞蹈形式,称为"壮采茶"或"唱采茶"。

除了汉族的《茶灯》民间舞蹈,一些少数民族的盘舞和打歌也将敬茶和饮茶作为舞蹈的重要内容。例如,彝族打歌时,主人会在大锣和唢呐的伴奏下,恭敬地向客人敬茶或敬酒,边舞边走,展现了茶文化的深厚内涵。云南白族打歌也有着相似的习俗,人们端着茶或酒,在领歌者的带领下,绕着火塘载歌载舞,唱着白族语调,展现了茶文化与民族文化的完美结合。

1.湖北恩施茶歌《六口茶》

男:喝你一口茶呀问你一句话,你的那个爹妈(噻)在家不在家

女:你喝茶就喝茶呀哪来这多话,我的那个爹妈(噻)已经八十八

男:喝你二口茶呀问你二句话,你的那个哥嫂(噻)在家不在家

女:你喝茶就喝茶呀哪来这多话,我的那个哥嫂(噻)已经分了家

男:喝你三口茶呀问你三句话,你的那个姐姐(噻)在家不在家

女:你喝茶就喝茶呀哪来这多话,我的那个姐姐(噻)已经出了嫁

男:喝你四口茶呀问你四句话,你的那个妹妹(噻)在家不在家

女:你喝茶就喝茶呀哪来这多话,我的那个妹妹(噻)已经上学哒

男:喝你五口茶呀问你五句话,你的那个弟弟(噻)在家不在家

女:你喝茶就喝茶呀哪来这多话,我的那个弟弟(噻)还是个奶娃娃

男:喝你六口茶呀问你六句话,眼前这个妹子(噻)今年有多大

女:你喝茶就喝茶呀哪来这多话,眼前这个妹子(噻)今年一十八

女:呦耶呦耶吆呦呦耶,眼前这个妹子(噻)今年一十八(耶)

这首茶歌源自湖北恩施的土家族,它是一首充满了生活气息和民族特色的歌曲,与恩施土家族的日常生活、习俗和民族精神紧密相连。它描述了土家族青年男女追求爱情、向往幸福生活的场景,通过一问一答的形式,生动地展现了土家族青年男女的热情与真挚。歌曲中的"六口茶"并非仅仅是品茶的过程,它更是一种象征,代表了土家族人民的

热情好客、真诚待人的品质。喝"六口茶"的仪式,实际上在恩施土苗山寨中蕴含着"亲切欢迎,友谊长存"的深意。

2.井冈山红色革命歌曲《请茶歌》

同志哥,请喝一杯茶呀,请喝一杯茶!井冈山的茶叶甜又香啊,甜又香啊。当年领袖毛委员啊,带领红军上井冈啊,茶树本是红军种,风里生来雨里长,茶树林中战歌响啊,军民同心打豺狼,打豺狼啰,喝了红色故乡的茶,同志哥!革命传统你永不忘啊!

同志哥,请喝一杯茶呀,请喝一杯茶!井冈山的茶叶甜又香啊,甜又香啊。前人开路后人走啊,前人栽茶后人尝啊,革命种子发新芽,年年生来处处长,井冈茶香飘四海啊,棵棵茶树向太阳,向太阳啰,喝了红色故乡的茶,同志哥!革命意志你坚如钢啊!革命意志你坚如钢!

这首创作于 20 世纪 50 年代的茶歌,是红色革命歌曲,由诗人文莽彦作词,女作曲家解策励作曲。

在创作这首歌曲之前,文莽彦深入江西吉安体验生活,并于 1958 年 10 月推出了他的第一本个人诗集《井冈山诗抄》。其中,《请茶》就是这本诗集中的第一篇,生动地描绘了红军帮助茶农种茶树的画面。曲作者解策励在井冈山革命博物馆看到了文莽彦编写的《井冈诗抄》,其中的《请茶》一诗深深吸引了她,她立刻为这首诗谱了曲,于是《请茶歌》便诞生了。

这首歌曲表达了井冈山人民对红军的敬仰和感激之情,同时展现了红军关心民生、重视发展根据地建设、与群众打成一片的亲民作风。

3.龙岩民俗歌舞《采茶灯》

《采茶灯》源自闽西的民间小调,蜚声中外。其旋律活泼明快,以轻松愉快的歌声,传递了采茶姑娘对丰收的美好期盼与喜悦之情。歌词如下。

> 百花开放好春光,采茶姑娘满山岗。
> 手提篮儿将茶采,片片采来片片香,
> 采到东来采到西,采茶姑娘笑眯眯。
> 过去采茶为别人,如今采茶为自己。
> 茶树发芽青又青,一棵嫩芽一颗心。
> 轻轻摘来轻轻采,片片采来片片新。
> 采满一筐又一筐,山前山后歌声响。
> 今年茶山好收成,家家户户喜洋洋。

(二)茶与戏曲

采茶戏作为世界上唯一源自茶事的戏曲剧种,是中国传统戏曲艺术的瑰宝。它起源于茶农在辛勤采茶时哼唱的采茶歌,经过采茶小曲、采茶歌联唱、采茶灯等形式的演变,与民间舞蹈完美融合,形成了载歌载舞的独特表演形式。采茶戏广泛流传于江西、湖南、湖北、安徽、福建、广东、广西等地,深受各地观众的喜爱。其主奏乐器为二胡,悠扬动听。

各地的采茶戏各具特色,如江西采茶戏、闽西采茶戏、湖北阳新采茶戏、黄梅采茶戏、蕲春采茶戏、粤北采茶戏、桂南采茶戏等,它们大多形成于清代中期至末年,见证了中华戏曲艺术的辉煌历程。在江西一些地方,至今仍保留着传统的"采茶剧团",传承着这一古老的艺术形式。

茶对戏曲的影响深远,不仅催生了采茶戏这一独特剧种,而且与演出环境、戏曲内容紧密相连。历史上,许多曲艺如弹唱、相声、大鼓、评话等都在茶馆中演出,戏院或剧场更是以娱乐茶客、吸引观众为目的。明清时期,戏曲剧场通称为"茶楼"或"茶园",观众在品茶之余欣赏戏曲,这种独特的演出形式使得戏曲艺术更加深入人心。

黄梅戏作为戏曲剧种之一,原名"黄梅调",源于湖北黄梅一带的采茶歌,是茶文化与戏曲艺术的完美结合。此外,与茶相关的剧目也不胜枚举,如昆剧传统剧目《茶访》、赣南采茶戏《九龙山摘茶》(后改名《茶童歌》)、采茶戏传统剧目《九龙茶灯》等,都展现了茶与戏曲艺术的紧密关系。

在戏曲演出内容上,许多名戏、名剧都以茶事为题材或背景,如田汉创作的《梵峨璘与蔷薇》中就有许多煮水、取茶、泡茶和斟茶的场面,使剧情更加贴近生活,更具真实感。随着戏剧事业的繁荣,茶事内容不仅在舞台上频繁出现,而且涌现出以茶文化现象、茶事冲突为背景和内容的话剧与电影,如《茶馆》《喜鹊岭茶歌》等,进一步丰富了戏曲艺术的内涵。

(三)现代茶戏

现代茶戏是一种以茶为主题或媒介的戏剧表演形式。它源于中华茶文化,结合了戏剧、歌舞、音乐等多种艺术形式,以茶事、茶人、茶俗等为主要内容,展现了茶文化的魅力和精神内涵。其特点之一是表演欢快、诙谐风趣、载歌载舞,富有喜剧性,并充满了浓郁的乡土气息,颇受群众喜爱。在表演形式上,现代茶戏通常采用"唱、做、念、舞"的方式,与京剧、汉剧等剧种的"唱、做、念、打"有所不同,以舞蹈为主要表演手段之一。

此外,现代茶戏在曲调特征上也具有独特之处。例如,茶腔是采茶戏中最为常用的一种声腔,其音调尖锐清脆、节奏活泼明快,善于表现劳动与爱情等主题。路腔则具有诙谐色彩,常用于表现幽默风趣的场景。灯腔则源于元宵节,以灯为道具,融合了打击乐器和灯歌,形成了别具匠心的表演风格。

现代著名茶戏如下。

1.《一个人的长征》

赣南采茶戏《一个人的长征》讲述了中央红军长征期间,赣南青年马夫"骡子"被苏区中央银行马队雇佣,却在湘江战役中痛失爱骡。马背上的破碎箱子中,露出了诱人的黄金,但"骡子"牢记承诺,不为所动。在红军战士的掩护下,他孤身携金突围,勇敢地踏上了寻找红军的征途。这是一个关于信念、忠诚与勇气的故事,展现了普通人在历史洪流中的坚韧与伟大。

2.《茶山七仙女》

1958 年,社会主义劳动竞赛的热潮席卷全国,七位采茶女社员 —— 冯盛莲、汪应梅、杜云玉、周启玉、谢承珍、谢承梅、伍发池,在城关区小河社日夜劳作,不断刷新采茶记录,赢得了社会的广泛赞誉。当年 6 月,她们采摘的鲜叶被制成毛尖茶,寄至北京敬献给毛主席。8 月 30 日,中共中央办公厅秘书室回信五峰县委,确认收到茶叶与信件,并支付了 200 元茶叶款。

这七位采茶女能手被时任宜昌地委宣传部副部长的于元盛赞誉为"茶山七仙女"。她们的事迹经多家媒体报道后,全国妇联、湖北省委等组织纷纷号召学习她们的先进精神。1959 年 3 月 15 日,宜昌首演以"茶山七仙女"为主题的剧目,受到了各界的高度评价与赞扬。1960 年春,宜昌市京剧团更是将这一故事搬上舞台,向湖北省第二届党代会献礼,与《洪湖赤卫队》《亲人》并列为湖北省的"三朵红花",传颂至今。

3.《人在草木间》

昆剧《人在草木间》以深厚的茶文化为背景,巧妙地融合了传统昆曲艺术与现代审美观念,是一部充满传奇色彩与情感共鸣的作品。

该剧的创作灵感来源于海峡两岸茶文化的深厚渊源和一段真实的历史故事。在海峡两岸茶文化的历史著述中有这样一段记载,福建武夷山天心永乐禅寺的老方丈赠送给台湾青年举子林凤池 36 棵茶苗。林凤池将这些茶苗带回台湾冻顶山精心种植,最终成功培育出被誉为"茶中圣品"的冻顶乌龙茶。这一历史事件不仅彰显了海峡两岸茶文化的同根同源,而且体现了两岸人民在经济、文化上的紧密联系。

昆剧《人在草木间》以这段历史为依托,通过讲述林凤池为寻求优质茶苗,历经重重困难,最终将台湾冻顶乌龙茶发扬光大的故事,展现了海峡两岸同根同源的文化底蕴和休戚与共的经济命运。剧中不仅呈现了茶文化的独特魅力,而且通过讲述林凤池与福建茶农、茶商之间的情感纠葛,展现了人性的善良与美好。

4.《茶馆》

老舍(1899—1966 年)编剧的《茶馆》是其代表作,以北京裕泰茶馆为背景,通过讲述戊戌变法后、北洋军阀统治及国民党政府崩溃三个历史时期的兴衰变革,揭示了社会的腐败与黑暗,并强调了社会变革的必然性和必要性。剧中人物命运多舛,反映了时代的风云变幻。这部话剧历经多年仍备受观众喜爱,堪称经典之作。

三、小说散文

自唐代陆羽的《茶经》问世,茶文化与文学便紧密相连,相互交融。明清时期,茶文化的繁荣孕育出众多茶小说和散文,如《茶录》《茶谱》等,这些作品将茶融入社会生活和人情风貌,使我们在品味茶香的同时,也能感受到时代的独特气息。正如张岱所言:"古人以酒为助,现代以茶为助。"茶在古代已受到极高的重视,成为人们的精神寄托。在《三国演义》等古典文学作品中，茶也频繁出现，如刘备、关羽、张飞桃园结义时以茶代酒，展现了英雄们的豪情壮志。

到了现代，茶小说和散文更是丰富多彩，如林清玄的《茶味人生》将茶与人生哲理相结合。茶文化与文学的结合，不仅丰富了文学的内涵，而且为茶文化注入了更多的艺术气息。

（一）古代小说

1.《红楼梦》里的茶元素

曹雪芹，名霑，字梦阮，号雪芹，又号芹圃、芹溪，祖籍辽阳。曹寅之孙，清朝小说家、诗人、画家。

《红楼梦》是曹雪芹对中国文学与文化做出的卓越贡献。他以亲身经历为蓝本，通过"真事隐去，假语村言"的手法，细腻描绘了自己的人生体验和深刻感悟。作品内涵深邃丰富，诗意盎然，人物形象多姿多彩，情节感人至深，具有永恒的艺术魅力，也使得"红学"研究历久弥新。

在这部传世之作中，茶事描写多达近三百处，充分展现了曹雪芹对茶文化的精湛理解。开篇曹雪芹便借"一局输赢料不真，香销茶尽尚逡巡"的诗句，为荣宁两府的兴衰埋下了伏笔。

在茶的挑选上，当妙玉将茶捧与贾母时，贾母道："我不吃六安茶。"妙玉笑说："知道。这是老君眉。"妙玉与贾母的对话精妙地展现了贾母对茶性的了解。六安茶味浓，而老君眉（即洞庭君山银针茶）味轻醇，适合老年人品尝。妙玉用"体己茶"招待黛玉、宝钗和宝玉，营造出一种温馨亲切的氛围。

在水的选择上，妙玉同样讲究。她以旧年蠲的雨水烹茶给贾母品尝，又以梅花上的雪水为黛玉、宝钗和宝玉烹茶。古人认为，雨水和雪水纯净无瑕，是沏茶的上佳之选。

在茶具的搭配上，妙玉更是展现出高超的茶艺。她根据每个人的年龄、身份、性格以及茶的特性，精心挑选茶具。如给贾母选用的是精美绝伦的"成窑五彩小盖钟"，给宝钗的则是刻有"晋王恺珍玩"并有苏轼题款的"瓟瓟斝"，黛玉则得到一只形似钵而小的犀角茶具。宝玉的茶具先是绿玉斗，后换为一只雕刻精美的"九曲十环一百二十节蟠虬整雕竹根的大盏"。而众人则享用一式的"官窑脱胎填白盖碗"。这种对茶具的细致挑选，无疑是对茶艺精髓的极致展现。

在饮茶方式上，曹雪芹也进行了深入描写。饮茶分为喝茶和品茶两种境界。前者以满足物质需求为主，口渴时饮茶，大口畅饮，一饮而尽；后者则追求精神层面的享受，品茶时轻啜缓咽，细细品味其中的韵味。贾母品味妙玉奉上的老君眉时"吃了半盏"，宝玉则"细细吃了"妙玉递给的"体己茶"，这些描写均展现了品茶的高雅情趣。相比之下，刘姥姥接过贾母的半盏茶后"一口吃尽"，则更接近于喝茶的实用主义态度。妙玉对此的评价"岂不闻一杯为品；二杯即是解渴的蠢物；三杯便是饮牛饮骡了"更是对两种饮茶方式的幽默诠释。

2.《儒林外史》中的江南茶俗

吴敬梓,字敏轩,号粒民,晚号文木老人,别署秦淮寓客,安徽全椒人,祖籍浙江温州。赣榆县学教谕吴霖起之子,中国清代小说家。

《儒林外史》这部清代脍炙人口的长篇讽刺小说中,对茶文化的描绘可谓细致入微,遍布近三百个情节之中。书中提及的茶品种繁多,如梅片茶、银针茶、毛尖茶、六安茶等,各具特色。在第四十一回"庄濯江话旧秦淮河,沈琼枝押解江都县"中,更是以秦淮河畔的茶市为背景,生动描绘了一幅别样的江南风情画卷。

书中叙述,每年四月半之后,南京城中的秦淮河景致愈发秀美。此时,外江的船只纷纷卸去楼上的装饰,换上凉棚,悠然驶入河中。船舱中央,摆放着一张小巧精致的金漆桌子,桌上陈列着宜兴出产的砂壶,以及成窑、宣窑所制的细腻茶杯,用以烹煮上好的雨水毛尖茶。而那些游船之上,备有美酒佳肴和精致果碟,供游客在此河中畅游时享用。即便是步行路过的行人,也会购买一些毛尖茶,在船上煨煮品味,悠然自得地漫步于河畔。

当夜幕降临,每艘船上都会挂起两盏明亮的角灯,它们在河面上往来穿梭,与河水交相辉映,形成一幅美丽而宁静的夜景。《儒林外史》中的这段描写不仅展示了对茶文化的精湛描绘,而且展现了作者对江南水乡风情的独特感悟。

3.《老残游记》中的"三合其美"

刘鹗,清末小说家,字铁云,又字公约,号老残,署名"鸿都百炼生",汉族,江苏丹徒人。派南宗李光炘之后,终生主张以"教养"为大纲,发展经济生产,富而后教,养民为本的太谷学说。

《老残游记》第九回"申子平桃花山品茶"描绘了一幅别致的品茗图。申子平造访柏树峪,得仲屿姑娘精心泡制的香茗相待。只见茶碗淡绿,茶香扑鼻,轻呷一口,清新宜人,直入胃脘,舌根生津,香甜交织。连饮两口,香气似又从口中倒流至鼻腔,令人陶醉。

申子平不禁好奇询问:"此茶何以如此美味?"仲屿姑娘轻描淡写地回答:"茶叶本身并无出奇之处,不过是本山野生之茶,味道醇厚。真正的奥秘在于水,这水取自东山顶上的清泉,愈高愈美。再加以松花为柴,沙瓶煎制,三者合一,方能成就此等美味。"她进一步解释道:"外面所售的茶叶,多为种植,味道自然淡薄;再加上火候不当,自然无法与此相比。"

仲屿姑娘的这番话,简洁而深刻,道出了品茗的真谛:要想泡出好茶,茶叶、水质、火候三者缺一不可,必须相互融合,才能展现茶的真正韵味。这不仅是对泡茶技艺的精准诠释,而且是对生活美学的独到见解。

4.《夺锦楼》中的"吃茶"配婚

李渔,原名仙侣,字谪凡,号天徒,后改名渔,字笠鸿,号笠翁,别号觉世稗官、笠道人、随庵主人、湖上笠翁等。金华兰溪(今属浙江)人,明末清初文学家、戏剧家、戏剧理论家、美学家。素有才子之誉,世称"李十郎"。

《夺锦楼》第一回"生二女连吃四家茶,娶双妻反合孤鸾命"描绘的是明代正德初年,湖广武昌府江夏县鱼行经纪人钱小江的妻子沈氏，在四十岁的高龄生下一对美丽的双胞胎女儿，两人容貌出众且天资聪慧，引来众多求婚者。钱小江夫妇为二女精心挑选了四户名门望族，各自收下了聘礼，即所谓的"吃四家茶"。然而，这一行为遭到了社会的非议，最终引发了官司。在古代，"吃茶"常常用作婚姻的象征，因为古人认为茶树不能移植，寓意着爱情的忠贞不渝。小说通过这一情节，传达了爱情"从一而终，至死不变"的深刻内涵。因此，沈氏二女连吃"四家茶"的行为自然受到了谴责，最终只能以"官媒"的方式完成婚姻，落得了"娶双妻反合孤鸾命"的遗憾结局。

（二）现代小说

现代小说中，茶事频繁出现。鲁迅的《药》中，茶馆成为故事关键场景。沙汀的《在其香居茶馆里》的整篇故事都围绕茶馆展开。李劼人的《死水微澜》中，茶事描写展现古典中国风貌。张爱玲的作品中，女主角们常伴茶香。郁达夫、巴金等名家作品中也不乏茶事描写。

陈学昭的《春茶》是现代首部茶事长篇小说，讲述浙江西湖龙井茶区的变迁，展现茶乡风情。20世纪80年代后，茶事小说逐渐增多，如邓晨曦的《女儿茶》、曾宪国的《茶友》、唐栋的《茶鬼》等。其中，王旭烽的"茶人三部曲"堪称当代茶事小说巅峰之作，深入展现茶人世界，堪称经典。

1. "茶人三部曲"与"茶人四部曲"

"茶人三部曲"不仅是当代茶事小说的翘楚之作，其前两部更荣获了第五届茅盾文学奖，堪称文学瑰宝。该系列由《南方有嘉木》《不夜之侯》及《筑草为城》三部分组成，以杭州西湖畔杭氏家族四代人的命运为线索，细腻描绘了他们从清末至中华人民共和国成立后的家族兴衰历程。

《南方有嘉木》以清末至20世纪30年代为背景，透过杭九斋、杭天醉、杭嘉和、杭嘉平三代人的命运浮沉，生动地展现了中华民族茶业从1840年至1927年的荣辱兴衰，深入挖掘了与茶文化紧密相连的中华民族精神内涵。

《不夜之侯》将笔触转向抗日战争的烽火岁月，以杭嘉和为代表的杭家人，在动荡不安的战争年代中，或坚忍负重，或英勇激昂，或忍辱求全，或刚直不阿，展现了中国茶人在逆境中的坚韧与不屈。

《筑草为城》从20世纪五六十年代延续至20世纪末，描述了杭家人在历经抗日战争的磨难后，又遭遇了"文化大革命"这一历史动荡。面对社会的巨变，杭家人展现出顽强的生命力与对自由的不懈追求，彰显了茶人坚韧不拔的精神风貌。

此外，王旭烽创作的长篇小说《望江南》于2022年1月首次出版，叙述了中华人民共和国成立前后近20年间波澜壮阔的社会进程中，江南茶叶世家杭氏家族的起落浮沉和人物命运。2023年5月，该书与"茶人三部曲"一起，由浙江文艺出版社以茅盾文学奖得主王旭烽代表作品"茶人四部曲"的名义出版。"茶人四部曲"描绘了精彩纷呈的"茶事"，讲述了在四季流转、兴衰往复的时间进程中，茶人们从世代传承的事业中汲取古老智慧,将茶事与国事、天下事紧密相连,既展现了中国源远流长的茶文化,也彰显了茶人精神,具有深厚文化底蕴和家国情怀。

2.《暂坐》

《暂坐》是一部由贾平凹创作的都市题材小说,2020年由作家出版社出版。

《暂坐》以西安为背景,讲述了现代生活的快节奏下,一群单身女性在生活中互相帮助、在心灵上相互依偎的故事,展现了当下独立女性的风采。她们神秘着,美丽着,聚散往来之间,既深深吸引人,又令人捉摸不透。

茶楼里的世态炎凉正是社会的缩影,环环相扣的命运展示着人物的生存状态和精神状态。在纷烦琐碎的日子里,看得到茶艺、书画、古玩的美,悟得出上至佛道、下至生活的智慧。在大巧若拙、余味无穷的文字背后,仿佛作者就在茶庄楼上,慈悲而关切地看着:人生短暂,且来小说里坐坐。

（三）历代散文

1.古代散文

苏东坡的散文《叶嘉传》巧妙地运用了拟人的笔法,生动地描述了茶叶的漫长历史、独特性状和丰富功能。这部作品情节跌宕起伏,对话机智风趣,读来让人仿佛置身于一个栩栩如生的世界之中。

叶嘉,闽人也,其先处上谷,曾祖茂先,养高不仕,好游名山,至武夷,悦之,遂家焉。至嘉,少植节操。或劝之业武。曰:"吾当为天下英武之精,一枪一旗,岂吾事哉!"因而游见陆先生,先生奇之,为著其行录传于时。

元代文学家杨维桢的散文《煮茶梦记》则展现了饮茶人在茶香袅袅的氛围中,如梦似幻般的心境。这种境界宛如仙境,让人陶醉其中,感受到无尽的宁静与美好。此外,明代周履靖的《茶德颂》、张岱的《斗茶檄》《闵老子茶》等也是关于茶的散文佳作。

2.近现代散文

现代茶事散文可谓百花齐放,大家众多,鲁迅、梁秋实等,均有佳作。其中,林清玄的《莲花香片》、王旭峰的《瑞草之国》、王琼的《白云流霞》是专辑中的瑰宝。

(1)鲁迅《喝茶》。

《喝茶》是鲁迅创作的一篇散文,发表于1933年10月2日《申报》"自由谈"。文章描述了作者对品茶的一些独到见解和感悟。

"喝好茶,是要用盖碗的,于是用了盖碗。果然,泡了之后,色清而味甘,微香而小苦,确是好茶叶……有好茶喝,会喝好茶,是一种清福,不过要享这清福,首先就须有工夫,其次是练习出来的特别的感觉。"

(2)林清玄《茶味》。

当代散文中,林清玄的《茶味》令人回味。

"我时常一个人坐着喝茶,同一泡茶,在第一泡时苦涩,第二泡甘香,第三泡浓沉,第四泡清冽,第五泡清淡,再好的茶,过了第五泡就失去味道了。这泡茶的过程令我想起人生,青涩的年少,香醇的青春,沉重的中年,回香的壮年,以及愈走愈淡、逐渐失去人生之味的老年。

我也时常与人对饮,最好的对饮是什么话都不说,只是轻轻地品茶;次好的是三言两语,再次好的是五言八句,说着生活的近事;末好的是九嘴十舌,言不及义;最坏的是乱说一通,道别人是非。

与人对饮时常令我想起,生命的境界确是超越言句的,在有情的心灵中不需要说话,也可以互相印证。喝茶中有水深波静、流水喧喧、花红柳绿、众鸟喧哗、车水马龙种种境界。

我最喜欢的喝茶,是在寒风冷肃的冬季,夜深到众音沉默之际,独自在清静中品茗,一饮而尽,两手握着已空的杯子,还感觉到茶在杯中的热度,热,迅速地传到心底。

犹如人生苍凉历尽之后,中夜观心,看见,并且感觉,少年时沸腾的热血,仍在心口。"

四、书法绘画

书法绘画是一种极具东方韵味的艺术形式,是中华民族传统文化的重要组成部分。在远古时期,茶被视作一种神秘的植物,具有祭祀、医疗等用途。随着时间的推移,人们开始在陶瓷器上绘制茶壶、茶杯等图案,以表达对茶的崇敬之情。此时,茶书画逐渐形成。

进入唐代,茶文化逐渐盛行,茶书画也得到了进一步发展。唐代文人墨客喜好饮茶、吟诗、作画,不少艺术作品都融入了茶元素。如唐代草圣张旭的书法作品《肚痛帖》中,便有茶壶、茶杯等形象。此外,唐代茶圣陆羽所著《茶经》中,也对茶书画有所涉及。

到了宋代,茶文化达到了鼎盛时期,茶书画的发展也迎来了高峰。这一时期,出现了许多描绘茶事的优秀作品。如宋代画家文同的《墨竹图》中,巧妙地将茶炉、茶壶、茶杯等茶具融入画面,表现出了高雅的茶文化氛围。此外,宋代还是茶书画技艺的重要传承时期,不少文人雅士将茶与书、画相结合,创作出了别具一格的艺术形式。

然而,随着元代以后饮茶方式的改变及工艺技术的落后,茶书画逐渐走向衰落。尽管如此,仍有许多艺术家在坚守这一传统技艺,努力传承和发扬中华民族的优秀传统文化。

茶书画作为中华民族传统文化的一颗璀璨明珠,展现了东方艺术的独特魅力。通过对历史时期的发展进行回顾,我们可以深刻感受到茶书画在中华民族传统文化中的重要地位。

（一）书法

书法,文字书写的艺术,书写者倾注心血于笔法与点画,墨色变幻间展露性情。茶道亦如此,沏茶品茗,茶人真情流露于茶汤甘苦与香气浓淡。历史长河中,茶与书法相互辉映,作品遍布四方。下面简述书法中影响深远、具有代表性的佳作,感受茶意与书法的完美融合。

1.唐代茶书法

唐代茶书法遗存不多,怀素《苦笋帖》和王敷《茶酒论》是其中的代表。

(1)怀素《苦笋帖》。

怀素,俗姓钱,法名藏真,湖南长沙人,以草书著称。其用笔圆转流畅。在命名古人字帖时,后人常取前二字或关键词,此即《苦笋帖》得名的由来。

这幅作品,堪称最早的佛门茶书法,内容云:"苦笋及茗异常佳,乃可径来。怀素上。"细品语境及怀素超脱世俗的性格,译成白话即:"你赠的苦笋与茗茶,美味非凡,望多送些来。"此内容既彰显唐代文人雅士对茶叶的热衷,也体现了它在当时作为珍贵礼物的地位。此外,此作乃随手短信,却为现存最早的茶相关手札之一。从笔墨造型来看,怀素个性张扬、风格凛冽的特点显露无遗。

(2)王敷《茶酒论》。

王敷,这位唐代的乡贡进士,以其独特的视角创作了《茶酒论》。该文出自唐代的敦煌文书,文后留有抄写人阎海真题记,抄写时间为唐开宝5年,作为唐代的书写抄件,在此纳入唐代茶书论以介绍。这部作品巧妙地运用对话和拟人手法,让茶与酒两位主角各自陈述自己的长处,并批评对方的短处。这场争论异常激烈,直至双方不相上下之时,水作为中立者出面调解,揭示了茶与酒都离不开水的道理:"茶无水则无形,酒无水则无味,直接食用米曲或茶片皆对人体不利。"此寓言意在传达相互合作、相辅相成的理念,唯有如此,茶坊与酒店才能共同繁荣。

《茶酒论》的辩论部分既生动又幽默,茶与酒的交锋针锋相对,令人捧腹大笑。通过这场辩论,读者可以清晰地感受到茶与酒各自独特的性格和魅力:茶宁静淡泊,隐逸幽雅;酒则热烈豪放,辛辣刺激。这两者正如人性的两面,体现了不同人的品格性情和价值追求。

2.宋元茶书法

宋代书法以尚意为主导,受禅宗思想"心即是佛""心即是法"影响,书法家们融入情感,抒发内心。其中,苏轼、黄庭坚、米芾、蔡襄被誉为"宋四家",与茶文化紧密相连,为后世留下诸多茶文化书法佳作。至元代,书法追求复古,赵孟頫、鲜于枢等人倡导并得帝王支持。宋代与元代的书法风格,共同铸就了中国书法艺术的辉煌历程。

(1)苏轼《一夜帖》。

苏轼,字子瞻,号东坡居士,四川眉山人。此件书法,遒劲茂丽,神采动人,为苏轼小品佳作。

作品中"却寄团茶一饼与之",为中国独有的茶礼传统,深植于民族文化之中。苏轼这位茶道高手,不仅深谙茶之保健奥秘,而且记录了茶护齿之秘法。更令人称奇的是,流传至今的提染壶,亦传乃苏轼为泡茶而创。

《一夜帖》叙述了王君向苏轼求黄居寀画作之事。苏轼彻夜搜寻未果,方忆起画已借予曹光州,需一二月方能取回。恐王君误会,特托季常转告,一旦画归,即刻奉还。同时,苏轼寄去团茶一饼,以表谢意。此帖布局巧妙,前五列紧凑,末"季常"二字却放大一倍,笔走龙蛇,尽显风流。整幅作品宛如圆润明珠,流转俊逸,神采飞扬。

(2)黄庭坚《煮茗帖》。

该帖描述了黄庭坚为弟煮茶,其情其景跃然纸上。茶,既能消愁解闷,又可提神醒脑,而建溪、双井、日铸,皆为上品。观此帖,字势开张,如长枪大戟,奇峭挺拔,波折宕逸,尽显书法之美,令人赞叹不已。

(3)赵孟頫《天冠山题咏诗帖》(清人钱泳刻本)。

赵孟頫是楷书四大家之一,其行、草书也称扛鼎。此帖为草书。天冠山位于江西贵溪市城南,作者曾在此立碑,并撰文赋诗,描绘天冠山二十四景,贵溪风光。据传该帖有两个版本,一为清人钱泳刻本,二为清刻本,存西安碑林。

(二)绘画

茶文化与国画艺术相互交织,共同演绎着中华文明的韵味。国画艺术为茶注入了文化内涵,提升了茶的品位;同时,茶也为国画艺术提供了无尽的灵感,使国画更富有生活气息。两者相互依存,共同丰富着中华文化的内涵。

1.唐代茶画

唐代是中国古代绘画的繁荣时期。当时涌现大批著名画家,见于史册者200余人。

(1)阎立本《萧翼赚兰亭图》。

该作品是迄今发现最早的表现饮茶的绘画。画中的主人是一位身居高位的士大夫,奉茶的则是个仆人模样的人,表明了茶在唐代是高贵的饮料。

(2)佚名《宫乐图》。

这幅画作细腻地展现了宫廷妇女共享茶时光的盛景。长案上,茶酒摆放得井然有序,宫人们手持各式器乐,专注地倾注茶汤。她们面庞宽润,服饰华美,坐姿优雅。其中有人轻捧茶碗,细品茶香;有人弹奏琵琶,吹奏笛管,演奏古乐器,展现了茶与娱乐的完美结合。猫儿在案下安详地卧着,增添了几分生活情趣。画作不仅展现了茶酒文化的并行,而且反映了茶在当时生活中的重要地位。

(3)周昉《调琴啜茗图》。

这幅画作捕捉了日常生活中随性而高雅的瞬间,描绘了一位贵族女子轻抚古琴、品味香茗的悠闲场景。茗茶不仅是她身份与品位的象征,而且透露出一份慵懒与自在。

唐代,作为茶画的初创时期,对烹茶、品茗的描绘细致入微,尽管其精神内涵尚未深入。然而,它无疑为茶文化开创了新纪元,通过艺术的手法,不仅揭示了茶的实用价值,而且引领人们去品味其背后的精神韵味。

2.宋元茶画

宋代,我国绘画进入鼎盛期,人物、山水、花鸟画流派纷呈,名家辈出,艺术成就卓越。其中,宋代画院所创的"院体画"与苏轼、米芾引领的"文人画"成为两大主流,对后世影响深远。元代则以文人画为主导,赵孟頫、黄公望等大家崭露头角。同时,宋代茶文化在皇室与文人推动下,展现出独特审美和艺术魅力,宋徽宗的茶宴文化更成为一时佳话,被后世国画作品所传颂。

(1)赵佶《文会图》。

北宋皇帝宋徽宗赵佶的《文会图》展示了绘画史上罕见的豪华茶宴盛景。与古时幽雅简洁的茶会不同,此图呈现的茶会人数众多,茶具更是琳琅满目。宋徽宗不仅精通茶道,而且擅长书画,其独特的瘦金书体与画作相得益彰。其茶学著作《大观茶论》更是充满了文人雅趣,展示了其对茶文化的深厚造诣。

(2)刘松年《撵茶图》。

刘松年,钱塘(今杭州)人,居清波门,俗呼为"暗门刘",工人物、山水,与李唐、马远、夏圭并称"南宋四大家"。

此画为工笔画法,画中,一人优雅地坐在凳上,专心地推着石磨磨制玉白色的芽茶,桌上摆放着备用的茶具;另一人则静静地站在桌边,用汤瓶精心点茶,炉火旺盛,水声潺潺。桌上陈列着茶筅、青瓷茶盏等茶具,显得井然有序。画中的一切,都彰显着贵族官宦之家的尊贵与奢华,让人仿佛能闻到那淡淡的茶香,感受到宋代茶文化的精细与独特。这幅作品不仅是一幅精美的画作,而且是一部生动的历史长卷,让我们领略到了宋代茶文化的独特魅力。

(3)王蒙《煮茶图》。

王蒙(1308－1385年),元代杰出画家,"元四家"之一,字叔明,晚年居黄鹤山,又称黄鹤山樵,浙江吴兴(今湖州)人,他是元初著名画家赵孟頫的外甥。其绘画主要师法五代董源、巨然。王蒙所作《煮茶图》,画面层峦叠嶂,树木郁郁葱葱,一茅屋内三高士围坐几案旁品茗论道,意境深远。

3.明清茶画

明代画坛,流派纷呈,画作更注重展现画家的主观情感和笔墨韵味。当时文人因政治和社会因素,多追求与世无争的生活,寄情于山水之间,寻找心灵的寄托。文徵明的《惠山茶会图》与唐寅的《事茗图》《品茶图》《烹茶图》等作品,均展现了明代文士对闲适隐居生活的向往和对自然清新茶道的崇敬。

(1)文徵明《林榭煎茶图》。

《林榭煎茶图》展现了一片宁静而幽雅的林间景象。画面中央,一位高士正坐于茅亭之中,手持茶盏,神情悠然自得。周围林木葱茏,枝叶繁茂,仿佛为这方小天地撑起了一片清凉的绿荫。茅亭一侧,溪流潺潺,与远处的山峦相映成趣,共同构成了一幅和谐自然的画面。

在细节描绘上,文徵明展现了他极高的艺术造诣。无论是高士的服饰、神态,还是周围环境的山石、树木、流水,都刻画得细腻入微、栩栩如生。尤其是那煎茶的炉火和袅袅升起的茶烟,更是为画面增添了几分生动与真实。

更值得一提的是《林榭煎茶图》所传达出的意境和情感。画作中的高士身处林间茅亭,品茗论道,享受着自然与生活的美好。这种超脱尘世、追求心灵自由的境界,正是文徵明所向往的。通过这幅画作,我们可以感受到文徵明对生活的热爱、对自然的敬畏以及对艺术的执着追求。

此外,《林榭煎茶图》体现了明代文人的审美情趣和生活态度。茶作为中华传统文化的重要组成部分,在明代得到了广泛的推广和普及。文徵明以茶为主题创作此画,不仅展示了他对茶文化的理解和热爱,而且反映了当时文人雅士追求高雅生活的风尚。

(2)文徵明《惠山茶会图》。

此图描绘了明代茶会的情景,山岩突兀,繁树成荫,井亭隐匿,岩边竹炉,与会者有主持烹茗的,有在亭中休息待饮的,有观赏山景的,正是茶会将开未开之际,整个画面静谧生动。

(3)唐寅《事茗图》。

翠色山峦环抱着一座清幽的小村,溪流潺潺,古木参天,茅屋数间,飞瀑似在耳边低语。屋内,一人静静地煮着香茗,似乎在等待着什么。小桥流水间,一位老翁悠然地依杖而行,身后跟着一位抱着琴的小童,仿佛有客人应邀而来。侧屋内,另一人正专心致志地烹制香茗。整个画面静谧而清幽,人物栩栩如生,流水潺潺有声,静中寓动。

清代康熙、乾隆等皇帝对品茶的热爱,推动了上层社会饮茶风气的盛行。茶文化逐渐从宫廷走向民间,深入市井生活,茶礼、茶俗更加成熟。在这一时期,绘画作品中的茶也呈现出更加世俗化、生活化的特点。品茗成了居家待客、礼神祭祖的必备仪式,展现了茶文化的独特魅力。

(4)金农《玉川先生煮茶图》。

此图是金农《山水人物图册》中的一幅,描绘了卢仝在芭蕉树荫下煮泉烹茶的情景。图中,卢仝纱帽垂首,颌下长髯,神态悠闲,身着布衣,手握蒲扇,亲自候火定汤,形神兼备。画风体现了金农深厚的文人画底蕴。图右下角题有"玉川先生煎茶图,宋人摹本也。昔耶居士"字样。

4.现代茶画

中国现代绘画源自20世纪,融合了传统与西方绘画技法,展现了现代社会的多元风貌,体现了文化创新的时代精神。

(1)齐白石《茶具梅花图》。

齐白石(1864—1957年),名璜,字渭清,号兰亭、濒生,别号白石山人,湖南湘潭人。20世纪中国画坛巨匠,国际文化名人。与毛泽东同乡。此画为齐白石92岁所作,以感谢毛主席邀他至中南海品茗赏花、叙乡情。画面简洁,几笔勾勒梅花、茶壶与茶杯,清新之气扑面而来,尽显大师风范。

(2)陆俨少《茶山新貌》。

陆俨少(1909—1993年),原名同祖,字宛若,生于上海嘉定县南翔镇,为现代中国画大师。图中几座茶园覆盖的山峰耸立,树木郁郁葱葱,云雾萦绕其间,采茶女们忙碌采摘新茶,构成一幅生机盎然的丰收画卷。画作题款:"茶山新貌,1964年安徽祁门写生,俨少。"

(三)篆刻

一枚蕴含"茶"(古称"荼")字印文的篆刻印章。秦汉之前,茶字印迹鲜见。直至清代,篆刻家们纷纷以茶事为主题,创作出大量精美的印章,黄易与吴昌硕便是其中的佼佼者。茶印按其字义,大致可分为切题印与题外印。前者直接描绘茶事之景,后者则虽非专述茶事,却巧妙地融入"茶"字。按其功能,又可分为实用印章与篆刻艺术印章两类。此印不仅展现了中华茶文化的深厚底蕴,而且体现了篆刻艺术的精湛技艺。

(1)张荼。

汉篆白文印,为一张氏以"荼"为名者的私印,见于清代陈介祺所编《十钟山房印举》,乃史料中最古老的荼字印。此印清新灵动,刚柔并济,尽显艺术之美。

(2)茶熟香温且自看。

清代篆刻家黄易,作品采用朱文方印,仿汉印风格,彰显苍劲古拙、清刚朴茂之魅力,为浙派篆刻之典范。印边款录李竹懒诗:"霜落蒹葭水国寒,浪花云影上渔竿。画成未拟将人去,茶熟香温且自看。"印文巧妙融"茶"字,被《西泠四家印谱》收录。

(3)茶香。

齐白石所刻,此印虽小,却力透纸背,单刀直入,气势磅礴,尽显大家风范。收录于《齐白石印影续集》,字字珠玑,为艺术珍品。

延伸阅读

阅读材料一

走笔谢孟谏议寄新茶
(唐)卢仝

日高丈五睡正浓,军将打门惊周公。

口云谏议送书信,白绢斜封三道印。

开缄宛见谏议面,手阅月团三百片。

闻道新年入山里,蛰虫惊动春风起。

天子须尝阳羡茶,百草不敢先开花。

仁风暗结珠琲瓃,先春抽出黄金芽。

摘鲜焙芳旋封裹,至精至好且不奢。

至尊之余合王公,何事便到山人家。

柴门反关无俗客,纱帽笼头自煎吃。

碧云引风吹不断,白花浮光凝碗面。

一碗喉吻润,两碗破孤闷。

三碗搜枯肠,唯有文字五千卷。

四碗发轻汗,平生不平事,尽向毛孔散。

五碗肌骨清,六碗通仙灵。

七碗吃不得也,唯觉两腋习习清风生。

蓬莱山,在何处?

玉川子,乘此清风欲归去。

山上群仙司下土，地位清高隔风雨。

安得知百万亿苍生命，堕在巅崖受辛苦！

便为谏议问苍生，到头还得苏息否？

资料来源 钱时霖选注.中国古代茶诗选[M].杭州：浙江古籍出版社，1989.

阅读材料二

茶赋

（唐）顾况

稽天地之不平兮，兰何为兮早秀，菊何为兮迟荣。皇天既孕此灵物兮，厚地复糅之而萌。惜下国之偏多，嗟上林之不生。如珉筵，展瑶席；凝藻思，间灵液；赐名臣，留上客；谷莺啭，宫女颦；泛浓华，漱芳津；出恒品，先众珍；君门九重，圣寿万春，此茶上达于天子也。滋饭蔬之精素，攻肉食之膻腻，发当暑之清吟，涤通宵之昏寐。杏树桃花之深洞，竹林草堂之古寺。乘槎海上来，飞锡云中至，此茶下被于幽人也。《雅》曰："不知我者，谓我何求？"可怜翠涧阴，中有碧泉流。舒铁如金之鼎，越泥似玉之瓯。轻烟细沫霭然浮，爽气淡云风雨秋。梦里还钱，怀中赠橘，虽神秘而需求。

资料来源 李莫森.咏茶诗词曲赋鉴赏[M].上海：上海社会科学院出版社，2006.

【思考研讨】

(1)什么是茶诗？茶诗具有哪些特点？

(2)请列举古今写茶的代表性小说和散文5篇以上。

(3)请以"茶"为题，画一幅茶画，并试作一诗相配。

(4)收集五副在现实生活中见过的茶联，在班级分享交流。

【参考文献】

[1]中国茶叶博物馆.话说中国茶[M].2版.北京：中国农业出版社，2018.

[2]王玲.中国茶文化[M].北京：九州出版社，2022.

[3]刘礼堂，吴远之，宋时磊.中华茶文化概论[M].北京：北京大学出版社，2020.

[4]尤文宪.茶文化十二讲[M].北京：当代世界出版社，2018.

[5]姚国坤.中国茶文化学[M].北京：中国农业出版社，2019.

[6]王欢.以茶叙事——不同形式文艺体裁作品中的茶叙事述略[J].南昌航空大学学报(社会科学版)，2022(03).

[7]孔祥娟.解读老舍《茶馆》中北京茶文化的特色[J].福建茶叶，2017(06).

[8]危瑛.回归·转型·突破赣南采茶戏《一个人的长征》的创作新观[J].中国戏剧，2023(06).

[9]徐章程，邹文栋.清代何元炳《采茶曲》新考[J].农业考古，2023(02).

[10]方颖.品清茶沐墨香——中国茶叶博物馆馆藏茶书画赏介[J].收藏家，2022(08).

第七讲　茶健康

【内容提要】

(1)茶叶成分可分为茶叶化学成分、营养成分及特征性成分三个方面。

(2)茶叶中的氨基酸、维生素、多糖、矿物质、茶多酚、茶皂苷、生物碱及芳香物等物质的效用。

(3)茶疗具有悠久的历史,茶养是一种有益于身心健康的滋养方式。

(4)科学饮茶的基本要求是合理选茶、正确泡茶和科学饮茶。

【关键词】

茶叶成分;茶叶效用;茶疗茶养;科学饮茶

案例导入

聊聊茶叶里的健康之道

近日首届茶健康与文化论坛在北京召开,专家们共话健康饮茶那些事儿。

寻根究底:喝茶为何有益健康?

饮茶有益健康已成为共识,但茶叶中有哪些健康成分、具体起怎样的作用,很多人可能并不清楚。

北京大学公共卫生学院营养与食品卫生学系主任、中国营养学会副理事长马冠生介绍,国内外研究表明,除蛋白质、碳水化合物、维生素和矿物质等营养素外,茶叶还富含茶多酚、咖啡因、茶多糖、茶色素、茶氨酸等植物化学物,它们对维护人体健康有重要作用。

"茶多酚是茶叶中最重要的活性成分,是多酚类物质的总称,包括儿茶素类、黄酮类、花青素和酚酸等多类化合物。"马冠生介绍,其中,儿茶素类化合物占茶多酚总量的60%以上。研究发现,它具有抑制细菌繁殖生长、消炎、调节肠道菌群等功能。"茶多酚中含有多个酚羟基,具有较强的抗氧化性和清除自由基的能力,可以说是一种天然的抗氧化剂。"马冠生说,同时,茶多酚还有降血压、降血脂等作用。

"有的人对茶叶比较敏感,下午就不敢喝绿茶了,为什么? 实际是茶叶里的咖啡因起作用了。"马冠生说,咖啡因是一种中枢神经兴奋剂,适量咖啡因具有提神抗疲劳的作用。

"茶多糖是水溶性多糖,包括木糖、岩藻糖、葡萄糖、半乳糖等。"马冠生说,茶叶中茶多糖的含量不高,但它是重要的活性成分,具有降血脂、降血糖、抗盐的功效。

不同的茶颜色为何不一样? 马冠生解释,这是茶色素在起作用。"茶色素活性很强,结构稳定性差,所以随着泡茶时间的变化,茶叶颜色会发生变化。"他说,茶色素具有很强的增强免疫力、降血脂、抗动脉硬化的作用。

"不同茶叶为何呈现不同风味? 就是因为茶氨酸的含量不同。"马冠生指出,茶氨酸是茶叶中特有的氨基酸物质,它直接关系到茶叶品质的高低。茶氨酸具有辅助抑制肿瘤、保护脑神经细胞和心脑血管、增强记忆力、降血压、降血脂等功能。茶氨酸还可以作为食品的风味改良剂,并在食品和药品当中作为功能成分。

此外，茶叶中还含有多种矿物质，以锌、氟、硒较多。锌是人体必需的微量元素之一，在人体生长发育过程中起着重要作用；氟对牙齿具有保护作用。尤其值得一提的是硒，它是谷胱甘肽过氧化物酶的组成成分，可以清除体内脂质过氧化物，保护心血管和心肌健康，增强免疫功能。

以茶为媒：找到适合自己的养生方式

"近年来，国内外研究愈发深入证实了儿茶素、茶黄素、茶氨酸、茶多糖等茶叶主要功能成分对人体健康的益处。比如延缓衰老、调节代谢（糖、脂质、蛋白质代谢）、减肥、调节肠道菌群、调节免疫、抗抑郁、抗炎症、抗病毒抑菌、强壮骨骼等。"中国工程院院士、湖南农业大学教授刘仲华指出，概括来说，喝茶最有价值的三个核心健康属性是延缓衰老、调节代谢、增强免疫，长期饮茶有助于身体素质的提升。

"未来会有越来越多的新型茶叶功能成分被分离鉴定出来，现有茶叶活性成分也将有更多新功能被发掘。"刘仲华表示，研究人员将更清晰地揭示茶叶功能成分之间的多通路、多靶点协同或拮抗作用机制。

刘仲华提醒，尽管茶有很好的健康属性，但不能把它当作药品看，更不能期待它包治百病。"喝茶是一种健康生活方式，最主要的是感受茶的色香味带来的愉悦心情，同时有效改善人体的健康状况。"

"茶为国饮，通过饮茶品茗，培育健康生活方式。"中国工程院院士、中国农业科学院茶叶研究所研究员陈宗懋说，中国茶种类十分丰富，绿茶、红茶、黑茶、白茶、黄茶、乌龙茶六大类各具特色，风味、香气、保健功能各不相同，备受不同年龄段人群的喜爱。越来越多饮茶人不再只是把保健养生挂在嘴边，而是以茶为媒，实实在在地把"养生"二字融入日常生活。

中国中医科学院首席研究员刘保延指出，中医将人的体质分为9种，不同体质的人要注意饮品属性和体质之间的关系。如果是寒凉体质，就要少喝茶；如果是温热体质，就比较适合喝茶。中医养生讲究"个体化"原则，即不要盲目模仿别人，要通过实践来验证什么食物、饮品更适合自己。"什么叫养生？就是找到对自己健康有益的方法，把这种方法常年坚持下去，变成自我行动，就可能受益。"刘保延说。

饮茶有道：选择更科学的饮茶方式

陈宗懋长期生活在杭州，谈及饮茶习惯，他说："我平时喝绿茶更多一些。年轻时，我每天要泡四五杯茶，现在每天也要3杯。每杯茶大概用3克茶叶，添3次水或感觉味道淡了就倒掉。不过，胃肠不好的人要少喝绿茶，可以多喝一些对肠胃较好的红茶。"

刘仲华建议，饮茶时六大茶类交替喝。六大茶类色香味上各有风格，健康属性虽大体相同，但功能成分存在差异，交替着喝可以感受六大茶类的风味特性魅力，并将茶的健康价值全覆盖。

"绿茶属于不发酵，白茶、黄茶属于轻微发酵茶，乌龙茶属于半发酵茶，红茶属于全发酵茶，黑茶属于后发酵茶。"刘仲华介绍，如果按照氧化、发酵程度由轻到重排序，依次为绿茶、白茶、黄茶、乌龙茶、红茶、黑茶，这一排序基本符合中医由凉到温的顺序。

"喝茶时可以遵循由轻氧化喝到重发酵的规律。"刘仲华说，比如一天之中，早上喝杯使人兴奋度高的绿茶，让人更有精神，晚上若吃得油腻，喝杯黑茶可辅助代谢；一年之中，夏天喝刺激性较大、相对凉性的绿茶或白茶去暑,冬天喝刺激性较小、相对温性的红茶或黑茶暖胃;一生之中,也要随着年龄增大由轻氧化喝到重发酵:年轻时睡眠质量较好,喝杯咖啡因含量较高的绿茶,不会影响睡眠;晚年则往往"坐着打瞌睡,躺下睡不着",如换成微生物发酵、咖啡因含量较低的黑茶,睡眠不会受到太大影响。

"当然,这些建议不是绝对的,还要考虑个人饮茶偏好和身体差异。"刘仲华说,每天喝茶9~10克,这属于中等量,可分早中晚3次冲泡。研究发现,茶的健康功效也有量效关系,若希望通过饮茶获得更多的保健裨益,建议适当提高饮茶量。

民间一直流传"隔夜茶不能喝"。对此,刘仲华说:"如果上午8点泡了一杯茶,下午4点能喝吗?如果晚上10点泡了一杯茶,第二天早上6点还能喝吗?都是间距8小时,前者多数人觉得能喝,后者为什么不能喝?一杯茶泡久了,只是没有刚开始泡时的香气和鲜爽感了,但依然可以喝,不会威胁健康。"陈宗懋也指出,可能存在的致癌物"亚硝胺"经检测并不存在,但从卫生角度考虑,隔夜茶不提倡喝。

资料来源　王美华.延缓衰老、调节代谢、增强免疫——聊聊茶叶里的健康之道[N].人民日报(海外版),2021-11-5(09).

一、茶叶成分

茶在文化传承和发展中受到我国和世界人民的推崇,除了因为拥有悠久的历史文化底蕴及思想气韵外,还在于它的药用价值和营养价值,有助于人体健康。通常来讲,茶叶的价值彰显于茶叶与水所融合后的化学变化,其药效是多种化学成分相互作用的结果。

(一)茶叶化学成分

经过鉴定和分析茶叶中的化学成分,能够发现茶叶中所存在的化合物有700余种。茶叶中的化学成分,大多可溶于水,能够有效促进生理活性,强化茶叶对人体的药理作用。这充分说明了茶叶成为世界级饮料的价值。在化学结构层面,茶叶鲜叶主要包括干物质、水分两种,其中水分占75%~79%,干物质占21%~25%。而干物质又可划分为有机和无机化合物两种。

鲜叶化学成分组成如表7-1所示。

表7-1　鲜叶化学成分组成

名称			占鲜叶质量分数/(%)	占干物质质量分数/(%)
水分			75~79	—
干物质	无机化合物	水溶性	21~25	2~4
		水不溶性		1.5~3.0
	有机化合物	蛋白质		20~30
		氨基酸		1~4
		生物碱		3~5
		茶多酚		20~35

续表

名称			占鲜叶质量分数 /（%）	占干物质质量分数 /（%）
干物质	有机化合物	糖类	21～25	20～25
		有机酸		3 左右
		类脂类		8 左右
		色素		1 左右
		芳香物质		0.005～0.03
		维生素		0.6～1.0
		酶类		

1.水分

水分是鲜叶的主要化学成分,水分含量的大小,因采摘的芽叶部位、采摘时间、气候、茶树品种、栽培管理、茶树长势等不同而异。

鲜叶中水分存在形式可分为表面水和组织水。表面水是指黏附在叶片表面的水分。组织水又可分为自由水(游离水)和束缚水。自由水主要存在于细胞液和细胞间隙中,呈游离状态,能自由流动,易通过气孔向外扩散,在制茶过程中,在大量蒸发的同时,也引发一系列理化变化。束缚水又叫结合水,主要存在于细胞的原生质中,它不能自由流动,只有在原生质发生变化后才能变为自由水。

2.无机化合物

无机化合物与有机化合物对应,通常指不含碳元素的化合物,但包括碳的氧化物、硫化物、碳酸盐、氰化物、碳硼烷、羰基金属等在无机化学中研究的含碳化合物,简称无机物。茶叶中无机化合物占干物质总量的3.5%～7%,分为水溶性和水不溶性两部分。

灰分是衡量茶叶中无机物含量的一个重要指标。当物质经高温灼烧时,发生系列物理及化学变化,水分及挥发性物质以气态放出,有机物中的C、H、N等元素以二氧化碳、氮的氧化物及水分的形式散失,无机物以盐及氧化物的形式残留下来,这些残留的物质就称为灰分。

灰分中能溶于水的部分称为水溶性灰分。茶叶中水溶性灰分占总灰分的50%～60%。嫩度好的茶叶水溶性灰分含量较高,粗老茶、含梗多的茶叶总灰分含量高。灰分是出口茶叶质量检验的指标之一,一般要求总灰分含量不超过6.5%。鲜叶越幼嫩,其钾、磷矿物质含量越高,水溶性灰分含量越高,茶叶品质越好。随着茶芽新梢的生长,叶片逐渐成熟,钙、镁等含量增加,总灰分含量增加,而水溶性灰分含量减少,茶叶品质下降。因此,水溶性灰分含量高低是区别鲜叶老嫩的指标之一。

茶叶灰分中主要是矿物质元素及其氧化物。与其他植物相比,茶叶中氟、钾、铝、碘、硫、硒、镍、砷、锰等9种元素的含量超过平均含量水平。

茶树中矿物质元素含量随茶树品种、叶龄、树龄、土壤、施肥等条件而异。同一茶类、不同地区茶叶,其矿物质元素含量和种类都不同。茶叶中多种矿物质元素与多酚类、维生素、氨基酸等物质可以发挥协同作用,使其营养能更好地吸收。矿物质元素对茶树生理效应和人体营养具有重要意义。

3.有机化合物

芳香物质是茶叶中挥发性物质总称,在鲜叶化学成分总含量中,占比并不高,一般绿茶中含 0.005%～0.02%,红茶中含 0.01%～0.03%。

酶类:具有生理活性的蛋白体,是生物体进行各种化学反应的催化剂,离开酶,一切生物都不能生存,茶树物质的合成与转化,也依赖于酶的作用。

茶多酚:茶多酚含量受环境、茶树品种、茶叶老嫩程度等影响,茶多酚中的儿茶素约占 70%,也是决定茶叶色、香、味的重要成分。

蛋白质:茶叶中能溶于水而直接被利用的蛋白质含量仅占 1%～2%。这部分水溶性蛋白质是形成茶汤滋味的成分之一。

糖类:组成茶叶滋味的物质之一。茶叶中的多糖包括淀粉、纤维素、半纤维素和木质素等物质。多糖不溶于水,也是衡量茶叶老嫩度的重要成分。

生物碱:主要是咖啡因,其在茶树各部位的含量有较大差异,叶部最多,茎梗较少,随着叶片的老化而下降,且随季节有明显变化,一般夏茶比春茶含量高。

类脂类:茶叶中的类脂类物质包括脂肪、磷脂、甘油酯、糖脂和硫酯等,对形成茶叶香气有着积极作用。

氨基酸:茶叶中的氨基酸已发现有茶氨酸、谷氨酸、天门冬氨酸等 26 种,且各种氨基酸含量随季节变化规律明显,总体表现为春高、秋低、夏居中的趋势,这也是春茶较为鲜爽的原因。

有机酸:茶叶中的有机酸是香气的主要成分之一,现已发现茶叶香气成分中有机酸的种类达 25 种,有些有机酸本身虽无香气,但经氧化后转化为香气成分,如亚油酸等;有些有机酸是香气成分的良好吸附剂,如棕榈酸等。

色素:茶叶中的色素包括脂溶性色素和水溶性色素两类,脂溶性色素不溶于水,有叶绿素、叶黄素、胡萝卜素等。水溶性色素有黄酮类物质、花青素及茶多酚氧化产物茶黄素、茶红素和茶褐素等。

维生素:分水溶性和脂溶性两类。脂溶性维生素有维生素 A、D、E、K 等。水溶性维生素有维生素 C、B1、B2、B3、B5、B11 和肌醇等。饮茶可以吸取一定的营养成分。

(二)茶叶营养成分

茶叶中有很多成分是人体不可或缺的,如果人体缺少这些成分,会呈现出病态。而有些成分不属于人体不可或缺的成分,但对人体健康具有较为积极的影响和作用。前者称之谓营养成分,而后者称之谓药理成分。在探析茶叶营养价值的过程中,必须从茶叶的营养价值和药理价值两个层面出发,才能更加深入、更加有效、更加准确地探析茶叶的总体价值。

1.蛋白质和氨基酸

蛋白质是一类含 N 化合物,其中水溶性蛋白质不多。而酶又是一种特殊蛋白质,如水解酶(淀粉酶、蛋白酶)、氧化还原酶(多酚氧化酶、过氧化物酶、抗坏血酸氧化酶)等。

在茶叶中发现了 26 种氨基酸,其中 20 种蛋白质氨基酸,6 种非蛋白质氨基酸(茶氨酸、豆叶氨酸、谷氨酰甲胺、γ - 氨基丁酸、天冬酰乙胺、β - 丙氨酸)。

茶叶中游离氨基酸很少,占干物质的 1%～3%。茶叶中主要的游离氨基酸是茶氨酸、天门冬氨酸、谷氨酸、精氨酸、丝氨酸、苏氨酸和丙氨酸等。其中茶氨酸是茶叶中特有的氨基酸,它是组成茶叶鲜爽香味的重要物质之一。

茶氨酸占茶叶干重的 1%～2%,在茶汤中的泡出率可达 80%。它是衡量绿茶等级的重要指标。

2.糖类

糖类物质也叫碳水化合物,可分为单糖、双糖和多糖三种。单糖有葡萄糖、半乳糖、果糖、阿拉伯糖等;双糖有麦芽糖、蔗糖、乳糖等;多糖有淀粉、纤维素、半纤维素、果胶及木质素等。单糖和双糖都易溶于水,具有甜味;多糖无甜味,除水溶性果胶外,都不溶于水。

3.类脂类

类脂类物质是天然大分子有机化合物,茶叶之中所含类脂类物质包含脂肪、磷脂、甘油酯等,其带有一定芳香气味,是茶叶香气的主要成分之一,对进入细胞的物质渗透起着调节作用。

4.维生素

茶叶中含有多种维生素,可分为脂溶性和水溶性两类。

鲜叶中以维生素 C 含量最高,不仅能够强化人体所具有的抵抗力,帮助人体愈合创口,而且具有预防维生素 C 缺乏病,抵抗细胞氧化等作用。与此同时,这类维生素能够与其他营养物质产生协同效应,如茶多酚与维生素共同作用,能够有效提升茶叶所具有的营养与药效功能,促使人体呈现出更好的健康状态。另外,茶叶中不仅含有较多的维生素 C,而且富含 B 族维生素。这类维生素对于维护人体消化系统、视觉系统和皮肤系统的正常功能都发挥着不容忽视的作用。

5.矿物质

茶叶中所含有的矿物质成分有 40 余种。这些成分对于人体细胞的构成、骨骼的发育、新陈代谢的开展产生着重要的作用。这些矿物质成分包含人体所必需的常量元素钙、磷、钾、镁等,也包含微量元素铁、铝、铜等。茶叶中的钾元素含量与海带、紫菜等富含钾的食物十分相近。而钾元素这一矿物质成分具有维持人体血液平衡、推进人体细胞新陈代谢等多种功能。

茶叶虽然含有多种矿物质成分,但是饮茶带给人体的矿物质含量相对较低。然而,茶叶中所含有的氟和硒具有较高的利用率,并且对于维护人体健康发挥着至关重要的作用。在植物当中,茶树所具有的氟含量堪称佼佼者,而茶树中的这些氟主要被存储于茶叶当中。茶叶中氟的含量多少,与茶叶的老嫩度以及茶叶的冲泡有着紧密关系。老叶所含有的氟含量要远远高于嫩叶,在茶的冲泡当中,水温的高低、冲泡时间的长短和氟的浸出率呈现正比关系。需要注意的是,氟对于人体而言发挥着双刃剑的作用,必要的补充对于龋齿的预防以及骨质疏松症的预防具有积极作用,但是如果摄入过量,则会对骨骼和牙齿产生一些消极效果。另外,茶叶中的硒能够促使人体产生免疫蛋白,有效提升人体的免疫能力。茶树所含有的硒同样主要存储于茶叶当中,而作物的含硒量又取决于土壤所具有的含硒量。因此。不同地区的茶叶、不同种类的茶叶所具有的硒含量呈现出了较为明显的差异。

(三)茶叶特征性成分

茶叶中已鉴别的物质有700余种,下面主要介绍其他植物中很少或没有,而茶叶中含量高的物质。

1.茶氨酸

茶氨酸(L-Theanine)是茶叶特有的一种氨基酸,在干茶中占比1%～2%。茶氨酸系1950年首次从绿茶中分离得到,是茶叶的特征氨基酸,也是茶叶呈味物质之一。在茶叶含有的二十多种氨基酸中,茶氨酸占茶叶氨基酸总量的50%～60%;经研究发现,茶氨酸除在茶梅、蘑菇、油茶等植物中已检测出有微量存在外,在其他植物中尚未发现。

2.茶多酚

茶多酚也叫茶单宁,是一类存在于茶树的多酚类物质总和。茶多酚是决定茶叶色、香、味及功效的主要成分,按主要化学成分分为儿茶素类、黄酮类、花青素类、酚酸类四大类物质。其中尤以儿茶素含量最高,占茶多酚的60%～80%。儿茶素主要包括表儿茶素(EC)、表没食子儿茶素(EGC)、表儿茶素没食子酸酯(ECG)和表没食子儿茶素没食子酸酯(EGCG)4种物质。

3.咖啡因

茶叶咖啡因是从茶叶中提取出来的嘌呤类天然活性物质,可用作食品添加剂,外文名称为caffine of tea,主要存在于茶叶、咖啡、可可豆等植物中。虽然叫作咖啡因,但是茶中的咖啡因比咖啡中的含量多。茶叶中的生物碱主要有咖啡因、茶叶碱和可可碱,茶叶咖啡因是茶叶生物碱的主要成分,其含量占茶叶干重的 2%～5%。

4.茶色素

茶色素是茶叶中具有生物活性的一系列天然色素的总称,主要由水溶性色素和脂溶性色素组成。其可以分为两类,一类是鲜叶原本就存在的,另一类是加工过程中产生的。

鲜叶中本来就存在的色素包括脂溶性和水溶性两种。脂溶性色素包括叶绿素和类胡萝卜素,不溶于水,是形成茶叶外形和叶底色泽的重要因素;经过遮阴处理的茶树,叶绿素含量会特别高。日本产的高级绿茶,一般在采摘前 20 天左右进行遮阴,长出来的茶芽以及制出来的茶会特别绿,不仅叶绿素含量高,而且氨基酸含量也高,滋味特别鲜甜。水溶性色素中的花黄素类属于黄色色素,是绿茶汤色的重要组分,花青素类属于紫色色素,对干茶、茶汤、叶底都有影响,还会增加滋味的苦涩度。

茶叶加工过程中产生的色素都是水溶性的,包括茶黄素、茶红素、茶褐素,这三者都由茶多酚氧化而来,对茶汤的颜色和滋味有重要影响。茶多酚反应形成茶黄素、茶红素,这两者再进一步氧化聚合成茶褐素。因此,这四者的关系互相影响,即"你多我少"。它们的含量比例在茶中非常重要,需要特定的比例,才能呈现最好的味道。

5.茶皂素

茶皂素又名茶皂苷,是由茶树种子(茶籽、茶叶籽)中提取出来的一类糖苷化合物,是一种性能良好的天然表面活性剂,具有苦辛辣味,易刺激鼻腔黏膜引起喷嚏。茶皂素在茶树的根、茎、叶及种子中均有分布,但其分子结构有所不同,造成物理性质有所差异。单就含量而言,茶树种子中的茶皂素含量为最高,而不同茶树种子中的茶皂素含量各有不同。

6.茶多糖

茶多糖(tea polysaccharides, TPS)是一类与蛋白质、多酚结合在一起的具有生物活性的复合多糖,可以从茶树的各个部位,例如叶片、花、果实中获取,并且由于茶叶品种和加工工艺的不同而具有很大的差异。一般来说,越粗老的茶叶原料中,茶多糖含量越高。不同茶类间茶多糖含量排序为:乌龙茶(2%～3%)> 绿茶(1%～1.5%)> 红茶(0.5%～0.1%)(百分比含量是指占干茶重量的比例)。

(1)溶解性:茶多糖在 85～90 ℃热水中的溶解度为 76%。其水溶液呈浅褐色透明半稠状。该溶液与硫酸蒽酮、硫酸苯酚反应呈阳性。

(2)热稳定性:茶多糖的热稳定性较差,表现在其水溶液随干燥温度增高,色泽变深,其中部分成分在高温下发生氧化。而且在热的作用下,糖类物质会发生降解,使多糖含量降低。

(3)酸碱稳定性:在碱性条件下,茶多糖水溶液颜色加深且随碱性提高而加剧,并有絮状沉淀产生。在酸性条件下无此现象。但随酸性增强,茶多糖发生降解,含量下降。

二、茶叶效用

古人以百草为药,茶亦居其中。随着现代科学技术的发展,人们品茶、论茶,从未停止过对饮茶与健康的研究,特别是追求健康的 21 世纪,人们不断从饮食中寻求健康保护的屏障。中国古代的"药食同源"理论再一次引起重视,茶更是备受关注。从 20 世纪下半叶起,各国科学家开始研究茶的药用功效。

(一)茶叶氨基酸作用

1.帮助吸收和代谢

茶氨酸进入人体后,会被肠道黏膜吸收进入血液中,并随血液分散到人的各个组织和器官里,最后被肾脏分解,通过尿液的方式排出。因此,茶氨酸在帮助人体吸收和代谢方面作用非常突出。

2.调节脑内神经质

茶氨酸会影响人体多巴胺等成分分泌和人体代谢,能够起到预防和调节脑部神经提升人的积极情绪。

3.改善记忆力和学习能力

相关研究发现,茶多酚在帮助改善记忆力和学习能力方面有突出的作用,经常喝茶的人的记忆力往往比不爱喝茶的人要略强。

4.镇静

很多人都知道咖啡里面的咖啡因能够起到兴奋效果,但是,不少人在喝茶以后会觉得特别放松,整个人会处于平静和心情好的状态,这是茶氨酸所起的镇静效果。

5.改善经期综合症

茶氨酸的镇静效果能在一定程度上缓解月经引起身体或精神状态不好的情况,对于破解经期综合症问题有较好的作用。

(二)茶叶维生素作用

1.维生素C

维生素 C 在茶叶中含量较高,具有抗氧化、美白、促进胶原蛋白生成等作用。同时,维生素 C 还可以提高免疫力,预防感冒和其他疾病。

2.维生素E

维生素 E 是一种脂溶性维生素,具有强效的抗氧化作用。它可以保护细胞膜免受自由基的损伤,防止血液凝固,降低心脏病和癌症的风险。

3.B族维生素

茶叶中的 B 族维生素包括维生素 B1、B2、B3、B5、B6、B9 和 B12 等。它们对人体的新陈代谢具有重要的作用,可以促进能量的产生和消耗,维护神经系统和心血管系统的健康。此外,B 族维生素可以促进骨骼和肌肉的生长发育,有助于保持健康的皮肤和头发。

总之,茶叶中含有丰富的维生素,具有多种功效。

(三)茶多糖的功能

1.抗氧化

茶多糖作为一种天然多糖物质,目前已被证实在清除自由基、抵抗活性氧、保护细胞免受氧化应激损伤、降低脂质过氧化方面发挥着良好的作用。

2.降血糖

茶多糖的降血糖活性是其最主要的也是被研究最多的功能。茶多糖可以抑制淀粉水解为葡萄糖,并延缓体内葡萄糖的吸收转运,从而达到降血糖的作用。茶多糖还可以减轻胰岛素副作用,提高胰岛素的分泌和敏感性。茶多糖不仅可以作为药物成分发挥作用,而且可以作为药物载体发挥降血糖的作用。

3.抗肿瘤

药物学的体外实验和动物实验的研究结果表明,茶多糖具有抑制乳腺癌、胃癌、肝癌、前列腺癌、结肠癌、宫颈癌等疾病的作用。

4.调节肠道菌群

人体内的肠道菌群并不是简单的细菌群落,医学研究证实,肥胖症、糖尿病这些高发疾病,都与肠道菌群失调相关。茶多糖因为其本身结构的复杂性,不被唾液、胃部、小肠消化系统分解,而是到达大肠后被大肠的肠道菌群所利用,刺激它们生长及合成对人体有益的化合物。因此,茶多糖可以调节肠道菌群的组成、丰度,增加短链脂肪酸,促进机体的免疫反应并维持肠道的正常功能。

5.降脂减肥

茶多糖具有良好的降脂减肥功效。茶多糖不仅不会抑制食欲,而且可以加速脂质的排泄,抑制肝脏的脂质堆积,达到降脂减肥的功效。茶多糖作为一种天然活性物质,具有优异的生物学活性和低毒性、副作用小的特点,在功能性食品和医药用品领域具有广泛的应用前景。

（四）茶叶矿物质作用

与其他植物相比,茶叶中氟、钾、铝、碘、硫、硒、镍、砷、锰等9种元素的含量超过平均含量水平。

钾是人体的一种重要矿物质元素。钾的缺乏会导致心绞痛、糖尿病、高血压、肌肉活动减退以及风湿病等。

锰是人体必需的微量元素。锰元素缺乏会引起人体发育延迟、先天性畸形、骨骼发育不全,锰也是许多水解酶、脱羧酶和超氧化物歧化酶的构成元素。

氟也是人体的必需元素,与骨骼形成和预防龋齿关系密切。茶树是植物界中氟元素含量最高的植物之一,饮茶可以预防龋齿已在许多国家获得证实。我国和日本、韩国已在牙膏中加入茶叶提取物以预防龋齿,但氟摄入量过多也会引起斑釉状齿。

镁是人体糖代谢所必需的元素,有参与并催化多种酶的作用。

锌是人体多种蛋白质、核酸合成酶的构成元素。缺锌会使人体免疫力下降,发育受阻。老年人感到饮食无味和缺锌有关。植物性食品中除胡桃、花生、芝麻外通常含锌量较低,饮茶对补充人体锌元素有一定作用。

硒是人体不可缺少的一种微量元素,医学研究发现,硒的缺乏会使动物出现一系列严重疾病。硒和人体40～50种疾病有关。补充适量的硒对预防心血管疾病、癌症有一定作用。

（五）茶叶多酚类及其氧化产物作用

1.抗氧化

人体内自由基过多,会引发各种疾病并加速人体老化。茶多酚能有效清除自由基,促进、调动机体内抗氧化酶的活性,保护机体免受氧化损伤。研究表明,茶多酚的抗氧化能力明显优于维生素E,且对维生素C和维生素E有增效效应。

2.降低血脂

茶多酚能调节血脂,通过降低人体内甘油三酯(TG)、总胆固醇(TC)和低密度脂蛋白胆固醇,升高高密度脂蛋白胆固醇(HDL-C)的含量,起到降血脂的作用。

3.防治动脉粥样硬化

医学研究表明,动脉粥样硬化发生与血浆脂质关系密切,转运甘油三酯和胆固醇的血浆脂蛋白代谢失调,导致胆固醇沉积于动脉壁,呈现动脉粥样硬化。茶多酚可以通过抗氧化、调脂及抗炎等作用防治动脉粥样硬化。

4.抗炎、抗病毒

茶多酚具有较好的消炎抗感染活性,对炎症有很好的疗效。茶多酚还具有天然、高效的抗病毒作用,能够抵抗流感病毒、轮状病毒和牛冠状病毒、人免疫缺陷病毒(HIV)等致病微生物对人体的侵害。

5.抗辐射

茶多酚可以通过清除自由基、调节基因表达及蛋白合成等途径来发挥抗辐射作用。口服和外用茶多酚能明显缓解辐射所造成的各种损伤。研究表明,茶多酚可使锶 90 和钴 60 迅速排出体外,被健康及医学界誉为"辐射克星"。

6.抗癌

茶多酚可通过增强体内抗氧化酶的活性、抑制脂质过氧化反应而产生抗癌作用。茶多酚具有以下作用:清除有害自由基,阻止脂质过氧化;诱导人体内代谢酶活性的增高,促进致癌物的代谢;抑制和阻断人体内源性亚硝化反应;抑制致癌物与细胞 DNA 的共价结合,防止 DNA 单链断裂,防止癌变。

（六）茶叶茶皂素作用

1.抗菌、抗病毒的功效

茶皂素对多种引发皮肤病的真菌类以及大肠杆菌有抑制作用。茶皂素对 A 型和 B 型流感病毒、疱疹病毒、麻疹病毒、HIV 病毒有抑制作用。

2.抑制酒精吸收的功效

茶皂素有抑制酒精吸收的功效。在老鼠的试验中,给老鼠服用茶皂素后 1 小时再给其服用酒精,发现老鼠血液、肝脏中的酒精含量都降低,血液中的酒精在较短时间内消失。茶皂素可抑制酒精的吸收,促进体内酒精的代谢,对肝脏有保护作用。

3.抗炎症、抗过敏的功效

茶皂素具有明显的抗渗漏与抗炎症特征,在炎症发生初期,能使毛细血管通透性正常化,对治疗过敏引起的支气管痉挛、浮肿有效,其效果可与多种抗炎症药物相匹敌。

4.减肥的功效

茶皂素有阻碍胰脂肪酶活性的作用。茶皂素通过阻碍胰脂肪酶的活性,减少肠道对食物中的脂肪的吸收,从而起到减肥的作用。

5.洗发护发功效

茶叶中含有的茶皂素洗涤效果很好。以茶皂素为原料的洗发香波具有去头屑、止痒的功能,对皮肤无刺激性,可使头发清新飘逸。茶叶可以护发,洗完头后把微细茶粉涂在头皮上,轻轻按摩,或者把茶汤涂在头上,按摩后洗净,能够防止脱发、去除头屑。

（七）茶叶生物碱作用

1.对中枢神经系统的兴奋作用

咖啡因能刺激中枢神经,兴奋大脑皮层,提神醒脑,消除睡意,减轻疲乏,改善思维活动,提高处理简单重复工作时的持久力与耐受力,提升工作效率。

2.助消化、利尿

咖啡因能促进胃液分泌,帮助消化,加快血液循环,增加肾小球的过滤率,起到利尿作用;咖啡因的利尿作用也有助于醒酒、解酒。

3.对心血管的影响

咖啡因具有松弛平滑肌的功效,可促进冠状动脉血管舒缩,对心绞痛和心肌梗死的治疗起到良好的辅助作用。但过量摄入会对血压、心血管系统造成危害。

4.对呼吸系统的影响

咖啡因能刺激脑干呼吸中心的敏感性,从而影响二氧化碳的释放,咖啡因已经被用作防止新生儿周期性呼吸停止的药物;在哮喘病人的治疗中,咖啡因被用作一种支气管扩张剂。

5.对人体代谢的影响

咖啡因能增强机体代谢,对葡萄糖的吸收利用及脂质代谢有一定的调节作用。除上述所列功效外,咖啡因还具有抗氧化、抗癌变、抗过敏、消除羟基自由基,以及影响细胞周期、月经周期,提高记忆力等多种作用。

（八）茶叶芳香物质作用

茶叶芳香物质包括醇类、醛类、酮类、羧酸类、酯类、内酯类、酸类、酚类、含氧化合物、含硫化合物、含氮化合物和芳香物质等,可刺激胃黏膜,引起支气管分泌物的增加,用作祛痰剂。

茶叶芳香物质中的酚类,有沉淀蛋白质的效能,可杀灭病原菌;对中枢神经有先兴奋后抑制的作用,有镇痛效果。其中的甲酚可作为刺激性祛痰药物,也可作为消毒防腐药物。

茶叶芳香物质中的醇类,能刺激胃液分泌增加,增强胃的吸收机能,还有杀菌作用。

茶叶芳香物质中的醛类如甲醛,有强大的杀菌作用;其他如丁醛、戊醛、己醛,对呼吸道黏膜也有温和刺激,在慢性呼吸道疾病治疗过程中,可作为刺激性祛痰药物。茶叶芳香物质中的酸类化合物,有抑制和杀灭霉菌与细菌的作用,对于黏膜、皮肤及伤口有刺激作用,并有溶解角质的作用。

茶叶芳香物质中的酯类,如水杨酸甲酯有消炎镇痛的效能,对于治疗急性风湿性关节炎有效;水杨酸甲酯还能抑制尿酸在肾小管的再吸收,从而促进尿酸的排泄,对治疗急性或慢性痛风有效;它对糖代谢起良好作用,能减轻糖尿病的症状。

三、茶疗茶养

"茶疗"一词由林乾良教授在1983年"茶与健康文化学术研讨会"上首次提出。尽管历史上有百余种专著论及茶叶的药用功效,但都没有使用"茶疗"一词,而是茶药、茶加药、药茶、茶方等词。茶疗包括单味茶(为茶疗之主体)、茶加药与代茶。

(一)茶疗的分类

在宋朝《和剂局方》《太平圣惠方》、明朝《普济方》等中医学著作中,都单列有"药茶"的专篇。例如《太平圣惠方》第97卷《药茶诸方》收载8个方剂,其中有茶叶的4方,无茶叶的4方。

本书按茶疗的组方形式将茶疗分为:以茶代药、茶药结合、以药代茶三大类。

1.以茶代药

以茶代药是指单用茶叶冲泡或稍加煎煮后饮用的疗法。每种茶就是一味中药,不同茶叶的性味归经、功能及临床应用也不一样。而为了治疗一些较为复杂的病证,茶疗医师亦会把不同的茶叶组成配方,以配合病症及患者的需要。根据个人的体质和病情需要选用和配伍合适的茶叶,就能起到防病治病的作用。

2.茶药结合

茶药结合是指茶叶与其他中药一同使用。此类茶疗组方有两种。一种是以茶叶为主,配合适当的配料,如普洱茶加菊花或红茶加玫瑰花。这样组方是为了增强茶叶的功效,或消除茶叶的某些副作用,调和茶叶的偏性,使之发挥更理想的治病保健效果。另一种是以其他中药为主,配适当的茶叶或以茶汤送服,如"川芎茶调散"。这种组方是利用茶叶的性味、功能,增强其他中药的治病能力,使之共收疗效。

3.以药代茶

以药代茶是指采用茶叶以外的原料组方,用冲泡或稍加煎煮的方式制作及饮用,属于广义上的茶疗,又称为"代茶饮"或"代茶"。不少书籍记载的茶疗,是以其他药物入药,如冬青科冬青属的苦丁茶、菊科菊属的菊花茶等。还有一些复方的茶剂,如五花茶、夏桑菊茶等,都是以茶叶以外的原料组方,煎煮成茶剂服用。虽然这些茶剂都加上"茶"字,但并非山茶科的茶叶,不是真正意义上的茶疗。

(二)茶疗的发展历程

1.古代茶疗

茶叶自古以来就有药用、食用、饮用等功效,茶叶用于治病养生历史悠久。在没有茶叶药用的文字记载之前,茶叶早已作为治疗之用。"神农尝百草,日遇七十二毒,得荼而解之。"在神农时期茶已经有药用的功效。

先秦至汉晋时期是茶疗的初始期,《神农食经》中说:"荼茗久服,令人有力悦志",饮茶使人精神饱满。从中医来看,只有先食用才能发现其生理活性,所以才有"药食同源"。东汉医学家张仲景《伤寒杂病论》提到"茶治脓血甚效";三国魏人张揖所作《广雅》:"荆巴间采叶作饼,叶老者饼成,以米膏出之。欲煮茗饮,先炙令赤色,捣末置瓷器中,以汤浇覆之,用葱、姜、橘子芼之。其饮醒酒,令人不眠"。

唐宋时期是茶疗的形成期,医学著作中出现了大量茶疗的记载。唐朝孟诜《食疗本草》载:"茶治热毒下利,腰痛难转";陆羽《茶经》载:"茶之为用,味至寒,为饮,最宜精行俭德之人,若热渴、凝闷、脑疼、目涩、四肢烦、百节不舒,聊四五啜,与醍醐、甘露抗衡也";大医学家陈藏器在《本草拾遗》中指出:"诸药为各病之药,茶为万病之药";由唐人薛弘庆据兵部尚书李绛所传药方整理而成的《兵部手集方》,记载茶可治"久年心痛,五年十年者,煎湖茶,以头醋和匀,服之良"。宋朝郭稽中《妇人方》提到茶能"治产后便秘"。唐宋时期的茶疗服用已经出现了茶醋调服、茶丸剂、茶散剂,在《兵部手集方》《妇人方》《普济方》等医书中有所记载,这使得中医茶疗又迈向了一个新时期。

明清时期可谓茶疗的鼎盛期,李时珍《本草纲目》指出:"茶苦而寒,阴中之阴,沉也,降也,最能降火。火为百病,火降则上清矣。然火有五,火有虚实。若少壮胃健之人,心肺脾胃之火多盛,故与茶相宜。温饮则火因寒气而下降,热饮则茶借火气而升散,又兼解酒食之毒,使人神思爽,不昏不睡,此茶之功也。"对传统茶疗作了全面系统的总结,茶疗的应用范围几乎遍及内、外、妇、儿、五官、皮肤、骨伤各科及养生保健等。此外,茶疗的剂型已由原先的汤剂,发展为散剂、丸剂、冲剂及以药代茶饮多种。

2.近代茶疗

近代以来,茶叶中的营养成分和功效不断被发现,茶疗体系日益完善。但随着西医的文化思想对中医的强烈冲击,中医也经历了一个由中西汇通向中西结合的理念更新。茶疗在这种背景之下,步入一个全新的发展时期。在药理及生化等新型科学实验方法的积极推动下,人们研究出茶叶中含有的以茶多酚、生物碱、茶多糖、茶色素、维生素、氨基酸、矿物质元素等为主要成分的多种化学成分的功效。

随着中药炼制技术的不断进步,将有效组分制成胶囊的保健品已成为了时下的流行商品。袋泡茶、速溶茶、浓缩茶及罐装茶等更为简便的饮茶方式,以及近年来异军突起的调饮茶越来越受到现代人的青睐。以茶代药,茶疗养生的观念让更多人接受。

（三）茶疗的功效

1.主要疗效

虽然不同茶类所含的化学成分大致相同,但由于受到不同品种、产地、生长环境、采收时间及方法、制茶工艺等因素的影响,导致不同茶类在性味与归经方面存在着一定的差异,医疗功效自然也各有侧重。

（1）绿茶。性味:味甘、苦,性寒凉。归经:归心、肺、肝、胃经。功效:清热解毒、除烦、生津止渴、提神醒脑、消暑利水、清利头目、治痢、治便秘、益寿。

（2）白茶。性味：味甘、苦,性寒凉。归经:归肺、肝、胃、心经。功效:止咳平喘、清热解毒、平肝潜阳、生津止渴、消暑利水、健齿护牙。

（3）黄茶。性味：味甘、苦,性凉至温。归经:归脾、胃、心、肺经。功效:健脾温胃、祛痰止咳、清热解毒。

（4）青茶。性味:味甘、苦,性凉至温。归经:归心、胃肝、脾、肺经。功效主要:提神醒脑、解郁悦志、去腻消食、生津止渴、消脂、止泻治痢。

（5）红茶。性味:味甘、辛,性温。归经:归心胃、肾、肺经。功效:活血通脉、温阳散寒、暖胃止泻、下气止逆。

（6）黑茶。性味:味甘,性温。归经:归脾、胃、肾、肝、心经。功效:消滞去腻、解煎炙毒、温胃养胃、祛风醒酒。

2.茶疗的适应病症

一是某些需要长期服用中西药的慢性病。茶叶有良好的降糖功效,而且饮用方便,如果可以代替中西药物,可以大大减轻患者的心理负担。除了控制血糖外,茶疗亦可与中西药配合,减少中西药物的剂量,或帮助治疗糖尿病的并发症。

二是某些运用现代医学方法疗效不佳的疾病。譬如,过敏性鼻炎。患者常常因季节变化、环境污染、精神紧张等诱因而反复发作。运用茶疗法则可利用某种茶叶具有入肺经祛风解毒的功能,迅速缓解症状。同时,以茶为药,饮用方便,味甘气清,既可在短时间内纾缓症状,也可长期饮之,以预防鼻敏感的复发。

三是某些精神及心理障碍性疾病。例如抑郁症等。"身心并治,形神共养"是茶疗的一大特色。茶疗讲求"环境""心境"和"意境",在治疗身心疾病上,是一种适宜的治疗方法。

四是某些反复发作的身体不适而查不出明确病因者。例如，偏头痛等。现代都市人由于工作时间较长，往往无暇煎药或针灸，导致不少人症状反反复复地发作。茶疗对一些头痛等不适症状，往往即刻见效，更是避免了患者长期服用止痛药所带来的潜在风险。

（四）身心的滋养

1.古人的体会

茶不仅是精致生活的象征，而且是滋养身心的良药，历代茶人墨客在著述中谈论养生茶疗者颇多，唐代柳宗元《为武中丞谢赐新茶表》赞道："调六气而成美，扶万寿以效珍"；唐代颜真卿《五言月夜啜茶联句》道："流华净肌骨，疏瀹涤心原"；宋代吴淑《茶赋》写道："涤烦疗渴，换骨轻身，茶区之利，其功若神"。最具代表性的是明代高濂《遵生八笺》中"茶泉类"专论一章，集中谈论识茶、采茶、泡茶等茶事活动中，能带给人一种亲近自然的养生状态。清代名医尤乘《寿世青编》中所述的"十二时辰无病法"，更是强调了茶在养生保健中的重要地位。

由此可见，古人认为茶养是一种有益于身心健康的滋养方式。

2.现代人的生活

在现代生活中，茶养让人们学会慢下来、静下来，去感受生活的美好与真谛。

（1）清香溢杯，品味悠然。

茶叶冲泡与品饮滋养身心。泡茶技艺的学习，不仅是锤炼观察力与动手能力的过程，而且是一场对茶艺美学的感悟之旅。品茶的仪式感，让忙碌的生活瞬间变得宁静而从容。在喧嚣的都市中，走进一间布置雅致、气氛宁静的茶室，品茶成为一种难得的静谧时光。茶室内，古色古香的家具、简约而不失品味的装饰，以及窗外的绿色景致，共同营造出一种远离尘嚣的宁静氛围。

（2）雅韵传承，心境和谐。

陆羽《茶经》首次明确将茶性与人的美好品行联系在一起，特别重视茶道礼仪与精神。茶道茶礼茶精神之培育，犹如春风化雨，润物无声。它教导我们以礼待人、尊重他人。在茶会之上，主客间相互敬让、谦逊有礼，这既是对中华民族传统美德之传承与体现，亦是对茶道精神之践行与弘扬。

（3）茶韵之旅，休闲心灵。

茶叶旅游与休闲，是一场深入茶韵的心灵之旅。在宁静的茶园之中，人得以悠然自得，尽享大自然的恩赐。人与茶、与自然、与内心和谐共融，感受那份久违的宁静与平和。跟着制茶师傅采摘与制作茶叶，体验茶叶从绿叶到杯中香茗的蜕变。翠影轻舞间，感受匠心独运的魅力茶韵之旅，不仅是一次视觉与味蕾的享受，而且是一次内心的洗礼与升华，让人在品味茶香中找寻到生活的宁静与美好。

四、科学饮茶

随着人们生活水平的提高,人们对健康保健的要求也相应提高,对饮茶的要求也不仅仅是赏名茶、喝香茶、品好茶,更重要的是喝出好心情,喝出好身体。科学饮茶的观念日益被大家重视。什么是科学饮茶呢? 简单地说,科学饮茶就是根据茶叶成分特性,结合饮茶者身体状况,因人、因时、因地进行茶品选择、冲泡、饮用,是一种有益于身心健康的饮茶行为。

(一)合理选茶

1.根据品质来选茶

要做到科学饮茶,首先要做到选择卫生安全、品质良好的茶叶。目前茶叶品质保障方面主要有无公害认证、绿色食品认证、有机茶认证、QS 认证等。其次可从色、香、味、形四个方面观察与鉴别茶叶的好坏。明末刘源长著《茶史》言:"茶之妙有三:一曰色,二曰香,三曰味。"

本书前面已涉及相关内容,在此不再赘述。

2.各个茶类品性

六大茶类茶叶本身有寒凉和温和之分,茶类品性如表 7-2 所示。

表 7-2　茶类品性

凉性					中性	温性		
绿茶	黄茶	白茶	普洱生茶	轻发酵乌龙茶	中发酵乌龙茶	重发酵乌龙茶	黑茶	红茶

绿茶属不发酵茶,富含叶绿素、维生素 C,性凉而微寒。

白茶属微发酵茶,性凉,但"绿茶的陈茶是草,白茶的陈茶是宝",陈放的白茶有祛邪扶正的功效。

黄茶属部分发酵茶,性寒凉。

青茶(乌龙茶)属于半发酵茶,性平,不寒亦不热,属中性茶。

红茶属全发酵茶,性温。

黑茶属于后发酵茶,茶性温和,滋味醇厚回甘,刺激性不强。

3.因人而异来选茶

中医认为人的体质有燥热、虚寒之别,而经过不同的制作工艺而成的不同茶叶的茶性不一样,有凉性及温性之分。燥热体质的人,应喝凉性茶,虚寒体质的人,应喝温性茶。

人的身体情况是动态的,要根据饮茶者身体状况、爱好进行产品选择,具体情况具体分析才能喝出健康。

(1)根据体质来选茶。

绿茶属于不发酵茶,最大限度地保存了叶绿素和维生素C,但是茶性寒凉,咖啡因、茶碱含量较高,适合体热之人饮用,清热润肺、生津止渴等效用较佳,不适合具有体寒、肠胃虚弱、神经衰弱等症状的人饮用;白茶属于部分发酵茶,发酵程度不高,茶性寒凉,有退热祛暑之效;黄茶也属于部分发酵茶,凉性;红茶属于全发酵茶,茶性温和,有祛寒暖胃之功效;青茶属于半发酵茶,性质温凉,略含叶绿素、维生素C;黑茶属于后发酵茶,据研究,黑茶的降脂减肥、降压、抗动脉硬化、预防糖尿病、调节代谢、抗癌、防癌、健齿护齿等效果均比较显著,加之黑茶性质温和,其养胃护胃的作用明显,因而黑茶适宜的人群更为广泛。

每个人的体质都会表现出主要症状,饮茶时应以主要症状为依据。

(2)根据职业环境来选茶。

不同职业的人适合喝的茶叶也有区别。经常接触有毒物质的人,可选择绿茶、黑茶,保健效果较佳;经常在电脑前工作的人可选择绿茶作为抗辐射饮料;脑力劳动者、驾驶员、运动员、演员等为增强思维活动能力、判断能力和记忆力,可饮用绿茶;运动量小的人容易肥胖,心血管疾病发病率高,饮用黑茶为最佳选择。

(3)根据喜好来选茶。

人的饮茶习惯与其周围的群体有关,不同环境、职业、性别的人在对茶叶的喜好上有一定区别,并且在长期的饮用习惯中逐步养成一定的品饮偏好。比如,体力劳动者通常更喜欢口感浓厚的茶叶;女性相较喜欢刺激性相对较小、香高形美的茶叶。

4.根据时间与季节来喝茶

谚语道:"常饮茶,胜服药。"但同用药要对症一样,饮茶也要适时。一年四季,寒来暑往,春夏秋冬四季变化,人的生命活动也随着季节而异。按照中医的理论,应根据四季人体不同的新陈代谢特点进行茶品的科学选择,以调整人体节律、生理功能,增强肌体抗病能力和适应能力,让饮茶更有益于健康。

(1)春季饮茶能养生。

按照我国传统中医药学的说法,茶叶因品种、产地不同,有寒温甘苦等茶性的不同,对人体的功效作用也各异。为了取得更佳的保健效果,人们春夏秋冬四季饮茶,要根据茶叶的性能功效,随季节变化选择不同的品种以益于健康。《黄帝内经》曾提出"春夏补阳"的原则,即春天宜多吃温补阳气的食物,以使人体阳气充实,增强人体抵抗力,抵御风邪对人体的侵袭。春季乍暖还寒,万物复苏,人体和大自然一样,处于抒发之际,花茶性温,饮用茉莉、桂花花茶为好。选茶时,注意选择香气鲜灵纯正、滋味浓厚的茶品,切忌淡薄、陈闷。饮用花茶可以散发冬天积郁在人体内的寒邪,浓郁的香气能促进人体阳气生发,令人精神振奋,消除春困,增强疾病的抵御能力。

(2)夏季饮茶益祛暑。

夏季骄阳似火,溽暑闷热,出汗多,茶中富含钾,喝茶既能补水,又能补充出汗丢失的钾;夏季食用油腻的食物难消化,饮茶能有效降脂除腻,还可去热降火;夏季也是黑色素沉淀的高峰期,饮茶对女性防晒抗斑有益,这是因为多酚类抗氧化作用能够消除由于紫外线、抽烟、食品添加剂、压力等因素而在体内产生的活性氧,进而抑制维生素C的消耗,保持肌肤细致白皙。夏季人体容易燥热,宜饮绿茶类。绿茶味略苦、性寒,具有消热、消暑、解毒、去火、降燥、止渴、生津、强心提神的功能。绿茶碧绿清澈,清凉透心,清鲜爽口,滋味甘香并略带苦寒味,富含维生素、氨基酸、矿物质等营养成分,饮之既有消暑解热之功,又具增添营养之效。对喜爱选购冰镇茶饮料的消费者,以及女性与胃寒的消费者,建议饮乌龙茶,它不寒不热,同时具有去火解热,恢复津液的作用。黑茶为后发酵茶,味醇性温,回甘生津、消脂除腻效果较其他茶类尤甚,加之其有养胃护胃的功效,也是夏日饮茶的较好选择。

(3)秋季饮茶强健体。

秋季天气干燥,"燥气当令",常使人口干舌燥,宜喝青茶及黑茶。青茶性适中,介于红、绿茶之间,不寒不热,适合秋天气候,常饮能润肤、益肺、生津、润喉,有效清除体内余热,恢复津液,对秋季保健大有好处。青茶汤色金黄,外形肥壮均匀,紧结卷曲,色泽绿润,内质馥郁,爽口回甘。黑茶经后发酵制成,茶叶内含成分丰富,滋味醇厚回甘,生津功能较强,品饮茶汤后不仅生津,而且能舒顺喉韵,滋润口腔,更能调理身体内分泌,生津是黑茶的主要特色之一。黑茶降脂的效果尤佳,在干燥的秋天饱食油腻食物后,饮用黑茶也不失为较好选择。

(4)冬季饮茶保健康。

冬季气温低,寒气逼人,人体生理机能减退,阳气渐弱,增加能量与营养利于抗寒保暖。冬季养生重在御寒保暖,提高抗病能力,此时宜喝祁红、滇红等红茶或普洱、六堡等黑茶,色调温和,暖意满怀。总体而言,茶中含有丰富营养物质,冬季饮之可补益身体,调节人体新陈代谢。红茶味甘性温,善蓄阳气,生热暖腹,能够强身补体,从而增强人体对冬季气候的适应能力,且其茶汤红艳明亮,香味甜醇,加奶、糖调饮芳香不改,尤适冬季饮用。

(二)正确泡茶

1.择水

明人许次纾在《茶疏》中说:"精茗蕴香,借水而发,无水不可与论茶也。"水质欠佳,茶叶中的各种营养成分会受到污染,以致闻不到茶的清香,尝不到茶的甘醇,看不到茶的晶莹。

择水先择源,水有泉水、溪水、江水、湖水、井水、雨水、雪水之分,但只有符合"源、活、甘、清、轻"五个标准的水才算得上是好水。所谓"源",是指水出自何处,"活"是指有源头而常流动的水,"甘"是指水略有甘味,"清"是指水质洁净透彻,"轻"是指分量轻。所以水源中以泉水为佳,因为泉水大多出自岩石重叠的山峦,污染少,山上植被茂盛,由山岩断层涓涓细流汇集而成的泉水富含各种对人体有益的微量元素,经过砂石过滤,清澈晶莹,茶的色、香、味可以得到最大的发挥。

2.汤候

水煮到何种程度称作"汤候"。鉴别"汤候"的标准,一是看水面沸泡的大小,二是听水沸时声音的大小。水的温度不同,茶的色、香、味也就不同,泡出的茶汤中的化学成分也就不同。温度过高,会破坏茶叶所含的营养成分,茶汤的颜色不鲜明,味道也不醇厚;温度过低,不能使茶叶中的有效成分充分浸出,称为不完全茶汤,其滋味淡薄,色泽不美。

泡茶烧水要武火急沸,不要文火慢煮,以刚煮沸起泡为宜,用这样的水泡茶,茶汤、香味皆佳。沸腾过久,二氧化碳挥发殆尽,泡茶鲜爽味便大为逊色;未沸滚的水,水温低,茶中有效成分不易泡出,香味轻淡。

泡茶水温与茶叶有效物质在水中的溶解度成正比,水温愈高,溶解度愈大,茶汤也就愈浓;相反,水温愈低,溶解度愈小,茶汤就愈淡。用未沸的水泡茶固然不行,但若用多次回烧以及加热时间过久的开水泡茶也会使茶叶产生"熟汤味",致使口感变差,那是因为水蒸气大量蒸发后的水含有较多的盐类及其他物质,以致茶汤变得灰暗,茶味变得苦涩。

3.备具

备具的选择既要因地制宜,因人而异,也要根据茶的特性进行选择。这方面的内容,本书前面已有专门介绍。

4.投茶

用茶量的多少,因人而异,因地而异。若饮茶者是茶人或劳动者,可适当加大茶量,泡上一杯浓香的茶汤;如是脑力劳动者或初学饮茶、无嗜茶习惯的人,可适当少放一些茶叶,泡上一杯清香醇和的茶汤。

5.冲泡时间

茶叶冲泡时间的长短,对茶叶内含的有效成分的利用也有很大的关系。只有当茶叶中的维生素、氨基酸、咖啡因等有效物质被沸水冲泡浸提出来后,茶汤喝起来才有鲜爽醇和之感。细嫩茶叶比粗老茶叶冲泡时间要短些,松散的茶叶、粉碎的茶叶比紧压的茶叶、完整的茶叶冲泡时间要短些。对于注重香气的茶叶如乌龙茶、花茶,冲泡时间不宜太长;而白茶加工时未经揉捻,细胞未遭破坏,茶汁较难浸出,因此其冲泡的时间应相对延长。

6.冲泡次数

无论什么茶,第一次冲泡,浸出的量占可溶物总量的50%～55%;第二次冲泡一般约占30%;第三次为10%左右;第四次只有1%～3%了。从其营养成分(茶叶中的维生素和氨基酸)看,第一次冲泡就有80%的量被浸出,第二次冲泡约15%,第三次冲泡后,基本全部浸出。

一般的红茶、绿茶和花茶,冲泡次数以3次为宜。乌龙茶在冲泡时投叶量大,茶叶粗老,可以多冲泡几次。以红碎茶为原料加工成的袋泡茶,通常适宜于一次性冲泡。任何品种的茶叶都不宜浸泡过久或冲泡次数过多,最好是即泡即饮,否则有益成分被氧化,不但降低营养价值,还会泡出有害物质。茶也不可太浓,浓茶有损胃气。

（三）科学饮茶

科学饮茶的关键在于饮茶浓度要适宜,饮茶时间要适宜,饮用方法要适宜,因人因时因地选用适合的茶饮用,才真正有益于健康。我国在长期的利用茶的历史过程中,人们在饮茶中对时间、浓淡、冷热、新陈以及不同的人如何饮茶等积累了丰富经验。如饮用早茶能使人心情愉快,饮用午茶能提神,劳累后饮茶解疲劳;酒后饮茶利于肠胃,可消食解酒毒;饭后饮茶除烦去腻;食后用茶水漱口既去油腻,又可健齿消火。所以,为使饮茶利于身体健康,提倡饮茶时掌握"清淡为宜,适量为佳,随泡随饮,饭后少饮,睡前不饮"的原则。尤其是瘦人、老年人、酒后、渴时以及饭前饭后宜饮淡茶。

适量饮茶能生津解渴、除湿清热、提神健脑、祛病轻身,对人的健康大有好处。但是,茶作为一种特殊的饮料,有其固有的禁忌。饮茶要适当。一是茶水浓淡适中,一般用3克茶叶冲泡一杯茶为宜,茶水过浓,会影响人体对食物中铁等无机盐的吸收,引起贫血;二是控制饮茶数量,以一天8～10杯为宜,过量饮茶,会增加人体肾脏的负担;三是饮茶时间不要在饭前饭后一小时以内,否则会影响人体对蛋白质的吸收。只有兼顾了这些,饮茶才能真正带来健康。

下面谈谈不同情况下饮茶需要注意的有关事项。

1.晨起后饮茶

经过一昼夜的新陈代谢,人体消耗大量的水分,血液的浓度大。饮一杯淡茶水,不仅可以补充水分,而且可以稀释血液,降低血压。特别是老年人,早起后饮一杯淡茶水,对健康有利,饮淡茶水是为了防止损伤胃黏膜。

2.吃油腻食物后饮茶

油腻食物大多含有丰富的脂类或蛋白质,其在胃中的排空时间较长,食物在胃内滞留太久,会产生饱闷感,也会感到口渴,此时喝些浓茶,茶叶中的咖啡因和黄烷醇类化合物可以促进消化道蠕动。茶汁和脂肪类食物形成乳浊液,加快食物排入肠道,使胃部舒畅,从而有助于消化,可预防消化系统疾病。为了消脂而饮茶时,茶可以适当泡浓一点,但注意要喝热茶,且量不宜多,否则会冲淡胃液,影响消化。

3.感到疲乏时饮茶

茶叶提神的功效主要是因为茶叶中含有咖啡因与黄烷醇类化合物,具有加强中枢神经兴奋性的作用,因此,具有提神醒脑、消除疲劳的功效。饮茶兴奋神经的作用与喝酒、吸烟所引起的兴奋作用,机理不同。前者能提高人的基础代谢、肌肉收缩、肺通气量、血液流出量、胃液分泌量,而后者是以减弱抑制性条件反射引起的兴奋作用,过度时会对中枢神经产生麻醉作用,不利于健康。日常生活中人们在感到疲乏时喝上一杯茶,能有效刺激机能衰退的大脑中枢神经,使它由迟缓变为兴奋,从而集中注意力,起到提神益思之效。

4.吃咸食后饮茶

吃太咸的食物会过量摄入食盐,易造成血压上升,尤其是高血压患者,更不宜吃得太咸。体内盐分过高,对健康不利,应尽快饮茶利尿,普洱茶中含有的咖啡因等茶碱通过扩张肾脏微血管,达到利尿之效,从而排出盐分。有的腌制食品还含有大量的硝酸盐,食用后易与其他一同吃下的食物中的二级胺发生反应,产生亚硝胺,而亚硝胺是一种致癌物。因此适当多饮茶可以抑制致癌物的形成,增强免疫功能。

5.出大汗后饮茶

进行过量体力劳动会引发大量排汗,在高温高热环境中工作的人,为调节体温,会排出大量的汗液,这时饮茶能很快补充人体所需的水分,降低血液浓度,加速排泄体内废物,减轻肌肉酸痛,逐步消除疲劳。

6.解热止渴饮茶

饮茶具有止渴作用,除了因为茶汤补给水分以维持机体的正常代谢外,还因茶汤中含有清凉、解热、生津等效能的成分。咖啡因在低剂量时对大脑皮层有选择性兴奋作用,对控制体温中枢的调节起着重要作用;茶汤中的多酚类物质,能轻微刺激口腔黏膜产生鲜爽的滋味,促进唾液分泌,口内生津,口渴即可停止;再加上茶汤中还含有芳香物质、有机酸等,这些物质是挥发性的,它们挥发过程中起着吸热作用,是重要的清凉剂。饮用茶汤可从标、本两个方面,对人体进行体温调节,对解热疗渴起着根本性的作用。

7.延缓衰老饮茶

人体中脂质过氧化过程是人体衰老的机制之一,因此人们服用一些具有抗氧化作用的化合物,如维生素 C 和 E,可以起到增强抵抗力、延缓衰老的作用。茶叶中不仅含有丰富的维生素 C 和 E,而且含有茶多酚和氨基酸及其他微量元素,若干有效物质协调作用,增强了人体心肌活动和血管的弹性,抑制动脉硬化,减少高血压和冠心病的发病率,增强免疫力,从而使人抗衰老。据研究,茶叶中丰富的有效成分具有明显的抗氧化活性,而且活性强度大大超过维生素 C 和 E。

8.酒后饮茶

茶能解酒,一是因为肝脏在酒精水解过程中需要维生素 C 作为催化剂,而酒后少量饮茶,可补充维生素 C,增强肝脏解酒功能;二是咖啡因具有利尿作用,能使酒精迅速排出体外;三是茶叶可刺激麻痹的大脑中枢神经,有效地促进代谢,进而发挥醒酒的功能。但酒后不要饮大量的浓茶,醉酒后喝浓茶会加重心脏负担,茶叶有利尿作用,使酒精中有毒的乙醛未分解就从肾脏排出,对肾脏刺激过大而危害健康。

延伸阅读

茶经·一之源（节选）

原文：

茶之为用,味至寒,为饮,最宜精行俭德之人。若热渴、凝闷、脑疼、目涩、四肢乏、百节不舒,聊四五啜,与醍醐、甘露抗衡也。采不时,造不精,杂以卉莽,饮之成疾。茶为累也,亦犹人参。上者生上党,中者生百济、新罗,下者生高丽。有生泽州、易州、幽州、檀州者,为药无效,况非此者,设服荠苨,使六疾不瘳。知人参为累,则茶累尽矣。

译文：

茶的功用,性味寒凉,作为饮料,最适宜品行端正、有俭约谦逊美德的人。人们如果发热、口渴、胸闷、头疼、眼涩、四肢疲劳、关节不畅,只要喝上四五口茶,其效果与醍醐、甘露相当。如果茶叶采摘不适时,制造不够精细,夹杂着野草败叶,喝了就会生病。茶可能对人造成的妨害,如同人参。上等的人参出产在上党,中等的出产在百济、新罗,下等的出产在高丽。泽州、易州、幽州、檀州出产的人参,作药用没有疗效,更何况那些比它们还不如的呢！倘若误把荠苨当人参服用,将会使各种疾病不得痊愈。明白了人参对人的妨害,茶对人的妨害,也就可明白了。

资料来源　陆羽.茶经(汉英对照)[M].姜怡,姜欣,译.北京:外文出版社,2015.

【思考研讨】

(1)茶的特异性成分有哪些？作用分别是什么？

(2)假设你是茶馆里的售货员,有客人来买毛尖绿茶,你从健康角度会如何推销？

(3)你在喝茶时会考虑健康问题吗？如何看待年轻人爱喝奶茶行为？

(4)通过调研,谈谈你对茶疗茶养的看法。

【参考文献】

[1]成洲.茶叶加工技术[M].北京:中国轻工业出版社,2015.

[2]宛晓春.茶叶生物化学[M].北京:中国农业出版社,2003.

[3]王岳飞,徐平.茶文化与茶健康[M].北京:旅游教育出版社,2014.

[4]陈宗懋,甄永苏.茶叶的保健功能[M].北京:科学出版社,2014.

[5]卫民,何翠欢.中国茶疗法[M].北京:人民卫生出版社,2021.

[6]郑瑛珠.茶叶的主要化学成分及其营养价值[J].福建茶叶,2020(11).

[7]陈宗懋.茶与健康专题(二)茶叶内含成分及其保健功效[J].中国茶叶,

2009(05).

［8］孟晓娟,陈宇.茶叶中营养成分和药效成分研究 [J].福建茶叶,2020(11).

［9］刘洪林,曾艺涛,赵欣.乌龙茶加工过程中儿茶素的稳定性及化学变化 [J].食品科学,2019(16).

［10］刘少静,谭雄,王晓茹,等.RP-HPLC 定量分析茶叶中几种主要儿茶素类有效成分 [J].化学工程师,2021(11).

［11］万桐豪.以茶润心,以茶养德 [J].环境教育,2024(04).

［12］吴玉冰,魏飞跃.浅谈中医茶疗史 [J].中医导报,2020(02).

［13］林乾良.茶疗专题讲座 [J].茶叶,1993(03).

第八讲　茶典籍

【内容提要】

（1）茶典籍是指古代记载"茶"相关内容的图书等，简称茶书。

（2）茶典籍以唐代为界，按照时间脉络针对各个时期的茶学经典著作进行简要介绍，对同一时期的茶书进行归纳。

（3）内容主要包含唐代茶书、宋元茶书、明清茶书、现代茶书。

【关键词】

茶书；茶典籍；茶学专著

案例导入

《茶经评述》前言（节选）

唐代陆羽所作的《茶经》是世界上第一部茶书，书成于8世纪六七十年代，距今已1200多年。这部书不仅受到了我国历代文人雅士的推崇，而且作者陆羽后来被劳动群众誉为"茶神"。由于茶树的原产地在中国，茶叶在我国西汉时代业已作为药用，并在很早以前，即已传播到国外，且日益为各国人民所喜爱。因此，近年以来，日、英、美等国的学者，对《茶经》也特别给予重视，且已将它译成日文、英文、法文等文字进行研究。陆羽是在佛寺中成长起来的，因为茶叶的传播和佛教有着密切的关系，所以他对茶有特殊爱好，以后又曾亲身到过很多产茶地区（主要是佛寺所在地的产茶地区）做调查研究，这就使得他在撰写《茶经》时，能对茶的栽培、采摘、制造、煎煮、饮用的基本知识，对迄至唐代的茶叶的历史、产地，更为重要的是对茶叶的功效，都做了扼要的阐述，这些阐述，有的迄今还没有失去其参考价值。当然，由于时间的流逝，《茶经》所叙述的关于造茶的工具，煮茶、饮茶的器具等部分，有的已无现实意义。另外，陆羽虽出身贫寒，多年生活于佛寺，但自他进入社会以后，长期与官吏、文士和方外之人为友，并以士大夫的身份做过州、县官的幕僚，因而他的写作思想就不可避免地受到儒家和佛家的思想影响，他的时代局限性，也必然使这些思想在《茶经》中反映出来。

资料来源 吴觉农．茶经评述[M]．北京：中国农业出版社，2005．

一、唐代茶书

茶书兴于唐。唐代政治、经济、文化的兴盛与繁荣，推动了茶叶生产技术的提高，丰富了茶叶的种类，促进了茶叶贸易的发展，茶叶也开始成为文化交流的重要媒介，城市中出现许多茶叶商店和茶馆，上至皇宫显贵、王公大臣，下至僧侣道士、文人墨客、黎民百姓，几乎都爱好饮茶，饮茶风气开始流行。这些都为茶文化的发展创造了条件，为茶书的产生、发展奠定了基础。唐代茶书由此兴起和繁盛起来，它的出现不仅使茶叶彻底脱离药材、蔬菜等身份，而且从此在中华民族浩瀚的文献宝库中占据了一个专门领域。

（一）传世经典 —— 陆羽《茶经》

中国乃至世界现存最早、最完整、最全面的介绍茶的第一部专著，是唐代陆羽所著的《茶经》，被后世誉为"茶叶百科全书"。此书是关于茶叶生产的历史、源流、现状、生产技术以及饮茶技艺、茶道原理的综合性论著，是划时代的茶学专著，也是精辟的农学著作和阐述茶文化的书。它将普通茶事升格为一种美妙的文化艺能，推动了中华茶文化的发展。

1.陆羽简介

陆羽（733—约804年），唐代茶学家。唐朝复州竟陵（今湖北天门市）人，字鸿渐，又字季疵，号竟陵子、桑苎翁、东冈子，又号"茶山御史"。陆羽一生嗜茶，精于茶道，躬身实践，笃行不倦，广采博收，才得以著成世界第一部茶叶专著 ——《茶经》。他对中国茶业和世界茶业发展做出了卓越贡献，被誉为"茶仙"，尊为"茶圣"，祀为"茶神"。

2.《茶经》简介

《茶经》在我国古代茶文化史上占有重要地位。它也是世界历史上第一部最完善的综合性茶学著作。陆羽详细收集历代茶叶史料，记述亲身调查和实践的经验，对唐代及唐代以前的茶叶历史、产地、栽培、采制、煎煮，以及茶的功效、饮用的知识技术都做了阐述，是中国古代最完备的一部茶书，使茶叶生产从此有了比较完整的科学依据，对茶叶生产的发展起到了一定的推动作用。

全书分上、中、下三卷，共十个部分，七千多字。

上卷共三章。

"一之源"介绍茶的起源及性状、名称、生长环境、品质和功效。

"二之具"记载采茶、制茶工具，如采茶篮、蒸茶灶、焙茶棚等。

"三之造"记述茶叶种类和采制方法。

中卷只一章。

"四之器"介绍煮茶、饮茶的器具，如风炉、茶釜、纸囊、木碾、茶碗等。

下卷共六章。

"五之煮"记载烹茶法及各地水质的品第。

"六之饮"介绍饮茶风俗和品茶方法，即陈述唐代以前的饮茶历史。

"七之事"汇辑古今有关茶叶的故事、产地及药效。

"八之出"将唐代全国茶区的分布归纳为山南（荆州之南）、浙南、浙西、剑南、浙东、黔中、江西、岭南等八区，列举各地所产茶叶的优劣和品质高低。

"九之略"论述采茶、制茶工具和饮茶器具，可因时因地灵活使用，在一定条件下省略某些用具，不必拘泥。

"十之图"指将茶经抄录在绢帛上，张挂起来悬于茶室，使得品茶之人可以亲眼领略茶经之始终。

《茶经》系统地总结了当时的茶叶采制和饮用经验，全面论述了有关茶叶起源、生产、饮用等各方面的问题，是中国茶书发展史上的一个重要里程碑。它传播了茶业科学知识，促进了茶叶生产的发展,开创了中国茶道的先河,极大地促进了茶文化的发展。

(二)其他专著

唐代茶书是在当时饮茶之风兴起之际所诞生的茶文化理论结晶。《茶经》为茶学开一代风气之后,各种茶书相继面世。唐代大部分茶书都是在无经验可借鉴的条件下,独自编撰完成的。从数量上来说,它远不及宋明茶书繁盛,但从内容上来说,后世茶书大多无法企及。

陆羽《茶经》属于综合类茶书。自陆羽著《茶经》之后,各种类型的茶叶专著陆续问世,开始出现地域类茶书、专题类茶书及汇编类茶书。这进一步推动了中国茶事的发展。唐代的主要茶书如表 8-1 所示。

表 8-1 唐代主要茶书

类别	书名	作者	主要内容	地位、价值
地域类	《茶述》	裴汶	记载唐代浙江长兴县西北的顾渚山茶事	—
专题类	《煎茶水记》	张又新	讲述了煎茶用水的相关知识,包括水的质量、水的硬度、水的温度等方面的内容,并论述了水对茶叶色香味的影响。记述刘伯刍评论 7 处泉水的等级,陆羽品评全国 20 处水的品第	我国第一部,也是现存最早的专门论水评泉的著作
	《十六汤品》	苏廙	专门论述煮茶方法,从候汤、注汤、择器、选薪四大方面对煎茶做了形象生动的阐述,将茶汤分为若干品第:煮水老嫩分三品,冲泡注水缓急为三品,盛器不同分五品,燃料不同分五品,共计十六汤品	目前所发现的最早的宜茶汤品的专著,是点茶道中的经典代表之作,其在茶艺、茶道及茶文化史上占有重要地位
	《茶谱》	毛文锡	主要记述各产茶区的名茶,对其品质、风味及部分茶的疗效加以评论,以及一些有关的茶事逸文	对现在的茶汤审评技术有一定影响

二、宋元茶书

宋代是我国茶业发展史上一个有较大改革和建设的重要时期。因此,史籍中也有"茶兴于唐,盛于宋"的说法。入宋之后,茶区继续扩大,制茶技术得以改进,贡茶和御茶的精益求精,促进了名茶的发展,饮茶之风逐盛,从龙楼凤池到寻常巷陌,无人不嗜茶,无人不品饮;城镇茶馆林立,民间茶礼形成,点茶、斗茶风靡全国。有关茶叶、茶艺、贡茶、茶法的各种专著如雨后春笋般涌现,共同铸造了中国茶学著述史上的第一个高峰。

宋代茶书不仅内容丰富,而且著作者有文人名士、督办贡茶的亲历者,以及享用贡茶的皇帝。也就是说,宋代茶书的作者主要是官居要职的文人士大夫,而他们在朝野上下位高权重的身份特点,对宋代茶书的风格与推广有着重要影响。宋代可考的茶书数量远超于唐代、清代,数量略逊于明代,但胜在原创比例高。由于时代久远,宋代茶书散佚大半、仅存名录,流传至今且完好无损的只有寥寥十余种。

元代是游牧民族出身的蒙古贵族统治时期,饮茶在上层社会不占主流,除了有些文人写点茶诗、茶文(如杨维桢的《煮茶梦记》)外,没有产生过一部有影响的茶书。

(一)传世经典1——赵佶《大观茶论》

《大观茶论》成书于大观元年(1107年),是宋徽宗赵佶关于茶的专论。宋徽宗有才气,书、画、词、文,无一不精,对茶道有精辟深邃的见解,这使得这本有关茶道的文献资料,成为茶专著中殿堂级别里的极致存在。《大观茶论》对北宋时期蒸青团茶的产地、采制、烹试、品质、斗茶风尚等均有详细记述。其中"点茶"一篇,见解精辟,论述深刻。从一个侧面反映了北宋以来我国茶业的发达程度和制茶技术的发展状况,也为我们认识宋代茶道留下了珍贵的文献资料。

1.赵佶简介

赵佶(1082—1135年),即宋徽宗,宋神宗第十一子,18岁即帝位,为北宋第八任皇帝。具有相当高的艺术造诣,擅长书法和绘画,尤精通茶艺,对品茶、煎茶之道十分在行,曾多次为臣下点茶。他在位期间正当宋代茶业的鼎盛时期,蔡京《太清楼侍宴记》记其"遂御西阁,亲手调茶,分赐左右"。据熊蕃《宣和北苑贡茶录》记载,徽宗政和至宣和年间,还下诏北苑官焙制造、上供了大量名称优雅的贡茶,如玉清庆云、瑞云翔龙、浴雪呈祥等。这种现象在任一时期、任一国家都是史无前例的,赵佶是一个真正意义上的茶人,但他身为一国之君,却治国无方,即位后骄奢淫逸,成为昏君。靖康元年(1126年)冬,金兵攻占汴京,赵佶成为囚徒。第二年四月,金兵北归,将徽宗、钦宗、王室、大臣及无数财宝掳回东北,北宋灭亡。1135年,赵佶客死他乡。

2.《大观茶论》简介

该书为宋徽宗赵佶于北宋大观年间(1107—1110年)写成,南宋晁公武《郡斋读书志》著录为:"圣宋茶论一卷,右徽宗御制。"《大观茶论》序言中也自称为《茶论》,可知原书名为《茶论》。明初陶宗仪《说郛》刻本收录了全文,因其作于大观年间,遂改名曰《大观茶论》,属于综合类茶书。

全书2800余字,共二十篇,除序言外,分为地产、天时、采择、蒸压、制造、鉴辨、白茶、罗碾、盏、筅、瓶、勺、水、点、味、香、色、藏焙、品名、外焙20目。对茶之产地、季节、采茶、蒸压、制造、品质鉴评等分别进行论述,对各种茶具和点茶技艺进行了研讨,还系统地介绍了茶叶的色、香、味、贮、藏、品名等问题。尤其是对宋代点茶技艺做了详细深入的探讨,内容十分全面、详细,可代表宋代点茶技艺的最好水平,是部很有价值的茶书。

《大观茶论》从侧面反映了北宋以来我国茶业的发达程度和制茶技术的发展状况,也为我们认识宋代茶道留下了珍贵的文献资料。自问世以来,《大观茶论》的影响力和传播力非常巨大,不仅积极促进了中国茶业的发展,而且极大地促进了中国茶业和茶文化的发展,使得宋代成为中华茶文化的重要时期。

(二)传世经典2——蔡襄《茶录》

《茶录》是宋代茶学第一次全面总结之作,是最为重要的茶书之一,也是我们了解早期宋茶(仁宗朝)的最完备的记录。蔡襄在任福建转运使时,负责监制北苑贡茶,提升贡茶品质与产量,创制小龙团等新品。《茶录》是可靠的第一手资料。

1.蔡襄简介

蔡襄(1012—1067年),字君谟,宋代兴化仙游(今福建莆田)人,十九岁时考中进士,是仁宗、英宗朝代的第一流政治家;在书法方面,与苏轼、黄庭坚、米芾并列"宋四家";同时,他是北宋著名的文学家、茶学家。宋仁宗庆历年间,蔡襄任福建转运使,亲临建安北苑督造贡茶,他在前人所制"大龙团"茶的基础上,精益求精,制出"小龙团"茶,由于制作工艺复杂、严谨,对原材料的选用又极为严苛,"小龙团"茶品质上乘,数量稀少,成为当时皇室御用的顶级茶饮,声名远播。蔡襄有感于陆羽《茶经》"不第建安之品"(《茶经》上没有记载福建的建安茶)而特地向皇帝推荐北苑贡茶,著《茶录》两篇。

2.《茶录》简介

该书分上、下两篇,上篇论茶,下篇论茶器,皆谈烹试方法。蔡襄指出陆羽《茶经》没有记载福建茶事,丁谓的《茶图》只谈采造等技术问题,不谈品饮方法,因此特地撰写《茶录》一书以弥补陆、丁两书的不足。文中尽显蔡襄丰富的经验、独特的见解及优秀的书法,该书甚至被称为"稀世奇珍,永垂不朽"。

上篇叙述茶的烹点之法,分为色、香、味、藏茶、炙茶、碾茶、罗茶、候汤、熁盏、点茶10则。蔡襄认为茶色以白为贵,且青白者胜于黄白;茶有真香,不宜掺入龙脑等香料,恐夺其真香;茶味与水质有关,水泉不甘,能损茶味;茶饼应用嫩香蒲叶包裹封严后,放到茶焙里保存,不宜近香药;茶存放时间久了,则色香味皆陈,需用微火炙之才能碾用,碾后过筛,即可备用;煮水必须老嫩适宜,未熟和过熟之水均不宜,因此候汤最难;泡茶之茶盏必须热水温热才能置茶冲泡。

下篇分为茶焙、茶笼、砧椎、茶钤、茶碾、茶罗、茶盏、茶匙、汤瓶9则,介绍了各类茶器的用途。

《茶录》是现存宋代茶书中最早的一部,也是我国第一部专论点茶技艺及其器具的茶书。虽然篇幅不长,不足800字,却为宋代饮茶艺术化奠定了理论基础,向世人展现了宋代茶饮的美学意境,是继《茶经》以来保存完整的、最有影响力的茶论专著。该书在中国茶文化史上占有重要的地位,后被译为英文、法文,流传海外,对世界的茶文化发展产生了积极、深远的影响。

（三）其他专著

宋元时期茶书特点是地域类和专业类的茶书多,除《大观茶论》和《补茶经》外,有诸多茶书都属于这两类。

宋代在福建茶区——建安(今建瓯)的北苑设立专门机构"龙焙"。当地官吏对茶叶的种植、加工等技术特别注意,写了许多偏重于总结生产技术的关于"北苑贡茶(即建安茶)"的茶书,给后人留下了宋代茶叶生产技术的详细资料,具有重要的研究价值,如《北苑茶录》。

与此同时,宋代的饮茶方式已经从唐代的煮茶演变为点茶,特别是斗茶的盛行,促进了品茗艺术的高度发展,因此出现了专门讲述点茶技艺的茶书;因讲究品茗艺术,宋代也开始追求茶具的艺术美,也有专门论述茶具的茶书,如《茶具图赞》。

宋代的著名茶书如表8-2所示。

表8-2 宋代著名茶书

类别	书名	作者	主要内容	地位、价值
地域类	《东溪试茶录》	宋子安	东溪为福建水名,其流域为闽茶主要产地,因以名集。内容分八目:总叙焙名、北苑、壑源、佛岭、沙溪、茶名、采茶、茶病。以焙茶与产地为叙述重点。"茶病"一目颇切实用,记述翔实	对于丁谓《水苑茶录》、蔡襄《茶录》中所记载的建安茶事有更为翔实丰富的补充和发展。对于采茶、茶叶加工具有巨大的历史和现实意义
	《宣和北苑贡茶录》	熊蕃	记述了北苑贡茶的历史、各类贡茶发展概况、进贡经过,详细记录了贡茶的花色和创制、生产变更情况,并有各色贡茶模板图形38幅,附有贡茶大小尺寸,使后人得以了解宋代贡茶的具体形状,非常难得。先为总叙,次贡茶名称,后附38幅贡茶模板图形和《御苑采茶歌》十首,末尾有熊克的后记	此书是宋茶极盛时期的第一手资料,对于后世了解巅峰时期宋茶达到怎样一种程度,是非常重要的资料
	《北苑别录》	赵汝砺	此书成书于熊克增补《宣和北苑贡茶录》之后,以补其在产地、采制、纲次方面的不足。内容包括绪论、御园、开焙、采茶、拣茶、蒸茶、榨茶、研茶、造茶、过黄、纲次、开畬、外焙及后序14则,对北苑贡茶的生产技术有较详尽的记载,在纲次一则中将北苑贡茶12纲的等级——列出名号和产量	涉及内容甚广,工艺方面尤为详备,茶园养护方面更是他书所未载,是研究宋代北苑贡茶和宋茶工艺不可或缺的资料

类别	书名	作者	主要内容	地位、价值
专题类	《品茶要录》	黄儒	共十篇；一至九篇论制造茶叶过程中应当避免的采造过时、混入杂物、蒸不熟、蒸过熟、烤焦等问题；第十篇讨论选择地理条件的重要。此书兼论风土品种，对采制过程中可能出现的问题做了系统全面的总结。同时，细究茶叶采制得失对品质的影响，提出对茶叶欣赏鉴别的标准	此书是了解宋茶工艺，尤其是中前期工艺的重要文本。今日若考察复原宋茶工艺，这本书不可不读
	《茶具图赞》	审安老人	该书主要是将焙茶、碾茶、筛茶、点茶的12种茶具的名称和实物图形编辑成书，附图12幅并加以说明，使后人对宋代茶具的具体形状有明确的了解。作者以诙谐的语言别出心裁地给各种茶具安上官职，给它们取了标志其功能的名、字、号。 书中所论12种茶具是韦鸿胪(茶笼、茶焙)、木待制(茶臼)、金法曹(茶碾)、石运转(石磨)、胡员外(茶勺)、罗枢密(茶罗)、宗从事(棕刷)、漆雕秘阁(漆托盏)、陶宝文(茶盏)、汤提点(汤瓶)、竺副帅(茶笼)、司职方(茶巾)，对每件茶具都写有专门的赞文	我国历史上第一部以图谱形式写茶事的专著。 史上首部北苑龙团凤饼点茶道标配茶具的权威专著

三、明清茶书

明代是中国茶业发展和变革的重要时代，也是茶文化发展的又一鼎盛时代。明代是"开千古饮茶之宗"的改革发展时期，特别是废团茶、倡散茶的改革，明洪武二十四年(1391年)朱元璋诏令："罢造龙团，惟采芽茶以进。"散茶生产和加工技术的大发展，对中国的制茶发展、名茶生产有很重要的意义。散茶的普及催生了沸水泡茶的形成与流行；茶道发展达到鼎盛，茶馆走向大众，更为雅致，对茶、水、器更为讲究；茶具发展到达转折时期，江苏宜兴紫砂壶显赫一时，紫砂壶发展达到高峰。

在明朝的文人观念当中，茶书体现了世俗和高尚的融合，明代文人有了撰写茶书的风气。这进一步意味着编写茶书更能体现人们对高尚情怀的追求与索取，明代茶书编纂刊印繁荣，现存茶书约50余部，占了中国古典茶书一半以上。但大部分为抄录唐宋，一部分有着实践所得和创新。

明代茶书有三个特点：一是重视前人成果的继承和发展，也注重收集前人的资料，如朱权的《茶谱》就是收集前人论茶之作，屠本的《茗笈》就是摘录陆羽《茶经》、蔡襄《茶录》等十几种茶书编成的。二是有些茶书另辟蹊径，标新立异，对前人的茶书提出了不同的观点。如朱权的《茶谱》就反对蒸青团茶掺以诸香，独倡蒸青叶茶饮法。三是修改删节前人的典籍比较多。如喻政的《茶书全集》就是编辑增删了别人的茶书汇编而成的。总之，明代的茶书是抄袭与创新融会在一起，与时代紧密结合的。

清代是中华茶文化发展的转折期，实现了茶文化平民化的转变，饮茶真正成为世俗生活的有机组成部分。例如清代茶馆遍布城乡、数量众多,超过前代。清代茶叶生产、采制、品饮大都沿前代,无多大创举,因此茶书也不多,原创性的茶书更少,大多是摘抄汇编而成。清代共有茶书17种,现存8种。清代茶书虽少,但值得注意的是由清末程淯编写的《龙井访茶记》,专记龙井茶的产地、采制等,这是最早专记龙井茶的书;还有陆廷灿的《续茶经》,洋洋10万字,列出茶书72种,为古代茶书之最。

明清茶书有以往唐宋不具备的地方,如茶树种植管理、茶叶制作技术、饮茶的文人趣味等,在我国古代茶书发展的历史长河中起着承前启后的作用。

(一)传世经典1——朱权《茶谱》

在散茶大行、饮茶风气为之一变的明王朝,朱权受时代风气的影响,以自己特殊的政治地位和人生经历,结合自己对茶的理解,撰成《茶谱》一书,对明代饮茶模式的确立和茶文化的发展产生了极为深远的影响。

1.朱权简介

朱权(1378—1448年),明太祖朱元璋之第十七子,别号臞仙,又号涵虚子、丹丘先生。洪武二十四年(1391年),封于东北大宁(今内蒙古宁城县),封号宁王。潜心学问,专事著作,精通文学、戏曲、剧作、音乐和农学、茶艺。平生撰述纂辑见于著录者约70余种,存世约30种。正统十三年(1448年)卒,享年71岁,谥曰"献",世称宁献王。

2.《茶谱》简介

该书署名臞仙,系朱权晚年之号,故知作于晚年,约在正统五年(1440年)前后。时间上与朱元璋废团茶、改散茶的时间相隔五十年左右。朱权的《茶谱》可以视之为由皇家撰写的,了解明代初期茶生产、加工、品饮状况的一本重要记录,是明朝前期的一部重要综合类茶书。在其绪论中,简洁地道出了茶事是雅人之事,用以修身养性,绝非白丁可以了解。

全书约2000字,对当时所产茶叶的产地、加工、存放、冲泡所用器具、冲泡方法、品饮要点、用水等一一进行了介绍。全书分序言、总论、品茶、收茶、点茶、熏香茶法、茶炉、茶灶、茶磨、茶碾、茶罗、茶架、茶匙、茶笼、茶瓯、茶瓶、煎汤法、品水等18则。

值得一提的是,虽然朱权的《茶谱》大致沿袭了宋代点茶诸法,但从根本上反对使用蒸青团茶杂以诸香,独倡蒸青叶茶的点茶法,"取烹茶之法末茶之具,崇新改易,自成一家"。可视为从饼茶烹点向叶茶品饮过渡的中间形态,在茶艺发展史上具有一定价值。

(二)传世经典2——钱椿年、顾元庆《茶谱》

1.钱椿年、顾元庆简介

钱椿年,字宾桂,号友兰,人称友兰翁,明常熟奚浦人。性孝友,好施善行,屡为乡饮上宾,以大耄给冠带,恩授承事郎。好古博雅,性嗜茶,年逾耄耋,尤精茶事,藏、煎、点茶皆悟旨要。《茶谱》是钱椿年于明代嘉靖九年(1530年)前后撰写编著。

顾元庆(1487—1565年),字大有,号太石山人,长洲(今江苏苏州)人。藏书万卷,择其善者刻之,署曰:"阳山顾氏山房。"顾元庆是明朝大文学家,他读了钱椿年写的《茶谱》,认为"收采古今篇什太繁,甚失谱意",因此对其"余暇日删校",于嘉靖二十年(1541年)加以删校,重新刊刻。故后人一般称《茶谱》的作者是钱椿年著,顾元庆删校。

2.《茶谱》简介

从元朝到明朝,饮茶的方法有很大的转变,固型茶逐渐没落,继之而起的是喝末茶或以茶叶冲泡,通称散型茶。于是,《茶谱》应运而生。

该书经顾元庆删校后,主要内容包括序言、茶略(茶树形状)、茶品(各种名茶)、艺茶(种茶)、采茶(采茶时间与方法)、藏茶(贮藏条件)、制茶诸法(橙茶、莲花茶、茉莉、玫瑰等花茶制法)、煎茶四要(择水、洗茶、候汤、择品)、点茶三要(涤器、熁盏、择果)、茶效(饮茶功效)等。

该书主要根据陆羽《茶经》、蔡襄《茶录》两本书编写而成,其间夹杂一些其他的著作,并没有新的内容。但在"制茶诸法"项下,提供了不少的新的见解和主张,侧重于末茶和叶茶的制法。如"烹茶时,先用热汤洗茶叶,去除其茶叶的麕垢、冷气,然后烹之",是相当现代化的说法。

书中有几处论述很有价值:一是关于花茶的窨制方法,指出要采摘含苞待放的香花,茶与花按一定比例,一层茶一层花相间堆置窨制。二是关于饮茶,指出"凡饮佳茶,去果方觉清绝",提倡清饮,指出不宜同时吃香味浓烈的干鲜果,如果一定要配用,也以核桃瓜仁等为宜。三是关于饮茶功效,指出"人饮真茶,能止渴消食、除痰少睡、利水道、明目益思、除烦去腻,人固不可一日无茶"。

(三)传世经典3——许次纾《茶疏》

《茶疏》为明代杭州人许次纾所著。清代厉鹗在《东城杂记》中说,《茶疏》"深得茗柯至理,与陆羽《茶经》相表里"。明代许世奇在《茶疏小引》中也说:"鸿渐《茶经》,寥寥千古,此流(指《茶疏》)堪为鸿渐益友,吾文词则在汉魏间,鸿渐当北面矣"。当然,《茶疏》是不可能与《茶经》相提并论的,更不会超轶其上,但至少可以肯定,《茶疏》被认为是当时最好的茶书,是明代诸多茶书中极有新意,多有发明,较为杰出的一部。

1.许次纾简介

许次纾(1549—约1604年),字然明,号南华,家在钱塘,是明朝的茶人和学者。许次纾的父亲是嘉靖年间的进士,官至广西布政使。许次纾因为有残疾没有走上仕途,终其一生不过是个布衣,他的诗文创作甚富,可惜失传大半,只有《茶疏》传世。许次纾是因为《茶疏》专著而享名于世的。

2.《茶疏》简介

许次纾于1597年著《茶疏》一书,该书属于综合类茶书,涉及范围较广、内容丰富,包括品第茶产、炒制收藏方法、烹茶用器、用水用火及饮茶宜忌等,提供了不少重要的茶史资料。

其目录为产茶、今古制法、采摘、炒茶、岕中制法、收藏、置顿、取用、包裹、日用置顿、择水、贮水、舀水、煮水器、火候、烹点、称量、汤候、瓯注、荡涤、饮啜、论客、茶所、洗茶、童子、饮时、宜辍、不宜用、不宜近、良友、出游、权宜、虎林水、宜节、辨讹、考本等节。

在"产茶"一节中,认为"天下名山,必产灵草,江南地暖,故独宜茶";"江南之茶,唐人首称阳羡,宋人最重建州,于今贡茶,两地独多,阳羡仅有其名,建茶亦非最上,惟有武夷雨前最胜"。

在"炒茶"一节中,认为炒茶"铛必磨莹,旋摘旋炒。一铛之内,仅容四两。先用文火焙软,次用武火催之。手加木指,急急炒转,以半熟为度,微俟香发,是其候矣。急用小扇,钞置被笼,纯棉大纸衬底燥焙,积多候冷,入瓶收藏"。

在"饮啜"一节中,认为"一壶之茶,只堪再巡,初巡鲜美,再则甘醇,三巡意欲尽矣"。该书对什么时候适宜饮茶,什么时候不宜饮茶,饮茶时哪些器具不宜用,饮茶环境等都提出了要求,可谓非常讲究。

在"宜节"一节中,认为"茶宜常饮,不宜多饮。常饮则心肺清凉,烦郁顿释;多饮则微伤脾肾,或泄或寒"。

该书详细论述了当时的茶叶生产情况,"今古制法"一项,提出了比较新的观点,反对当时流行的在团茶中混入香料的做法,认为这样不仅抬高了茶价,而且会导致茶味的丧失;还详细介绍了武夷茶的采摘、炒制和烘焙方法以及武夷岩茶如梅似兰的馥郁香气特征,可见武夷岩茶(乌龙茶)加工在明代中期已闻名,武夷岩茶的制法形成后逐渐传到闽南和广东、台湾等地,进一步发展出不同风格的乌龙茶产品。

(四)传世经典4——陆廷灿《续茶经》

唐代陆羽的《茶经》问世后近一千年间,茶事代代发展,从产茶之地、制茶之法、烹茶之术、烹饮器具等都发生了很大的变化,自晚唐开始,茶事的内容就渐渐超出了《茶经》的范围,到明清更是另一番天地。宋代就有文人效法陆羽续写《茶经》,增补《茶经》内容,但一直都是小篇幅,有些内容还有重复。

陆廷灿耗费了十几年的时间,终于在雍正十二年完成《续茶经》,刊印于世。清代的《四库全书》收录了此书,并予以很高评价。如果没有《续茶经》,很多古代茶事资料不可能流传至今,有些资料当时就已经罕见,陆廷灿在搜集资料上面下了极大工夫,才使之保留于史册。

1.陆廷灿简介

陆廷灿,字秋昭,自号幔亭,被称为"茶仙",出生于江苏嘉定(今上海市嘉定区南翔镇）。从小就跟随司寇王文简、太宰宋荦学,明理解人,深得吟诗作文的窍门,被录取为贡生,后被任为宿松教谕,官福建崇安知县。崇安境内武夷山是著名茶区,产出的武夷茶闻名遐迩,清代以后,武夷山一带又不断改进茶叶采制工艺,创造出了以武夷岩茶为代表的乌龙茶。陆廷灿任职时,从政之余问及茶事,多次深入茶园、茶农之间,掌握了采摘、蒸焙、试汤、候火之法,逐渐得其精义,并从查阅的书籍中获得了大量有关各种茶叶的知识,同时整理出大量有关茶叶的文稿,开始着手编撰《续茶经》。遂延续《茶经》体例,查阅各种文献资料、汇辑成书,称为《续茶经》。

2.《续茶经》简介

《续茶经》属于汇编类的茶书。两百多年来,《续茶经》对茶叶制茶技艺的提升、茶文化的传承、茶经济的发展,依然有较大的影响力。陆廷灿为官一任,促成陆廷灿去整理和撰写《续茶经》,使武夷茶产区的许多鲜为人知的茶事、茶艺、茶文化得到了进一步的补充和提升。

全书 10 万余字,先将陆羽《茶经》全文列在卷首,然后按照陆羽《茶经》体例,分上、中、下三卷,目次也与《茶经》相同,分为十章。书后还附录陆羽《茶经》原来没有的历代茶法有关资料。虽然只是资料汇编,没有自己的见解,但是征引丰富,分类摘录,较为系统,便于查阅,并保存了一些已经亡佚的古代茶事资料和著作,对今天研究茶史甚有价值。

《续茶经》对我国茶艺、茶文化、茶经济的影响依然深远,其中很多地方都写到了武夷山及周边的茶事,为武夷山保存了大量罕见的茶文化史料。它能将视野拓展到武夷山茶乡及周边茶区的茶事,侧重于对武夷山及四周种茶情况、乌龙茶的制作技法、武夷茶功效的介绍,同时也把前人的茶文化进行了一次系统的梳理。《四库全书总提要》说它"自唐以来阅数百载,凡产茶之地,制茶之法,业已历代不同,即烹煮器具亦古今多异。故陆羽所述,其书虽古,而其法多不可行于今。廷灿一一订定补辑,颇切实用,而征引繁富",是较公允的评价。

（五）其他专著

仅明代,茶书多达 50 余部,约占唐至清茶书总数的一半。最早的当数朱权的《茶谱》,这是一部专门论述品茶技艺的著作。至明代中期,散茶冲泡已在社会上普及,冲泡技艺也日趋成熟,许多茶书纷纷对此进行总结,对散茶冲泡技艺进行颇有新意的论述。泡茶更加讲究用水,在明代出现了几部专门谈水的茶书。对茶具的选择也非常讲究,出现了专门记载宜兴紫砂壶艺的著作。众多的茶书也对明代茶叶生产技术(如绿茶炒青、花茶窨制、乌龙茶摇青、红茶发酵等)做了具体的记载,对研究明代茶叶生产技术具有很大学术价值。明代还有不少文人重视继承前人成果、进行资料搜集、汇编成茶书,为后人研究茶史提供了方便。

或许是明代茶事已达鼎盛,明代的茶书已经进行了全面总结,后人难以超越,因此尽管清代的茶叶生产非常发达,茶馆业之繁荣也不亚于明代,却未产生足以引人瞩目的茶书。仅两部汇编类茶书值得一提。一部是刘源长的《茶史》,另一部是陆廷灿的《续茶经》。

明清的著名茶书如表8-3所示。

表8-3 明清著名茶书

类别	书名	作者	朝代	主要内容	地位、价值
综合类	《茶录》	张源	明	内容广泛,包括采茶、造茶、辨茶、藏茶、火候、汤辨、汤用老嫩、泡法、投茶、饮茶、香、色、味、点染失真、茶变不可用、品泉、井水不宜茶、贮水、茶具、茶盏、拭盏布、分茶盒、茶道等23则	此书反映出作者对此道颇有切实体会,非一般泛泛抄录前人著作者可比,是明代较有价值的茶书之一
	《茶说》	屠隆	明	分28条,叙述茶叶品质、采制、收藏、择水、烹茶等,并指出当时6种名茶,最好的为"权势"占有:"虎丘(指茶)最号精绝,为天下冠,惜不多产,皆为豪右所据,寂寞山家,无繇获购矣。"	关于收藏茶叶和窨制花茶的方法,论述详细,可为后世参考
	《茶经》	张谦德	明	全书分上、中、下三篇。上篇论茶(茶产、采茶、茶色、茶香、茶味、别茶、茶效,中篇论烹(择水、候汤、点茶、用炭、洗茶、烟盏、涤器、藏茶、炙茶、茶助、茶忌),下篇论器(茶焙、茶笼、汤瓶、茶壶、茶盏、纸囊、茶洗、茶瓶、茶炉)	为后人对明代及明以前茶事研究提供了借鉴
	《茶解》	罗廪	明	全书分为总论、原(产地)、品(品尝)、艺(种植)、采(采摘)、制(制茶)、藏(藏茶)、烹(烹点)、水(用水)、禁(禁忌)、器(筐、灶、箕、扇、笼、蜕、瓮、炉、注、壶、瓯、夹)等	其论述大都切合实际和个人时间,具有较高的研究价值
	《茶说》	黄龙德	明	全书除总论之外共分10章:一之产、二之造、三之色、四之香、五之味、六之汤、七之具、八之侣、九之饮、十之藏。专门论述明朝茶叶生产和品饮诸问题	此书结构严谨,内容切实,论述精到,很少摘抄引用,对茶之品鉴及品茶意境阐述非常精到,有参考价值
地域类	《罗岕茶记》	熊明遇	明	共分为7则,记述了岕茶的生长环境、采摘时节、贮藏方法、烹茶用水及鉴别岕茶品质的要点	最早专门介绍岕茶的生产环境、茶品的鉴别、收藏烹煮之法的文章,对于研究岕茶的历史颇有价值
	《岕茶笺》	冯可宾	明	全书分为序岕名、论采茶、论蒸茶、论焙茶、论藏茶、辨真赝、论烹茶、品泉水、论茶具、茶宜、茶忌、附录等	研究明代洞山岕茶的重要资料,对今天茶叶的种植和采造犹可借鉴
	《洞山岕茶系》	周高起	明	此书专门集中介绍洞山一处的岕茶之历史、产地、品类、采焙、鉴别、烹饮等。分为总论、第一品、第二品、第三品、第四品、不入品和贡茶七则,其中对第一、第二品岕茶的特色论述尤为细腻切实	继熊明遇《罗岕茶记》、冯可宾《岕茶笺》之后,又一部关于太湖西部岕茶的地区性茶叶专著。用洞山之名,专门以著述宜兴岕茶为主的一本地方性茶著

续表

类别	书名	作者	朝代	主要内容	地位、价值
地域类	《龙井访茶记》	程淯	清	该书撰于清末宣统三年（1911年），分为土性、栽植、培养、采摘、焙制、烹掇、香味、收藏、产额、特色10则，概括介绍了龙井茶的生产、加工、品饮和收藏等情形	该文简明扼要，对了解龙井茶事颇有参考价值
专题类	《煮泉小品》	田艺蘅	明	全书除引言外，分源泉、石流、清寒、甘香、宜茶、灵水、异泉、江水、井水、绪谈等10部分。汇集历代论茶与水的诗文，记述并考据了各地各类水泉的水质和特点及其与茶的密切关系，批判饼茶，提倡芽茶冲泡，主张清饮，追求天然情趣	自唐代张又新《煎茶水记》之后，第一本系统评述烹茶用水的专书，在茶文化史上颇有价值
专题类	《水品》	徐献忠	明	反映了明代茶艺对品茶用水的高度重视。《四库全书总目提要》评价《水品》："是编皆品煎茶之水，上卷为总论，一曰源，二曰清，三曰流，四曰甘，五曰寒，六曰品，七曰杂说；下卷详记诸水，自上池水至金山寒穴泉。"书中所评论之水30多处，都是宜于烹茶之水	收集各地泉水资料颇为丰富，具有一定的研究价值
专题类	《阳羡茗壶系》	周高起	明	分为序、创始、正始、大家、名家、雅流、神品、别派及有关紫砂泥的杂记	第一部记述紫砂壶艺的专书，是研究紫砂壶历史的重要著作
专题类	《阳羡名陶录》	吴骞	清	分为上下两卷。上卷分原始、选材、本艺、家溯四个部分，重点介绍制陶的基本工艺和制作家；记述紫砂壶的起源，并详细评述紫砂壶的泥料、制作技术、39名制壶名家的壶艺特色。下卷分丛谈、文翰两部分。丛谈是有关制陶、用陶、品茗的杂记；文翰则列举有关宜兴陶器的著述、诗文	研究我国及宜兴陶器发展历史的宝贵史料，在我国工艺技术史上占重要地位
汇编类	《茶史》	刘源长	清	分上下两卷，上卷记茶品，主要罗列茶的渊源、名品采制、储藏以及历代名人雅士对茶学的论述与评鉴；下卷记饮茶，主要记述茶品鉴过程中所需了解的众多常识与古今名家的谏言，如选水、择器、茶事、茶等。共分30个子目，分别从各种茶书和书籍摘录相关资料编入	书中汇总了大量有关茶学方方面面的内容，对后人的研究起到一定的指导、推动作用

四、现代茶书

随着茶产业的快速发展和中国与世界的交流互融，茶文化呈现出繁荣局面，茶知识得到了广泛普及。随着茶产业的深入发展，茶文化相关书籍的内容由综合类向垂直类方向发展和深入。过去更侧重于中国茶的历史文化、茶叶类别等综合知识的普及，近年来，茶书内容愈加细分，内容更加偏向于介绍茶的历史文化、茶叶的鉴别和品饮技巧等内容。按照每一个茶叶品类出版的书籍越来越多，如福鼎白茶、安化黑茶、六堡茶等每个茶类均有多本书籍出版，有的细分到某个茶类的细分产区，如普洱茶产区中的古六大茶山、景迈山等；有的专注茶席、贡茶、调制茶饮等内容。随着一些茶类的市场热销，与之有关的茶书也随之增多，如近年来，黑茶、白茶在市场兴起，该类茶的书籍出版也在逐年增加。这些都对传播茶文化，普及茶知识，增强我们的文化自信有着深刻的作用和意义。

（一）传世经典1 —— 吴觉农《茶经述评》

《茶经述评》是吴觉农先生晚年主编的一部校译评述唐代陆羽《茶经》的专门著作，以严谨的注释、丰富的内容为学术界所推崇和赞誉。《茶经述评》不仅注释校译《茶经》，而且依《茶经》体例进行了大量的补充与拓展，推动了我国茶学的新发展，堪称"二十世纪的新茶经"，在茶学发展史上具有里程碑意义。

1.吴觉农简介

吴觉农（1897—1989 年），原名荣堂，浙江省上虞市人，出身贫民家庭。在上虞市巽水小学毕业后，考入浙江省甲种农业专科学校，1916 年毕业。1919 年在五四运动新思潮的影响下，他从青年时起就立志为振兴祖国的农业而奋斗，故更名"觉农"。著名农学家、农业经济学家、社会活动家。中国当代茶业复兴、发展的奠基人，被誉为"当代茶圣"。生前曾任农业农村部首任副部长，兼任中国茶叶公司经理、中国农学会名誉会长、中国茶叶学会名誉理事长等。他是我国新兴茶叶试验场、研究所、商品检验、机械制茶、高等院校茶专业教育和茶叶自主出口贸易等领域的开创者和领导者，创立第一家国营茶叶公司，筹划了全面发展中国茶业的蓝图，著有《中国茶业复兴计划》《中国茶叶问题》，译著《茶叶全书》等。

2.《茶经述评》简介

陆羽所著《茶经》总结了唐代的饮茶方式，成为茶学经典。而吴觉农先生的《茶经述评》是茶学又一里程碑式著作。吴觉农借《茶经》，整理古代茶文献，《茶经述评》呈现中国三千年茶史全貌，总结古代茶经验，又立足于当时茶业发展现状，继往开来，承上启下，是集大成之作。该书从 1979 年开始编写，由"当代茶圣"吴觉农与钱梁、张堂恒等茶学泰斗共同商讨，数易其稿，直到 1984 年才完稿。编写阵容强大，治学态度严谨，后世关于《茶经》的著作难出其右。

《茶经述评》对陆羽《茶经》的十个部分的内容逐一进行译注、评述，具体内容包含：序、前言、第一章"茶的起源"、第二章"茶的采制工具"、第三章"茶的制造"、第四章"煮茶的器皿"、第五章"茶的烤煮"、第六章"茶的饮用"、第七章"茶的史料"、第八章"茶的产地"、第九章"茶具和茶器的省略"、第十章"《茶经》的挂图"、附录等内容。

吴觉农先生从当代茶业发展状况出发，联系有关茶的历史材料，对《茶经》所涉及的茶的起源、采制工具、制造、茶具、饮用、史料和产地等内容进行阐释与评价，既借由《茶经》回顾了历史经验，又联系当下，对当代茶业的发展有借鉴意义。《茶经述评》一书的主体部分为吴觉农先生对《茶经》的客观评价，后面附有吴觉农先生对《茶经》的译注，内容简明易懂，涉及茶的方方面面，是一本非常合适的入门级茶学读物。该书论述严谨，具有很高的学术价值，对从事茶叶生产、研究的人员，都有学习价值。

（二）传世经典2 —— 陈宗懋《中国茶经》

《中国茶经》由陈宗懋任主编，程启坤、俞永明和王存礼任副主编，邀请茶学界、医学界名家编著而成，是继唐代陆羽《茶经》之后，又一部文化性和经典性相结合的茶业百科全书。它与《茶经》相比，更具有时代特色，既重科学技术，又重历史人文，把茶叶生产发展与社会发展相结合，突破了传统的写作方法，较准确而全面地总结古代、近代和当代的茶情，是较全面地反映了中国数千年茶文化概貌的巨著。

1.陈宗懋简介

陈宗懋，1933 年 10 月出生于上海市，浙江省海盐县人，中国茶学学科带头人，食品安全和茶叶植保专家，中国工程院院士，中国农业科学院茶叶研究所研究员、博士生导师。 1960 年 2 月起在中国农业科学院茶叶研究所工作，1984—1994 年任中国农业科学院茶叶研究所所长。长期从事农药残留和茶叶植物保护研究工作。

2.《中国茶经》简介

《中国茶经》是茶叶领域总结前人成果和近代茶科学、茶文化学研究进展的一部专著。全书共计 140 余万字，分茶史篇、茶性篇、茶类篇、茶技篇、饮茶篇、茶文化篇 6 篇，主要阐述了我国各个主要历史时期茶叶生产技术和茶叶文化的发生和发展过程；介绍了中国六大茶类的形成和演变，尤其是对名优茶、特种茶的历史背景和品质特点做了详尽的说明；通过对茶的属性、品种、栽培、加工、贮运，以及茶与人类健康关系的叙述，表明了中国对茶叶的科学认识和利用过程；并对各种茶的饮用方式，特别是具有浓郁地方或民族特色的饮茶方法和礼仪，以及茶与文学艺术的关系做了剖析，进一步反映了我国丰富多彩的茶叶文化风貌。

该书涵盖茶的起源、茶性、茶类、茶技等茶学多个领域，包括茶史、茶饮、茶诗、茶画、茶歌、茶舞、茶事典故等茶文化学多项内容；既属自然科学，又涵盖人文和社会科学；既有基础理论方面的新进展，也重视与生产实际的结合，不仅适于茶叶专业人员阅读，而且对历史文化工作和研究者也有参考价值。

（三）传世经典3 —— 陈椽《茶业通史》

《茶业通史》是一本茶史专著,1984 年 5 月由农业出版社出版,涉及自然科学、社会科学和人文科学等领域,是一部体大思精、构建茶史学科的奠基之著。

《茶业通史》系作者四十余年拾零累积的分题茶史,是中国第一部比较系统全面的茶叶通史。《茶叶通史》对中外古今(截至 20 世纪 50 年代)茶业史迹做了全面的描述,不仅知识量大,而且知识准确率很高,是研究我国茶业史的经典书籍之一。

1.陈椽简介

陈椽(1908—1999 年),又名陈愧三,福建惠安人,是我国著名茶学家、茶业教育家、制茶专家,中国制茶学学科的奠基人,曾荣获 1990 年国家教委金马奖章,是我国现代高等茶学教育事业的创始人之一,为国家培养了大批茶学科技人才,被广大茶人誉为"一代茶宗"。他在开发我国名茶生产方面获得了显著成就,对茶叶分类的研究亦取得了一定的成果,著有《制茶全书》《茶业通史》等。

2.《茶业通史》简介

《茶业通史》共分 15 章 50 节,各章内容依次是:茶的起源,茶叶生产的演变,中国历代茶叶产量变化,茶业技术的发展与传播,中外茶学,制茶的发展,茶类与制茶化学,饮茶的发展,茶与医药,茶与文化,茶叶生产发展与茶业政策,茶业经济政策,国内茶叶贸易,茶叶对外贸易,中国茶业今昔。该书是中国近年研究茶史的重要成果。

陈椽先生在《茶叶通史》中详细地考证和论述了茶叶的历史、文化和科学技术,内容丰富、详尽,具有很高的学术价值。他不仅对茶叶的生产和贸易进行了详细的论述,而且对茶业政策、茶叶经济和科学技术等进行了深入的分析和研究,为茶学研究和茶叶产业的发展做出了卓越的贡献。陈椽先生还在书中提出了"中国茶产业经济发展战略",为中国茶产业的持续发展提供了有力的支持和指导。

（四）现代茶书分类

现代茶书种类繁多、数量庞大,按照内容,我们可将其分为以下几类:茶史研究类、茶艺茶道类、茶叶科学类、汇编整理类、茶文化综合类及其他专题类。详见表 8-4。

表 8-4　现代茶书分类

类别	书名	作者	主要内容
茶史研究类	《中国茶产业发展 40 年 (1978—2018)》	姜仁华	全面回顾和梳理了改革开放 40 年来我国茶产业各主要研究领域的科研进展和技术成果,并展望了各领域的发展趋势与方向
茶艺茶道类	《中国茶艺文化》	朱红缨	主要介绍茶艺与茶道,包括选茗、择水、烹茶技术、茶具艺术、环境的选择创造等一系列内容

续表

类别	书名	作者	主要内容
茶叶科学类	《福建乌龙茶》	张天福	从历史起源、产销概况、加工工艺等视角，配合作者深入产区的实践考察，对乌龙茶类进行了全面的解析。本书曾获当年的全国优秀科普作品奖
汇编整理类	《中国古代茶书集成》	朱自振 沈冬梅 增勤	本书把历代问世的茶书按唐五代、宋元、明、清四个阶段，给予全文登录，并做了详细的校对和注释。全书共收录历代茶书近120种（包括辑佚），是对中国茶书遗产所做的完备的清查、鉴别、收录和校注
茶文化综合类	《中国茶文化》	陈香白	分别通过"茶史""茶理""茶法"等视角切入，举潮州工夫茶为实例，论证中国茶道精神，以及"中国茶道"与"中国工夫茶""潮州工夫茶"的关系
茶文化综合类	《中国茶文化学》	姚国坤	全书分为绪论及十三章，内容包括茶的源流、茶文化寻根、茶文化的发展历程、当代茶文化的复兴、茶文化与民生、茶文化与哲学、茶文化与经济、茶文化与旅游、茶文化与文学艺术、茶文化与生活、饮茶与风俗、茶文化与养生、茶文化走向世界。本书是一部内容丰富、理论清晰、资料翔实、章节完善、框架完善的茶文化学科著作
其他专题类	《中国茶叶词典》	陈宗懋 杨亚军	本书是为广大茶叶工作者、爱好者和茶文化人士服务的茶叶专业词典，共收录3400多个条目，按词条的性质，分为茶性、茶技、茶类、茶饮、茶文史、茶叶经济贸易等六大部分，基本上涵盖了有关茶和茶文化的一些重要知识
其他专题类	《历代茶器与茶事》	廖宝秀	茶器文化的发展和茶文化发展紧密结合在一起，茶事活动则是时代茶文化发展的重要的呈现。本书精选200余件历代茶器、茶画，呈现中国茶事的历史

延伸阅读

茶经·五之煮（陆羽）

其水，用山水上，江水中，井水下。其山水，拣乳泉、石池漫流者上；其瀑涌湍漱，勿食之，久食令人有颈疾。又水流于山谷者，澄浸不泄，自火天至霜郊以前，或潜龙蓄毒于其间，饮者可决之，以流其恶，使新泉涓涓然，酌之。其江水，取去人远者。井，取汲多者。

资料来源　陆羽．茶经 [M]．北京：中华书局，2020．

大观茶论·水（赵佶）

水以清轻甘洁为美，轻甘乃水之自然，独为难得。古人第水虽曰中泠、惠山为上，然人相去之远近，似不常得。但当取山泉之清洁者，其次，则井水之常汲者为可用。若江河之水，则鱼鳖之腥，泥泞之污，虽轻甘无取。凡用汤以鱼目、蟹眼连绎进跃为度，过老则以少新水投之，就火顷刻而后用。

资料来源　赵佶．大观茶论 [M]．北京：中华书局，2019．

茶录·品泉（张源）

茶者水之神，水者茶之体。非真水莫显其神，非精茶曷窥其体。山顶泉清而轻，山下泉清而重，石中泉清而甘，砂中泉清而冽，土中泉淡而白。流于黄石为佳，泻出青石无用。流动者愈于安静，负阴者胜于向阳。真源无味，真水无香。

资料来源　朱自振，沈冬梅，增勤.中国古代茶书集成[M].上海：上海文化出版社，2010.

【思考研讨】

（1）陆羽《茶经》的主要内容有哪些？

（2）宋代的重要茶典籍有哪些？

（3）明清时期的茶书，对当时茶文化发展产生了哪些深远的影响？

（4）谈谈吴觉农的《茶经述评》对现代茶文化发展的意义。

【参考文献】

［1］陈文华.中国茶文化典籍选读[M].南昌：江西教育出版社，2008.

［2］姜宁，赖薇.茶之典[M].武汉：武汉大学出版社，2015.

［3］黄小勇.中华国饮事典·茶苑茶之道[M].武汉：武汉大学出版社，2015.

［4］杨春水.茶典[M].呼和浩特：内蒙古人民出版社，2004.

［5］尤文宪.茶文化十二讲[M].北京：当代世界出版社，2018.

［6］叶羽.茶书集成[M].哈尔滨：黑龙江人民出版社，2001.

［7］罗军.中国茶事[M].北京：中国纺织出版社，2018.

［8］蔡定益.香茗流芳：明代茶书研究[M].北京：中国社会科学出版社，2017.

［9］吴觉农.茶经评述[M].北京：中国农业出版社，2005.

［10］罗家霖.中国茶书[M].北京：中国青年出版社，2015.

［11］程启坤，姚国坤，张莉颖.唯茶是道：茶及茶文化又二十一讲[M].上海：上海文化出版社，2010.

［12］施由民.明代冯可宾与熊明遇论罗界茶及其他[J].江西省社会科学院，1994(02).

［13］章传政，朱自振，黎星辉.明清的茶书及其历史价值[J].古今农业，2006(03).

［14］肖正广，申长锋.试析宋子安《东溪试茶录》的现实意义[J].中国茶叶加工，2017(05).

［15］尧水根.略评中国古代三大茶书——《茶经》《大观茶论》《茶疏》[J].农业考古，2012(05).

第九讲　茶馆舍

【内容提要】

(1)茶馆经历了从魏晋始萌芽、唐代初形成、宋元明定型、清代发展鼎盛、近代多动荡到现如今再现辉煌的变迁过程。

(2)茶馆具有休闲与交际功能、信息交流功能、审美与教化功能、展示功能和餐饮功能。

(3)茶馆舍从区域上可分成四类:川派茶馆、粤派茶馆、京派茶馆和杭派茶馆。

(4)川派茶馆的人民公园露天茶馆、粤派茶馆的陶陶居茶楼、京派茶馆的老舍茶馆和杭派茶馆的青藤茶馆都具有代表性。

【关键词】

茶馆历史;茶馆功能;茶馆类别

案例导入

年轻人开始拥抱新式茶馆(节选)

围炉冰茶、日茶夜酒,还有眼花缭乱的新式茶饮出现在成都的闹市商圈和街边。一些新式茶馆"打开方式"花样百出,打破了人们对品茶的诸多刻板印象。喝茶这件事越发频繁地出现在年轻人的语境里,养生、社交、打卡、办公……无论出于什么样的理由,越来越多不喝茶的年轻人走进了新式茶馆,开始了新的尝试。

第三空间　融入年轻人的生活方式

成都,万象城。如果不是户外遮阳棚一角显眼的"茶"字招牌,很难想象这是一家茶馆。这家诞生于深圳的茶馆,在2022年来到成都,迅速成为众多年轻人的打卡地。

半室内半室外的饮茶空间,一改传统茶馆主打"静谧"的风格,敞开大门吸引着过往的行人。户外空间则被绿植环绕,遮阳棚下小坐,在繁华的商业区也能找到属于自己的惬意。

落地玻璃上店标下的一行字"一个喝好茶的店",似乎又在提醒着大家,这里有好茶。走进大门,一边是各种茶叶、茶器的陈列与售卖区。108种专业纯茶摆放在陈列木格内,每种茶都简单标明了它的特点,经过时让人不自觉就会停下脚步。茶器区除了传统的柴烧陶壶、紫砂壶、盖碗等品类之外,也有贴合当代审美的"年轻人的茶席"。

长长的茶吧台兼顾着待客、制茶和展示三大功能,更是将传统茶文化中各种泡茶方式从古至今地展示在吧台上,汉唐的炭火煮茶、宋代的盖泡、明清的紫砂壶泡,一直到现代工艺的冷萃……不经意间的了解往往更让人能够接受。

环顾四周,处处透着现代设计的精致美学。有人围坐着聊天,有人拿着笔记本电脑工作,也有人捧着一本书享受着独处的时光,年轻人成为这里的常客。"每天中午休息的时间我都喜欢和同事到这里坐一坐,感觉和咖啡馆差不多,不管是聊工作还是聊生活,都是一种放松。"在附近工作的漆先生如此说道。

唐宋以来，茶馆有着鲜明的市井特征，一直是集大家交流和休憩的场所。随着时代的发展，生活节奏不断加快，传统茶馆渐渐式微，适应快节奏生活的咖啡文化蓬勃发展。新式茶馆正在逐渐构建属于"茶"的第三空间，悄然融入年轻人的生活方式。

创新感　传统文化与现代生活碰撞

新式茶馆的打开方式，并不是千篇一律的，但毫无疑问都是传统文化与现代生活之间碰撞出的"火花"。在 tea'stone 点了一份陈年白茶，20 分钟后服务员端着六角托盘将一套黑陶壶、一个杯子和两块茶点送到茶桌前，托盘内还配备了一张精致的小卡片，正面书写着"陈年白茶"的风味与特点，背面则是"冲泡指引"。茶壶里没有茶叶，只有按照每种茶叶最佳风味标准化冲泡出来茶水。传统茶饮烦琐的冲泡过程一度让年轻人望而却步，但新式茶馆将茶的仪式感进行简化，保留一壶、一杯、一茶点的基本仪式，通过一张卡片让你了解"传统"，在传统与现代之间找到了一个合适的节点。

比万象城的 tea'stone 更早来到成都的新式茶馆煮叶创立于 2015 年，在 2021 年 5 月入驻成都太古里，多元、包容、创新与时尚，这些关键词让"茶"显得别具一格。正如创始人刘芳介绍说，之所以创建这个休闲茶饮品牌，是因为觉得东方人骨子里还是对传统文化感到亲近，茶馆这种业态本就一直存在，并且这几年大家对传统文化的自信在增强，新的茶饮品牌有机会。

成都是世界茶文化的起源地之一，成都人也爱喝茶，茶文化氛围特别浓郁。拥有百年历史的彭镇老茶馆位于双流区彭镇杨柳河畔，不但是茶客们休闲品茶的好去处，也吸引了无数摄影爱好者前往拍照创作。而如今，彭镇老茶馆周边，各式各样的新式茶馆包围了它，年轻人聚集于此，天气好的周末甚至一席难求。

新式茶馆着力于环境现代化的同时，也保留着传统茶馆慢生活的节奏以及茶品的守正，无论外在如何变化，根源都是遵循传统茶饮的文化内核。传统茶馆动人的烟火气，正在逐步成为现代城市的日常。

新玩法　不仅仅是茶趣

新式茶馆是懂年轻人的，从茶馆装修、产品设计以及营销模式，都满足着现代年轻人的审美。近十年来，我国茶馆相关企业注册量呈上升趋势，2013 年我国茶馆相关企业注册量为 1.1 万家，2022 年已增长至 3.8 万家。随着消费人群的拓展，新式茶馆也在逐步抢夺传统茶馆的市场份额，也随之带来了茶馆行业的精细化与竞争。

这也就意味着新式茶馆想要留住年轻人，就必须不断创新玩法，营造新的消费记忆点。最近两年，"围炉煮茶"掀起一股冬季消费新风潮，"围炉煮茶"的承载者主要就是新式茶馆。而随着夏日来临，"围炉冰茶"也悄然兴起，炭火炉中的炭火换成了冰块，煮茶换成了冷泡茶，陶壶换成了玻璃壶，配合干冰雾气营造仙气飘飘的氛围感，又一次狠狠戳中年轻人的兴奋点。

如何抓住年轻人的心，这是所有新式茶馆都在琢磨的问题。比如用不同的茶饮对应不同的容器，将中国传统的饮茶文化与西方的饮酒文化进行结合，用扁平的玻璃酒壶来装冷泡茶；有的茶馆仿宋代"茶百戏"，顾客可以以茶膏为墨，在打发的茶汤上"作画"，有些类似于咖啡制作过程中的"拉花",主打一个参与感。

新式茶馆高速发展的内核,是把茶饮核心价值挖掘出来,并与新的消费习惯、产品制作和营销方法进行结合。在华中科技大学新闻评论研究中心特聘研究员李思辉看来,中国是唯一在世界上既种植六种茶类,又消费六种茶类的国家。一方面,民众对茶的喜爱和认同与生俱来,茶产品消费潜力巨大;另一方面,当代年轻人对茶饮形式的偏好与老一辈并不完全相同。不少老一辈对年轻人"奶茶续命"之类的嗜好不能理解,看似是饮食习惯的差异,实际上是对茶文化传承的一些"误解"——都是茶饮,谁能断言,传统香茗的袅袅飘香就一定比奶茶的畅快淋漓更高级?中国茶在保留原有品味、调性的同时,向年轻人靠拢,不断赢得年轻消费群体的喜爱,不仅是市场的选择,也是文化的趋向——"融天地人于一体,倡天下茶人为一家",茶文化的巨大包容性亦是茶产品的时代魅力所在。

资料来源　陈浩.年轻人开始拥抱新式茶馆[N].成都日报,2023-07-13(008).

一、茶馆变迁

中国茶馆的发展历史源远流长,萌芽于西晋,成形于唐代,发展、完善于宋元明清,繁荣于近代和解放初期,辉煌于当代。它应运而生,随时而变。茶馆从"出生"到现在已走过漫长的历史,仅名称就有很多,如唐代的"茶坊""茶肆"、宋代的"茗肆""茶楼"、元代的"茶房""茶铺"、明代的"茶社""茶馆"及清代的"茶寮"等。茶馆的发展,展示了一个时代的经济、社会、文化的发展状况。

(一)魏晋始萌芽

茶馆的产生与发展源于饮茶的普及、风行。在茶馆粗具规模之前,是一段漫长的饮茶发展史。在很长一段时间内,饮茶的传播只限于上层社会、达官贵人之间。东汉以后玄学思想蓬勃发展,魏晋名士自诩高洁、远离世俗,崇尚逍遥放达、超凡脱俗的境界,与茶高洁不污的特性恰巧吻合。所以,他们对饮茶极为推崇,士大夫饮茶成为一种时尚。魏晋南北朝时期,佛教在中国迅速发展壮大,在民间拥有大量的信众,而饮茶有助于清心寡欲、禅定修身,这推动了饮茶的普及。在魏晋时期,茶叶消费风尚进一步盛行,饮茶逐渐进入人们的日常生活,并且出现了"以茶代酒""以茶待客"的新形式,说明人们对茶叶的需求更加多样化和生活化。

茶馆初级阶段的简单形式是茶摊,人们提着篮或挑着茶担及推着小车卖茶,具有季节性和流动性。这种茶摊起源于晋代。《广陵耆老传》记载:"晋元帝时有老姥,每旦独提一器茗,往市鬻之,市人竞买。自旦至夕,其器不减,所得钱散路傍孤贫乞人。人或异之,州法曹絷之狱中,至夜,老姥执所鬻茗器,从狱牖中飞出。"尽管带有神仙色彩,但至少说明当时市场上已有茶叶买卖,而且生意很好,买者很多。更重要的是,茶摊把饮茶变成营业和服务的手段,也使茶和普通民众的社会生活产生了更多的联系。

两晋以来,人们越来越多地认识到饮茶的功效,茶叶由药用过渡到广泛的饮用,进入人们的日常生活。当时很多文献都谈到茶:"令人有力悦志""益意思""其饮醒酒,令人不眠",以及"调神和内,倦解慵除",等等。当时无论平民还是达官贵人,均有不少嗜茶者,茶饮之风又甚于汉代。

(二)唐代初形成

纵观唐代茶文化史,茶肆的出现主要是由于当时饮茶之风的盛行。茶馆在唐代的发展有其特殊的社会文化基础。一是唐代的农业生产十分发达,茶叶的产量也有了很大的提高。二是统治者对茶的生产管理极为重视。中唐时期开始实行茶马政策,晚唐德宗年间开始征收茶税,此外,还制定了一系列有关政策保证茶的生产、买卖与流通。三是城市经济繁荣、交通贸易发达,这些都为茶馆的发展提供了有利的社会条件。四是唐代的茶馆建立在魏晋南北朝饮茶之风盛行的基础之上,继承、发展了魏晋南北朝的茶文化,而唐朝本身又是经济繁荣、社会稳定、风气开放的朝代,茶叶的生产较以往有了巨大的进步,饮茶风气更为炽盛。

随着陆羽《茶经》的问世流传,上层社会的饮茶之风盛行直接带动民间茶文化的兴起,并且城市经济有较大的发展,为茶馆的形成奠定了社会基础。唐代茶馆主要分布于长安、洛阳等大城市,安史之乱后,中国经济中心开始南移,茶馆也因为南方盛产茶叶而得到发展。由于唐王朝由盛而衰,朝中政治斗争激烈,许多知识分子因政治失意,又受佛教禅宗的影响,转而崇尚幽静,追求自然、淡泊的人生境界。关于饮茶的记载也越来越多。

唐代的茶馆正处于初始阶段,它的功能比较单一,设备也很简单,具有浓郁的平民化气息。茶馆的主要功能就是卖茶,服务对象也是普通民众。唐代后期,文人之间流行举行茶会、茶宴等活动,在晚唐,甚至出现了宫廷举办的清明茶宴,这些活动丰富了茶馆的文化内涵,拓宽、提升了茶文化的精神境界,也是茶馆发展的新方向。

《旧唐书·王涯传》记:"太和九年五月,涯等仓惶步出,至永昌里茶肆,为禁兵所擒。"说明唐文宗太和年间(827—835年)已有正式的茶馆。

大唐中期国家政治稳定,社会经济空前繁荣,加之陆羽《茶经》的问世,使得"天下益知饮茶矣",因而茶馆不仅在产茶的江南地区迅速普及,而且流传到了北方城市。

日本僧人圆仁所著的《入唐求法巡礼行记》记载了唐代农村的茶馆。唐会昌四年(844年)六月九日,圆仁在郑州"见辛长史走马赶来,三对行官遇道走来,遂于土店里任吃茶"。吴旭霞在《茶馆闲情》中描述:唐代除了长安有很多茶肆之外,民间也有茶亭、茶棚、茶房等卖茶设施。此时,茶馆除予人解渴外,还兼有予人休息、供人进食的功能。

唐玄宗开元年间,出现了茶馆的雏形。唐玄宗天宝末年进士封演在其《封氏闻见记》卷六"饮茶"中载:"开元中……自邹、齐、沧、棣,渐至京邑城市,多开店铺,煎茶卖之。不问道俗,投钱取饮。"这种在乡镇、集市、道边"煎茶卖之"的"店铺",当是茶馆的雏形。

（三）宋元明定型

至宋代，进入了茶馆的发展时期。由于皇室的提倡，茶叶广泛种植，茶叶产量大为增加，加之城市经济繁荣、人口流动频繁等诸多原因，饮茶习俗更为普及。茶成了人们日常生活的必需品之一，如宋代吴自牧《梦粱录》说："盖人家每日不可阙者，柴、米、油、盐、酒、酱、醋、茶。"饮茶风气的普及为茶馆的发展兴盛创造了条件。宋代茶馆的繁盛景象在《东京梦华录》《武林旧事》《都城纪胜》《梦粱录》等文献中都有较多的记叙，如孟元老的《东京梦华录》中的记载让人感受到当时茶肆的兴盛："东十字大街，曰从行裹角，茶坊每五更点灯，博易买卖衣服图画、花环领抹之类，至晓即散，谓之'鬼市子'……旧曹门街，北山子茶坊内有仙洞仙桥，仕女往往夜游吃茶于彼。"而北宋著名画家张择端更将这种景象直观地呈现在《清明上河图》中。此外，宋代的茶馆区域分布更广，已由都市普及到乡村，如南宋洪迈所著《夷坚志》中提到"鄂州南草市茶店仆彭先者……才入市，径访茶肆"。几乎各大小城镇都有茶馆、茶肆，而且逐渐脱离酒楼、饭店，开始独立经营。茶馆的经营机制应运而生，如招聘"茶博士"、注重茶馆装潢、增添文娱活动等。宋代茶馆的兴盛不仅体现在数量增多，而且其丰富多彩的文化特色彰显着宋代茶馆的丰富内涵。

南宋小朝廷偏安江南一隅，定都临安（即今杭州），统治阶级的骄奢、享乐、安逸的生活使杭州这个产茶地的茶馆业更加兴旺发达起来。据《梦粱录》所记，当时的杭州不仅"处处有茶坊"，而且"今之茶肆，列花架，安顿奇松异桧等物于其上，装饰店面，敲打响盏歌卖"。《都城纪胜》中记载"大茶坊张挂名人书画……多有都人子弟占此会聚，习学乐器或唱叫之类，谓之'挂牌儿'"。

宋时茶馆具有很多特殊的功能，如供人们喝茶聊天、品尝小吃、谈生意、做买卖，以及进行各种演艺活动、行业聚会等。

明代，制茶技术进一步提高，也是茶馆规模进一步扩大、日趋成熟的标志。

1. "茶馆"一词诞生

明末张岱《陶庵梦忆》："崇祯癸酉，有好事者开茶馆。泉实玉带，茶实兰雪，汤以旋煮，无老汤。器以时涤，无秽器。其火候、汤候亦时有天合之者。"意思是说，这位开茶馆的老板煎茶用的是山泉水，茶叶是当时的名茶"兰雪"，烹茶器具也很考究，用的是"薄如纸，白如玉、声如磬、明如镜"的甜白瓷，茶汤、火候讲究天时人和地利。在这之前的茶馆别称很多，有茶铺、茶肆、茶坊、茶邸、茶舍等。

2.茶馆数量众多

明清时期茶馆数量之多为历时所不能及。当时著名的大城市北京、成都、上海等有大大小小的茶馆成百上千家之多，而产茶圣地杭州的茶馆更是多如牛毛，西湖周围就更不胜枚举。清人吴敬梓在《儒林外史》中描述："（马二先生）步出钱塘门，在茶亭里吃了几碗茶……又走到隔壁一个茶室，吃了一碗茶……又出来坐在那个茶亭内，上面一个横匾，金书'南屏'两字。"

3.地域分布广泛

清代茶馆遍布全国各地,除了广泛分布于各大城市外,江苏、浙江一带乡镇的茶馆数量丝毫不亚于城市。《锡金识小录》中说:"酒馆、茶坊昔多在县治左右,近则委巷皆有之……至各乡村镇亦多开张。"

4.茶馆精纯雅致

在宋代就有人通过插四时花、挂名人画等方式对茶馆进行装饰和布置。而到明代,根据消费群体的不同有大众茶馆和高端茶馆之分,高端茶馆的消费群体主要是达官贵人和文人雅士,故其装修大都高雅别致,十分重视环境的营造。如从整体设计到局部布景,从挂件到盆景,从茶桌到茶具,都给人以美的展示,其中最为著名的是当时的"五柳居茶舍"和张岱命名的"露兄"等。

明代的茶馆还供应茶点、茶果,如玫瑰饼、檀香饼、烧饼、雪梨、蜜饯、橄榄、大枣、李子、荔枝、石榴、柑子、金橘等,随时令变化有所不同。当时还出现了代替茶团、茶饼的散茶,便于沸水冲泡,称为瀹饮法,加工和冲泡方式的简化,大大方便了市民生活。

明代大碗茶业兴盛,被列入"三百六十行"。作为众多行业的一员,茶馆行业也有自己专门的用语,仅茶馆的称呼就不胜枚举,如茶寮、茶肆、茶坊、茶舍、茶楼、茶屋、茗坊,还有茶头、茶钱、茶房,有的说法沿用至今。

明代阶层分化,不同于文人贵族等聚集的高雅茶艺馆,大碗茶馆针对下层民众需求而设,规模小,售价低,几条长凳,几张桌子,便可以支起一个茶摊,"酒困路长惟欲睡,日高人渴漫思茶",路人累了困了便可于此歇脚。贵族茶馆则布置精致高雅,多有弦歌伴耳,茶博士沏茶,大多禁止百姓进入,以此区别身份。

(四)清代发展鼎盛

清代品茗之风更盛。社会经济的进一步发展使得市民阶层不断扩大,民丰物富造成了市民们对各种娱乐生活的需求,而作为一种集休闲、饮食、娱乐、交易等功能为一体的多功能大众活动场所,茶馆成了人们的首选。因此,茶馆业得到了极大的发展,形式愈益多样,茶馆功能也愈加丰富。

康乾时代,"太平父老清闲惯,多在酒楼茶社中"。茶馆普及全国,也与许多领域交叉,出现了书茶馆、野茶馆、清茶馆等,划分精细的垂直领域,更好地满足了人们的社会需求。

清代戏曲是我国戏曲发展史的巅峰,戏园茶园双剑合璧:戏台使人如痴如醉,欲罢不能;品茗观赏间,谈笑千古。清代北京有些以演戏为主的戏院,在观众看戏时也供给茶水,称为"茶园",像"吉祥茶园""天乐茶园",实际上是剧场,不是真实的茶馆。梅兰芳《舞台日子四十年》中就说:"最早的戏馆总称茶园,是朋友集会喝茶说话的地方,看戏不过是附带性质。"确实,与戏曲、曲艺结合是清代晚期北京茶馆业的一个特色。有戏台的茶馆成了当时最有特色的休闲娱乐场所。

清代北京的茶馆大致分为三类：一是荤茶馆，即茶酒兼营，实行一条龙经营，这些茶馆的名字多冠以"天"字，如天福、天禄、天泰、天德等，座位宽敞、窗明几净、摆设讲究，用茶多为香片，茶具则为盖碗；二是清茶馆，它只卖茶不售食，但多备有手谈（即象棋）或笔谈（即谜语），用弈棋猜谜招揽茶客，也有的引进评书大鼓；三是野茶馆，它们多设在郊外乡镇、大道两旁，绿荫凉篷，高台土凳，粗砂陶具，喝的是大碗凉茶。

在广州，清同治、光绪年间，"二厘馆"茶楼已遍及全城，这种每位茶价仅二厘的茶馆深受劳动大众的欢迎。他们常于早晨上工前泡上一壶茶，买两件早点，权作早餐，这是广州特有的生活方式。至今在广州这样的百年老店还有"陶陶居"等，通常一日三市，以早茶为最盛。

上海的茶馆始于同治初年，最早开设的有"一洞天""丽水台"等，座楼二三层，门窗四开，从早到晚茶客如云。清末，上海又开设了多家广州茶楼式的茶馆，如河南路口的"同芳居""怡珍居"；南京路的"大三元""新雅""东雅""易安居"等，天天高朋满座，三教九流无所不有。

杭州，茶馆遍布，《儒林外史》作者吴敬梓对杭州茶馆描述颇多，说马二先生步出前塘门，路过圣国寺，上苏堤，入净慈，四次到茶馆品茶，一路上"卖酒的青帘高扬，卖茶的红炭满炉"。在吴山上，"单是卖茶的就有三十多处"。这虽是小说，但也可以从中看出清代杭州的饮茶之风之盛。

（五）近代多动荡

20世纪上半叶是茶馆的繁衍期，这一时期由于社会动荡，战乱不断，各种矛盾尖锐，茶馆成为人们了解时局、预测形势发展和获取各种信息的主要场所。这一时期茶馆数量陡增。

四川有句谚语，"头上晴天少，眼前茶馆多"。仅以成都来说，40万人口的城市，茶馆有1000多家。绍兴光沿河桥头就有上百家茶馆。随着数量的增加，茶馆经营上也呈现多样性、复杂性。老舍先生的作品《茶馆》就有清末至民国社会现状的缩影。

这段时期的茶馆有以下特点。

1.茶馆的社会功能进一步扩大，政治、经济色彩更为浓厚

一些地方茶馆成为行业交易的主要场所和人才招聘的自由市场，例如农民粮种、牲畜等买卖都在茶馆做成，教师求聘、某人应职也往往在茶馆商定。由于时势动荡混乱，茶馆还成为政界人士或党派人物活动的场所，如革命战争年代，地下工作者常在茶馆接头、布置任务，《沙家浜》中的阿庆嫂就利用茶馆做掩护开展革命工作。

2.装饰、布置更趋讲究，西方文化与古老茶馆文化交融

随着国门被打开，西方的思想文化逐渐进入我国，反映在茶馆业方面，即一些茶馆陈设、布置出现欧化倾向，有的直接建在风景名胜区或旅游景点内，设包厢，摆西方家具、沙

发,挂西洋油画和风景水彩画,播爵士音乐;有的茶馆布置中西合璧,满足不同口味客人需要。古老茶文化与现代的摆设、新派的服务融合在一起。

3.文化内涵与意蕴的加深

这时期茶馆的文化色彩更趋鲜明,不仅与文化人士结下深缘,而且让大众百姓在此得到文化熏陶和享受,茶馆几乎成为人们精神生活的一块乐土,许多社会名流、文人雅士在茶馆留下了一幅幅生机盎然、雅趣横生的茶事图。在北京,茶馆、茶园成了戏园的代名词,如著名的广和茶园曾邀请许多名伶在此献艺,东顺和茶社不仅有京剧票友常到此聚会活动,而且四大名旦之一的程砚秋也经常光顾,品茗听唱。鲁迅、老舍更是茶馆常客,据说鲁迅的《小约翰》一书还是在北海公园的茶室里翻译成的。在上海的茶馆,我们也可寻觅到许多文化人士踪迹,茅盾、夏衍、熊佛西、李健吾等作家都常去茶馆喝茶、聊天、写作。上海老城南面的"亦是园""点春堂""徐园",城西北的"露香园",城西南的"董园",城中的"西园",更是名人雅士流连忘返之地。南京著名的"新奇芳阁"茶馆,还为作家张恨水、张友鸾,画家傅抱石等辟有雅座,设红木桌椅、穿衣镜。茶馆还是一些曲艺大师的艺术发祥地,如四川曲艺名家李德才、李月秋、贾树三,著名评弹演员徐凤仙姐妹等,他们的艺术生涯都是从茶楼、茶馆开始的,大众百姓也在这里欣赏到了名师名家的精湛技艺,丰富和愉悦了精神文化生活。那时一些茶馆还举办棋赛、鸟鸣等活动,吸引了大批棋迷、鸟迷,使他们的身心健康因此得益。

二、茶馆功能

(一)休闲与交际功能

休闲娱乐自古就是茶馆基本的功能之一。茶馆里的茶客大都是悠闲之人,他们在茶馆里喝茶的最主要目的是消磨时光。把茶馆的休闲功能体现得淋漓尽致的当属四川,黄炎培到访成都时曾有感而发,写过一句打油诗:"一个人无事大街数石板,两个人进茶铺从早坐到晚。"一些平时忙于奔波的商人、手工业者走进茶馆,也是忙里偷闲,在茶馆里放松一下自己。

茶馆为了吸引招揽顾客,大都会提供丰富的娱乐活动。不同地域的民俗文化和生活习惯不同,茶馆娱乐活动也不尽相同,评书、戏剧、京韵大鼓、苏州评弹、四川扬琴、敲金钱板等是极具地方特色的茶馆娱乐活动。另一种形式的娱乐活动是茶友之间的自娱自乐,如四川茶馆设有川剧"玩友"坐唱,即围坐在茶馆里清唱川剧,还有下象棋、玩牌、逗鸟儿等。这些娱乐活动都为茶客的悠闲生活增添了乐趣。

政治性接待是茶馆社交功能之一。许多大城市著名的茶馆是国家政治、经济、文化交流的重要场所,有的国家元首、政府首脑来华访问都会在茶馆进行。如老舍茶馆、上海湖心亭茶楼和峨眉山竹叶青生态茗园等都成为国事访问活动的重要景点之一。

地方治理也是交际功能的体现。由于茶馆的特殊地位,国家或者地方政治的变化总会清楚地反映在茶馆之中,茶馆是与人们的日常生活密切相关的公共生活空间,政府通过许许多多的规章制度来对茶馆进行管理,从而规范地区秩序。在时局混乱的年代,茶馆还是"地方法庭"。"以茶评理"也叫"吃讲茶",就是在茶馆中按照约定俗成的规则来调解民间纠纷。

此外,茶馆具有社交联谊功能,分为个人社交和团体社交。个人社交就是人们日常在茶馆里与好友喝茶聊天、叙旧,四川地区称为"摆龙门阵"。团体社交就是不同的社会组织或帮会派别在茶馆里进行会晤议事、生意洽谈、调解纠纷等活动。如战乱时期四川茶馆就成为"袍哥"的活动中心,他们在茶馆联络、聚集和开会,茶馆成为袍哥社会网络的一个重要部分。

(二)信息交流功能

在没有网络媒体、信息封闭的传统社会,人们对信息的渴求一点都不比当代人少。茶馆作为一个开放的公共空间,聚集着三教九流的人群。因此,茶馆是消息的集散地,是传播知识、趣闻的场所。人们议论的事情大到国内外大事,小到油盐酱醋,各种各样的消息,无所不包,来源可靠的、道听途说的,人们闲聊起来倾其所知。另外,在革命年代,由于时势混乱,茶馆是革命宣传、传递情报、联系接头的重要场所,有时候小型的碰头会也会在茶馆进行。京剧《沙家浜》就是以"春来茶馆"为中心,讲述了阿庆嫂作为联络员和敌人展开斗争,完成掩护伤员的任务。

(三)审美与教化功能

审美欣赏是人们的一种高层次的精神需求。饮茶之所以被看作一种文化,主要是因为它在满足人们生理需要的同时,还能满足人们审美欣赏、社交联谊、养生保健等高层次的精神需要。人们为什么喜欢去茶馆饮茶呢?这是由于不少茶馆所营造的文化氛围能满足人们"审美欣赏"的需要。茶馆能提供的审美对象是多方面的。

1.自然之美

我国山水风景举不胜举。各地名胜风景区,或占山,或占湖,或在幽境之中,或在山涧泉边,或在林间石旁,设置茶室,供游人小憩,品茗赏景。

2.建筑之美

亭、台、楼、阁是古建筑中的佼佼者,在我国传统的民族建筑艺术中是重要的组成部分。我国的古典园林都有亭台楼阁点缀其间,为园林增添古朴典雅的色彩。

上海湖心亭茶楼原为江南古典名园豫园的一个组成部分。茶楼上下两层,楼顶有28只角,屋脊飞檐、梁栋门窗雕有栩栩如生的人物、飞禽走兽及花鸟草木,还有砖刻和绘画。茶楼四周,一陆碧水,九曲长桥,逶逦风光尽收眼底。大境阁安溪乌龙茶艺馆的古建筑及大境阁古城墙,给人以古朴典雅和雄奇之美。茶园茶艺馆的仿古建筑,华丽中透着古朴,优美中伴有刚健,令人赏心悦目。

3.格调之美

青藤阁茶居的装设布置十分别致,绿树林荫,卵石覆地,木栅花窗,阁楼回廊,加上藤制桌和古乐雅音,无不渗透出古朴典雅的江南庭院风韵,使人油然而生回归自然、心旷神怡的感觉。上海老街重建的"春风得意楼"再现了昔日茶楼的风采,那久违的老虎灶、充满喜庆色彩的春联、深色的老式账台,向人们展现了旧时老城厢的风情。沿着木楼梯拾级而上,那大堂里透着木纹的长条凳、八仙桌,隔板上放着的老式算盘、茶罐、提篮、米桶、喜担,无不显现着旧时茶肆的神韵。临窗而坐,透过雕花木格窗棂,可见街市游人如织,品着香茶,再看茶堂四周,清新的民俗壁画、古朴的剪纸窗花,好一番"清香茗品留客坐,箫管丝竹入耳来"的意境啊!

4.香茗之美

品茶是为了追求精神上的满足,重在意境。在细细品味的过程中,可以从茶汤美妙的色、香、味、形中得到审美的愉悦。

茶叶冲泡后,形状发生变化,几乎可恢复到自然状态,汤色也由浅转深,晶莹澄清。各类茶叶,各见特色,即使同类茶叶也有不同的颜色。比如绿茶,其汤色就有浅绿、嫩绿、翠绿、杏绿、黄绿之分;而红茶有红艳、红亮、深红之分;同是黄茶,就有杏黄、橙黄之分;同是乌龙,又有金黄、橙黄、橙红、橙绿之分。茶叶的形状也是千姿百态、各有风致。不同的茶叶具有不同的香气,泡成茶汤后,出现清香、栗子香、果味香、花香等。茶汤入口后,不要立即下咽,而要在口腔中停留,使之在舌的各部位打转,只有充分感受到茶中的甜、酸、鲜、苦、涩五味,才能充分欣赏茶汤的美妙滋味。

5.壶具之美

品茶离不开茶具。从壶艺欣赏的角度来说,美的茶具比美的茶更为重要。茶具以陶瓷制品最受欢迎,以江西白瓷和江苏紫砂陶最负盛名,故有"景瓷宜陶"之说。

景瓷茶具不但造型雅致、装饰精美,而且保温适度,有益于沏出茶的色、香、味来,早在宋代就享有"浮梁巧烧瓷,颜色比琼玖"的赞誉。到了元代,景德镇青花瓷茶具淡雅滋润,更为海内外所珍。清代以后,景德镇珐琅彩瓷茶具胎质洁白,薄如蛋壳,声响似磬,几达尽善尽美的艺术境地。

堪与景瓷茶具媲美的是宜兴紫砂茶具,尤以宜兴紫砂壶为最。它质地细腻,含铁量高,由具双重气孔结构的陶土烧制而成,不用上釉。用它泡茶不夺香,储茶不变色,且造型简练大方,色调淳朴古雅,经茶水浸泡、手掌摩擦后会变色并出现如玉光泽。紫砂壶不仅色泽和谐,造型丰富而富有韵味,而且融书法、绘画、篆刻于一体,雅趣盎然,令人百玩不厌。

6.茶艺之美

通俗地说,茶艺就是泡茶的技艺和品茶的艺术。在茶艺馆里,茶叶的冲泡过程就是一项普及茶文化知识,充满诗情画意的艺术活动。沏泡者不仅要掌握茶叶鉴别、火候、水温、冲泡时间、动作规范等技术问题,而且要注意整个操作过程中的艺术美感问题。

沏泡技艺大都能给人以一种美的享受,包括境美、水美、器美、茶美和艺美。茶的沏泡艺术之美表现为仪表的美与心灵的美。仪表是沏泡者的外表,包括容貌、服饰、姿态、风度等;心灵是指沏泡者的内心、精神、思想、情感等,通过沏泡者的设计、动作和眼神表达出来。

在安静幽雅、整洁舒适、完美和谐的品茶环境里进行审美欣赏活动,不仅能培养和提高人们对自然美、社会美和艺术美的感受能力、鉴别能力、欣赏能力和创造能力,而且能帮助人们树立崇高的审美理想、正确的审美观念和健康的审美趣味。

对于茶馆文化中的教化功能,应给予充分的重视。从某种意义上来说,它是一种"愉快教育",人们美好的心灵、高尚的情操就是在潜移默化中塑造和陶冶而成的。

（四）展示功能

茶馆具有其特有的展示功能,可以把茶叶、茶具等有关物品陈列出来,供人观看、欣赏,展示物包括静态的物和动态的演艺等。

1.精品意识，小中见大

由于一些茶馆经营者具有较强的精品意识,因此每次展出都十分重视展品所蕴有的美学价值、科学价值和历史价值。古今名壶,其工艺技巧、艺术风格都具有极高的美学价值。同时,它们也反映了当时社会生产、生活方式、民族风俗和科学技术的水平。它们的珍贵之处在于,既是历史的产物和历史的物证,又是民族和地域的特点以及当时人们的观念、思想和信仰的客观记录。它们的作用在于以物证史、以古证今。

因此,茶馆的每次展出都吸引了众多的茶人前来参观和品茗,其中还有不少收藏爱好者及行家里手,从而使茶馆取得了社会效益和经济效益的双赢。

2.文化意识，以茶会友

人们走进茶馆,特别是现代的茶艺馆,并不是单纯地为了解渴,也不仅仅是保健的需要,更多的是追寻一种文化上的满足,属于较高品位的文化休闲,可以说是一种高档次的文化消费。

3.服务意识，与时俱进

茶馆是茶文化事业和茶产业的重要窗口,是以营利为目的商业休闲场所,也是一个文化色彩比较浓厚的服务行业。各家茶馆不仅应注意积极发挥茶馆的展示功能,充分显现自己的经营特色,同时要做到与时俱进,服务为先。无论是观展而饮茶,还是玩陶而饮茶;无论是听曲而饮茶,还是观景而饮茶;无论是觅宝而饮茶,还是探胜而饮茶,茶馆对宾客和茶人的吸引力都因为这些多方位的服务项目而得以增加,因而给企业带来了良好的经济效益。

茶馆的展示是一种有文化品位的服务,也是一种有文化底蕴的经营。它既是营造和谐社会的生动形式,又是向世界展现中华优秀传统文化的重要窗口。

(五)餐饮功能

俗话说:开门七件事,柴米油盐酱醋茶。可见茶在人们心目中的地位。茶馆不仅能为人们提供品茗的文化氛围,而且能提供各种精美的茶食、茶点、茶肴,既可满足人们的口腹之欲,又可使人精神饱满。茶馆把饮食文化与茶文化有机结合在一起,是一种两全其美的经营方式。

三、茶馆分类

(一)川派茶馆

成都老茶馆具有鲜明的地域特色。在史料记载中,中国最早的老茶馆起源于四川。早在民国初期,成都老茶馆已达454家,居四川之最,是老茶馆数量最多的城市。在空间格局和服务方式方面,成都老茶馆具有自己鲜明的特色。

20世纪50年代开始的公私合营,让成都老茶馆的数量明显减少,但成都人泡老茶馆的习惯并没有多少改变,老茶馆中的茶客人数始终没有减少。成都老茶馆的恢复期始于20世纪80年代,最初是大批传统老茶馆开门迎客,很快,老茶馆数量恢复到600余家。这一时期的成都老茶馆,其空间格局仍旧延续了早期老茶馆的"当街铺""巷中寺""河畔棚""树间地"的老传统。老茶馆内,最具代表性的摆设是竹靠椅、小方桌,"三件头"盖碗、紫铜壶和老虎灶。在老茶馆中服务的堂倌都是掺茶"茶博士",个个身怀绝技,这是成都老茶馆最具特色的服务形式。在老茶馆中,所提供的是单一的花茶。

在四川,具有商务功能的都市老茶馆始于20世纪90年代中期。1995年前后,"圣淘沙""耕读园""绿茗"等一批老茶馆在成都相继开业。1996年,四川省茶文化协会在成都成立时,成都现代化的老茶馆已接近百家。与传统老茶馆不同,这些现代化的老茶馆从露天进入室内,不再延续老茶馆的敞开式风格,改铺舍为茶楼,室内装饰一改传统老茶馆的简朴而趋向豪华,陈设多具西式风格,除法式藤椅外,许多老茶馆摆上了钢琴。老茶馆所提供的茶水不再局限于花茶。此时,茶艺表演也开始在成都出现。成都市还成立了茶艺队,在各大老茶馆演出,茶艺之风盛行。但好景不长,此后的两三年时间,传统的麻将席卷了几乎所有的成都老茶馆,茶艺在老茶馆中趋向沉寂。

20世纪末,随着房地产业的发展、外来资本的引入和宾馆酒楼的兴起,成都老茶馆的发展开始趋向于多元化。一些适于老茶馆经营的主题文化如盐道文化、藏文化、集邮文化等走进老茶馆,同时,棋牌、足浴、桑拿等经营项目也被引入老茶馆。2001 年,四川省茶文化协会开始策划以茶艺和茶文化为主题的活动。通过茶艺比赛和老茶馆评选,挖掘和推广茶文化,指导老茶馆发展,抵制不良现象,助推老茶馆业良性发展。2008 年,成都老茶馆数量较 2001 年翻了一番,达 6000 家,其中单纯售卖茶水的老茶馆占 30%,"棋牌老茶馆"占近 40%。

四川茶文化底蕴深厚,茶的品类繁多,饮茶风行,茶馆林立。四川人爱茶,盛行自斟自饮的盖碗茶。盖碗茶一般选用茉莉花茶、龙井等上品茶叶,且盖碗和铜壶也别有讲究。如盖碗用的茶盖,一是茶沏好盖上后,可很快泡出茶味;二是可割去茶碗上飘浮的泡沫;三是可用来凉茶(即将茶盖反扣倒入茶汁),便于快饮解渴。此外,有"茶船"用来托茶、端茶。这样,茶碗、茶盖、茶船三位一体,既实用又美观。烧水的壶多选用铜壶,烧出来的水味道甜美,保暖性又强。

四川的茶馆多,特色鲜明。早晨进茶馆可一直坐到晚上关门,照样沏茶而不增加收费。所以茶馆成天热闹非凡,成为人们休息、娱乐、传递信息、进行交易的场所。

(二)粤派茶馆

粤派茶馆,中国茶馆派别之一,起源于广州,在"得风气之先"的岭南文化影响下,其起步较早,是南方沿海地域茶馆的代表。

广州"重商、开放、兼容、多元"的地方特色在茶馆中打下了深深的烙印。与其他地域不同的是,广州茶馆多称为茶楼,楼上为茶馆,楼下卖小吃茶点,典型特点是"茶中有饭,饭中有茶",餐饮结合。当代广州茶馆的雏形是清代的"二厘馆",最初的功能是休闲和餐饮,为客人提供歇脚叙谈、吃点心的地方。广州人向来有饮茶的习俗,尤其是"喝早茶"。改革开放以来,随着经济活动和社会交往的频繁,喝早茶已成为广东省沿海经济发达地区人们生活的重要组成部分,政府及众多企业、单位也将其作为接待宾客的方式。

粤派茶馆的发展历程可分为三个时期,改革开放初期、20 世纪 90 年代以及 21 世纪。

改革开放之初,"下海经商、创业拼搏"是广州人民生活的主旋律,作为传统餐饮休闲场所的茶馆遭遇了前所未有的大众"无闲"期。在这一"空档期",广州兴起了以听歌为主、喝茶为辅的音乐茶座。

20 世纪 90 年代中、后期,随着经济发展,人民生活水平迅速提高,社会生活呈多元化趋势发展,在快节奏的工作之余,休闲娱乐成为一种大众期待。传统茶文化再次受到重视,一批专业茶馆应运而生。这些茶馆从布局、装饰到背景、音乐、佐茶糕点及其他辅助性服务细节都有了很大变化。紫砂茶具、传统字画的展示成为茶馆发掘的新功能之一,多种文化活动选定茶馆作为演出场所。

2000 年后,广州及周边地区各式茶馆如雨后春笋般发展起来,茶馆数量突破千家,分布在公园湖畔、街道、大型社区、宾馆、健身休闲会所内,分布广,密度大。许多高规格的茶馆配备专业的茶艺师、琴师、评茶师,所售茶水涵盖福建、广东、云南、浙江的各类名茶。广州主流茶馆彻底摆脱了传统茶楼餐饮结合、以茶为辅的经营方式,成为真正的茶馆。

进入 21 世纪以来,广州茶馆业走向了空前的繁荣,经营模式的突出特点是传统茶楼与现代化茶馆并存,发展逐渐分化,两者经营风格区别显著。现代化茶馆服务项目和内容日趋多元,茶艺培训等均作为经营项目被引入。

（三）京派茶馆

茶馆是北京民众社会、经济、文化生活的一个重要窗口。茶馆文化是京味文化的一个重要方面。

北京茶文化的主要特点是历史悠久、内涵丰富、层次复杂、功能齐全。在其影响下,北京茶馆也具有这几方面的特征。由于北京是全国的政治、经济、文化中心,北京茶馆始终具有多样性的特点,既有环境优雅的高档茶楼、茶馆,也有大众化的以大碗茶为主要特征的街头茶棚。明清以来,就有闻名遐迩的大茶馆、清茶馆、书茶馆、茶饭馆和所谓野茶馆、棋茶馆,更有为数众多的季节性茶棚。

旧时,北京人饮茶者众,从皇帝贵族、达官贵人到市井小民,都有饮茶习惯。自然,不同阶层的饮者有不同的茶俗,这便使北京的茶文化具有多层次、多样性的鲜明特点。市民茶文化、文人茶文化、宫廷茶文化共同构成了北京茶文化。

1949 年后,北京茶文化、茶馆业发生了巨大变化。尤其是改革开放历史新时期的到来,使北京茶产业的发展进入"黄金期"。改革开放之初,面向普通市民的大众化茶馆最先恢复。进入 21 世纪后,北京茶馆的风格形式和经营项目更加多元,各地茶馆的风格特色都可以在北京茶馆找到。同时,商务功能和外来文化也在北京茶馆得到了体现。

我们把京派茶馆分成四类:每日演述日夜两场评书的,名"书茶馆","开书不卖清茶"是"书茶馆"的标语。卖茶又卖酒,兼卖花生米、开花豆的叫作"茶酒馆"。专供各行生意人集会的,名"清茶馆"。在郊外荒村中的叫"野茶馆"。

1.书茶馆

书茶馆是京派茶馆中的一类,是一种市民气息很浓、具有多种功能的饮茶场所。

书茶馆以演述评书为主。评书分"白天""灯晚"两班。"白天"由下午三四时开书,至六七时散书。"灯晚"由下午七八时开书,十一二时散书。更有在白天开书以前,加一短场的,由下午一时至三时,名曰"说早儿"。凡是有名的评书角色,都是轮流说"白天""灯晚",初学乍练或无名角色,才肯"说早儿"。不过普通书茶馆都不约早场。说评书的以两个月为一转,到期换人接演。凡每年在此两月准在这家茶馆演述的,名"死转儿"。如遇闰月,另外约人演述一月的,名"说单月"。也有由上转连说三个月的,也有单月接连下转演述三个月的,至于两转连说四个月,是很少的,那要看说书的号召力和书馆下转有没有安排好人。总而言之,不算正轨。

书茶馆开书以前可卖清茶,也是各行生意人集会的"攒儿""口子",开书后是不卖清茶的。书馆听书费用名"书钱"。法定正书只说六回,以后四回一续,可以续至七八次。民国时期,平均每回书钱一小枚铜元。

2.茶酒馆

茶酒馆虽然卖酒,但并不预备酒菜,只有门前零卖羊头肉、驴肉、酱牛肉、羊腱子等,不相混杂。凡到茶酒馆喝酒的,目的在于谈天,酒是次要的了。

3.清茶馆

清茶馆,重点就在于一个"清"字,首先是只卖清茶(清淡花茶),兼营各种茶点、茶食,或不备佐茶食品,更不伺候茶后进餐的酒饭。其次是"清静",馆中无丝竹说唱之声,也就是说没有"艺人就馆设场"。再次是"清贫",不但茶馆的设施简陋,而且茶客亦是清苦之士,基本上是"短衣帮"之人,即便有"长衫帮"之士混迹其中,亦多属"孔乙己"之流。清茶馆也有供给各行手艺人作"攒儿""口子"的。手艺人没活干,到本行茶馆沏壶茶一坐,也许就能找到工作。清茶馆也有供一般人"摇会""抓会""写会"的,也有设迷社的,也有设棋社的。

北京的清茶馆,饮茶的主题较为突出,一般是方桌木椅,陈设雅洁简练。清茶馆皆用盖碗茶,春、夏、秋三季还在门外或内院高搭凉棚,前棚坐散客,室内是常客,院内有雅座。到这种茶馆来的多是临闲老人,有清末的遗老遗少、破落子弟,也有一般市民。早晨茶客们在此论茶经、鸟道,谈家常,论时事。中午以后,商人、牙行、小贩则在这里谈生意。专供茶客下棋的"棋茶馆",设备简陋,朴实无华,人们喝着不高贵的"茶茶""高末",把棋盘暂作人生搏击的"战场",则会减几分人生不如意带来的烦恼,添几分人生的乐趣。

4.野茶馆

清代,北京各大园林属皇家独有,平民踏青只能去郊外,野茶馆因此而兴盛。大树下搭个凉棚,支起几张桌椅即成一茶馆,供游人过客歇脚、纳凉、饮茶、避雨之用。茅屋芦棚,竹篱环绕,土石桌凳,黄铜茶壶,粗陶茶碗;周围垂柳拂地,野花斗艳,蝶舞蝉鸣,别有一番风味。

野茶馆是季节性的,春初开业,秋末关门,茶客多为踏青、郊游的人。每当春意盎然时,是野茶馆开张的最好时间。野茶馆本小利微,开此类茶馆者,多是"以茶会友",并不想从中牟利。野茶馆周遭景色宜人,环境幽雅,天然去雕饰,比那些大雅之堂更适合茶客的口味。陶然亭的"窑台茶馆"就是这样的,它除了招待过往行人、客商以外,再就是一些文人雅士,像老舍先生和沈从文先生过去都是那里的常客。这些文人墨客常在初春时节与三五知己结伴踏青而来,吟诗答对,畅快之至。

自古"文人寻茶不寻馆",寻茶是寻茶性,茶出身山野,返归山野自然最能发挥其性情。文人、画家都需要意境,松涛竹影,明月清风,文人的茶馆当在潇竹间、林泉边或在天人合一的江渚溪流之上;茶与人相契合,意与景相感应。

清康熙初年蒲松龄设茶摊供行人歇脚聊天,只为能记录更多的民间故事。后来他干脆立了一个"规矩",若有人能说出一个故事,茶钱分文不收,因而吸引了很多路人前来讲故事,对此蒲松龄一一兑现,茶钱一文不收,几年里也不知道耗去了多少茶钱。蒲松龄将听来的故事几经修补增添,终于完成了一部不朽的《聊斋志异》。

如今的野茶馆已经很少有从前那样浑然天成的了。然而，无论如何，在这样春光明媚的好时节里，在那儿品一口绿茶，想点过去的事，不管是苦的还是甜的，都像茶一样有一种沉淀。而这种沉淀，其实人人都需要。

（四）杭派茶馆

杭派茶馆，中国茶馆派别之一，起源于杭州，杭州茶馆的发展是全国茶馆业中发达先进的代表。在地理环境和自然资源上，西湖与"西湖双绝"—— 龙井茶、虎跑水是杭州茶馆得天独厚的优势。中华人民共和国建立之初，杭州茶馆的数量不及成都一半，但杭州茶馆种类更为丰富，功能更加齐全。当代各地茶馆所具有的服务功能和经营类型基本没有超过杭州茶馆涉及的范畴。

杭州的茶馆历史悠久。南宋时茶事兴盛，金人灭北宋，南宋建都于杭州，把中原的儒学、宫廷文化都带到了这里，使这座美丽的城市茶肆大兴。《梦粱录》载："杭州茶肆，插四时花，挂名人画，装点门面，四时卖奇茶异汤。"那时的茶馆已经分出各种不同的种类来了，有听琴说书就着茶的，文人雅士聚会开茶话会的，市井引车卖茶者则常常在街头茶摊上边斗茶边谈天说地。赵孟頫的《斗茶图》记录了这一场景。到了明代，市井里巷间的茶馆就极为普遍了，张岱和吴敬梓在他们的文学作品中做了详细描写。《儒林外史》中有个马二先生，去了吴山，见"这条街，单是卖茶的，就有三十多处"。19 世纪中叶，杭州包括近郊在内，全市已有大小茶馆二百多家。

杭州茶馆是杭州茶文化的一道亮丽的风景线。杭州本地人喜欢泡茶馆，外地居民也喜欢到杭州的茶馆去，体验一下杭州的茶文化，体验"天堂居民"的生活。2000 年 9 月，《杭州日报》报道过一件有趣的事，有位外地人士在杭州 15 天，居然有 12 天是在茶馆里度过的，以致有人称杭州为茶馆城市。

如今的杭州茶馆主要有以下几大特点。

其一，名茶配名水，品茗临佳境，能得茶艺真趣。好茶还得配好水，龙井茶、虎跑泉可谓绝配。虎跑为天下名泉，杭州茶馆的茶与水，都不失真味。茶馆不论在亭台楼榭之中，或在山间幽谷之处，或繁或简，总透着自然的灵气。

其二，杭州茶馆集"仙气""佛气"与"儒雅"于一身。在杭州，各种茶馆一般皆典雅、古朴，像京津那种杂以说唱、曲艺的不多；更没有上海澡堂子与茶结合的"孵茶馆"；也很少像广州、香港，名曰"吃茶"，实际吃点心、肉粥的风气。

沿西湖而行，苏堤、白堤、茶馆中体会到的是湖天一气，人茶交融。如到灵隐，古刹钟声，袅袅香烟，虔诚的佛门弟子，汩汩的泉水流淌，再到茶室饮上一杯龙井，不是佛徒，也好像从茶中触动了禅机。至于西泠印社之侧，茶人之家的内外，书画诗文，更构成自然儒雅的风格。面对葛洪、济颠、白娘子的遗迹，你不是仙，那茶中也自然沾了"仙气"。

其三，整个杭城山水形成杭州茶馆文化的自然氛围。整个杭州城就是一个不必刻意雕琢的"大茶寮"，这是其他地区的茶馆无可比拟的。在杭州，茶与人、天地、山水、云雾、竹石、花木自然契合一体；人文与自然、茶文化与吴越文化相交融了。

四、特色名馆

（一）人民公园露天茶馆

    成都茶铺众多。根据《成都通览》记载，清末宣统年间成都有街巷 667 条，茶铺也有 600 余间，几乎条条街道都有茶铺。这种规模一直持续到 20 世纪 40 年代前后，那时候成都仍有 614 家茶铺。在茶铺这个稳当的行当里，鹤鸣茶社可称得上是翘楚。成立于 1923 年的鹤鸣茶社，距今已经有 100 多年的历史，是成都现存历史最悠久的茶馆之一。

    1923 年的时候，有一位来自大邑县的龚姓商人到少城公园（现人民公园）踏青。看到公园里溪水环绕，绿树成荫，便想在这里修建一座亭式厅堂建筑，用以品茗休憩。相传这位龚姓商人起了念头之后，当晚就梦到此处紫光缠绕，一方池塘中伫立着几只白鹤嬉戏，引颈长鸣。醒来之后，龚姓商人呆坐许久，忽然醒觉梦到白鹤是兴旺吉祥的征兆。当下他立马定下"鹤鸣"的雅号，开始筹集钱财修建茶社。

    鹤鸣茶社成立之初走的是"高端路线"。鹤鸣茶社用水取自城南锦江，茶叶均用当年采摘。这样炮制出来的茶水清香适口，爽目安神。印有茶社名字的"三件头"（茶船、茶碗、茶盖）均出自景德镇的名匠老店。竹椅选用斑竹或者硬头黄竹制成，坐卧非常舒适。后来机缘巧合之下，它因为"六腊战争"而全国闻名。

    当年鹤鸣茶社的茶客以教师居多。每到寒暑假的时候，全国闻名的"六腊战争"就在这里点燃战火。根据文学资料记载，那时候茶馆的柱头上贴满了各种教师招聘信息。人声鼎沸之间，揽客和经纪人间相互讨价还价，教师游走于各桌之间交换信息，甚是热闹，生意火热的时候，茶桌可以摆上三四百桌，甚至一眼望不到头。

    鹤鸣茶社具有自身特色。一是专门茶叶采购渠道确保品质。说起鹤鸣茶社茶之香，是有口皆碑，不光茶客说好喝，熟识的茶艺馆经理也说好，甚至茶厂经理也称赞有加。二是现场炒制茶叶。在茶社里，就有专门的师傅现场炒制茶叶售卖。在炒茶师傅的一双快手下，茶叶被迅速翻动、撒开、成型、提香……直看得观者佩服不已（炒茶仅限每年春茶上市期间）。三是传统老茶馆元素聚集一身。中式建筑、湖畔、长廊、方桌、竹椅、盖碗茶、长嘴壶、掏耳朵……凡此种种传统老茶馆元素，在鹤鸣茶馆几乎都能见到。四是茶艺堂倌掺茶。铜壶烧水得用老虎灶，在鹤鸣茶园里能见到，炭火烧沸的水泡茶格外有滋味，但这些铜壶壶嘴也不过寸许。四川茶艺最为人知的就是长嘴壶掺茶，掺茶师提着满水 5 斤重的紫铜壶，站在离茶客数步远处，用壶嘴长达 1 米的紫铜壶为茶客掺茶。拿碗、提壶、掺茶、吼堂的整个过程，正是成都茶文化的精髓。

（二）陶陶居茶楼

    位于荔湾区第十甫路 20 号的陶陶居是广州最古老的茶楼之一，以经营中式饼食、中秋月饼和茶面酒菜驰名，在东南亚一带华侨中享有盛誉。陶陶居一直开设有广东曲艺茶座，著名的粤剧"小生王"白驹荣也常到此献艺。因此其招徕的不仅有文人雅士，还有喜好广东曲艺的市井之民。陶陶居还在"茶文化"上下功夫。它专门雇请工人用手推车从老远的白云山运来九龙泉水,用九龙泉水烹茶,且坚持用"瓦鼎陶炉、文火红炭"烹煮。

陶陶居的创办时间一说是清光绪六年(1880年),一说是光绪十九年(1893年)。陶陶居原是一位大户人家的书院,到了清光绪年间,这间书院已换上"葡萄居"茶楼招牌,专营苏州风味的酒菜,兼营茶面。后来葡萄居易手由一位姓陈的老板经营,陈老板改茶楼字号为陶陶居,寓意来此品茗,乐也陶陶。

陶陶居是广州最早期的豪华食府,多有文人骚客趋慕,康有为在广州讲学时,经常到陶陶居品茗,还应老板之请即兴题写了"陶陶居"三字,现在陶陶居的招牌就是康有为的墨宝。陶陶居素以浓厚的饮食文化几十年来成为名人雅士聚会之地,书画名家定期在此展出新作,三楼的霜华小苑还曾连续举办书画展,古石爱好者在三楼霜华小院设"陶陶石轩",免费提供古石供宾客观赏。宴会大厅设"西关古坛",邀请了广州市著名的说书艺人免费为宾客登台讲古。其还提供粤曲、杂技等演出服务,使宾客在陶陶居既可品尝美食,又可享受视听之娱,真是乐也陶陶。

(三)老舍茶馆

老舍茶馆是以老舍先生命名的茶馆,建于1988年,古香古色、京味十足;可以欣赏到曲艺、戏剧名流的精彩表演,同时品用名茶、宫廷细点和应季北京风味小吃。

北京老舍茶馆有限公司成立于1988年12月,是北京大碗茶商贸集团公司投资创建的独资企业。1988年,中国改革开放的大门刚向世界打开不久,但西方文化已对中国的传统文化产生了强大冲击。眼见戏曲等民族艺术日益走向低迷,一向喜爱中华传统文化的尹盛喜决定开个京味茶馆,将中国的传统戏曲、北京小吃、中华茶文化都汇集到一起,宣传和展示中华传统文化的魅力。一位专家说,北京的茶馆在明清时期最为盛行,按其功能有清茶馆、书茶馆、茶酒馆和野茶馆之分。这些功能各异的茶馆,不但成为当时人们生活不可或缺的一部分,也成了中国文化的重要组成部分。现在的茶馆大致分为两类:一类是传统的大茶馆,另一类是海派的茶艺馆。

老舍茶馆就属于传统茶馆中的佼佼者,无论在形式上还是功能上都继承和保留了京味茶馆的韵味。古朴的环境、木制的廊窗、中式硬木家具,以及细瓷盖碗、墙上悬挂着的各式宫灯,都透着十足的京味。茶馆现营业面积5000多平方米,是集京味茶文化、戏曲文化、餐饮文化等于一身,融书茶馆、餐茶馆、清茶馆、大茶馆、野茶馆、清音桌等六大老北京传统茶馆形式于一体的京味茶馆文化集萃地。店内开设有新京调茶餐坊、京味茶文化产品服务体验售卖区、艺苑、四合茶院、品珍楼、演出大厅六大经营场所,另有老二分大碗茶摊、戏迷乐京剧票房和老北京传统商业博物馆三大公益项目。自开业以来,老舍茶馆共接待了来自80个国家的160多位外国元首政要、众多社会名流和500多万中外游客,被誉为展示民族文化精品的"窗口"和联结中外人民友谊的"桥梁",有着"北京城市名片"和"京味人文地标"的美誉,先后被评为国家文化产业示范基地、国家3A级旅游景区(点)、全国百佳茶馆之首。

（四）青藤茶馆

杭州青藤茶馆由一公园至六公园,然后又回到一公园,围绕西湖做文章,规模一家比一家大。第一家创办于1996年5月,位于三公园对面,是西湖边第一家茶艺馆。开张之日,上海壶艺大师许四海先生专程前来举办"壶艺展"。茶馆江南民居的风格深受茶客喜爱。

随着茶馆业的发展,茶馆内容不断丰富,不仅可以在茶馆内约好友彻夜长聊,而且可以静静欣赏茶艺、琴艺表演,在陶艺师指导下动手学做紫砂壶。

延伸阅读

数字化为茶馆业发展注入活力

从茶马古道到"一带一路",中国茶走过了几千年的历程。2023年是"一带一路"倡议提出十周年。作为古丝绸之路的重要商品,茶叶已然成为连接各国交流合作的桥梁和纽带,对推动沿线国家经贸往来、深化各国文明互鉴提供了强大动力。茶馆是文化传播的载体以及茶产业的重要流通渠道。2023北京国际茶产业博览会期间,"凤凰单丛茶"2023中国(京津冀)茶馆业交流会在北京同期举办。

从单纯的茶饮空间发展为大平台

"茶馆业标准的出台,遵循了国家战略方针。茶馆不仅是商务洽谈的场所,而且是文化传播的载体以及茶产业的重要流通渠道。通过茶馆这个'小空间',可以推进乡村振兴和绿水青山目标的实现。因此,茶馆行业办公室的职责在于搭建一个大平台,让茶产业和茶文化在茶馆这个空间得到广泛传播。目前,我们已经在全国评定了近500家星级茶馆,期待看到这些茶馆更好的经营和发展。"商业饮食服务业发展中心茶馆行业办公室副主任张珩表示。

商业饮食服务业发展中心茶馆行业办公室北京秘书处秘书长兰峰表示,经评定,北京有34家五星级茶馆。在过去的五六年间,我们将这些五星级茶馆在管理、规范、运营等方面的成功经验,推广到更多茶馆。如今,茶馆已从单纯的茶饮空间发展成为涵盖茶艺、美学和商务的平台。这得益于星级茶馆评定以及五星级茶馆在创新和经营模式上所积累的经验。这也为星级茶馆及北京市的茶馆业发展注入了新的活力。

深圳市华巨臣国际会展集团有限公司总经理向飞表示,随着我国茶产业的飞速崛起和茶文化的深入人心,我国茶馆业呈现强劲发展势头,涌现出一大批优秀的茶馆企业。在推动茶馆业繁荣发展的道路上,公司多年来为茶馆业提供人才培育、技术支持、市场拓展等多方面助力。新时代,茶馆业迎来了新机遇,未来发展需要全行业共同努力。

中国国际茶文化交流中心首席专家刘峰表示,在千年的传承中,这片"叶子"一直都在续写新的篇章。近年来在外事活动中,用茶代酒成为常态,这彰显了文化自信。

那么,如何以茶馆为切入点成功进入文旅产业?北京老舍茶馆有限公司企业管理中心主任王越表示,第一,实施标准化管理,确保高效且易于复制。通过条块结合、分级管理,对工作进行体系化的梳理、分级,明确责任人及岗位职责,实现可持续扩张。第二,注重特色化经营,在保持自身品牌特色的同时,融入地方特色,形成总部与地方协同发展的模式。第三，实现经济价值与社会价值的有机结合。在我国，茶馆业主需关注经济价值与社会价值的共同体现，同时可寻求专业团队支持，以实现经济价值与社会价值的共赢。最后，文旅项目应注重资源整合，文旅产业的发展，涉及多方资源如自然资源、科技创新、文化资源、地方政府、内容创作者以及茶馆、茶空间等。

数字化助力企业破解关键问题

在数字化、信息化的今天，如何实现传统茶馆的数字化经营管理与效益升级呢？对此，业内人士有着自己的看法。水木华饮连锁茶馆创始人李卓澄表示，数字化帮助企业解决了三个关键问题：业务流程数字化，将整个门店运营管理，包括收银、出入库等业务实现高效运营；资产数字化，包括固定资产、虚拟资产、客户资产、知识资产的沉淀和挖掘，如将讲座、培训等知识生产过程记录下来，形成可销售的知识产品，提升会员价值和活跃度；决策数字化，借助数字化的力量，让决策过程更加科学、准确，通过系统分析过去的销售数据，为决策提供有力支持，从而更好地应对市场变化。

北京天月盛世茶叶有限责任公司董事长李晓毅认为，在数字化方面，虽然在企业内部已经进行了一些探索，但仍需要更深入的专业研究。数字化有助于客户分析、数据掌握和经营决策。未来企业在经营上需要打通线上线下，抖音等电商平台的崛起，使得线上营销变得尤为重要。疫情期间，线下客户明显减少，对此，企业引入书院模式，作为打通线下的桥梁。书院模式既传播文化、知识，又便于引流线上与线下。通过线上推广、线下培训、茶会和专业知识讲座等方式，将线上人群引至线下。主业仍为实体，对空间和环境有较高要求，特别是茶馆体验。通过线上数字引流进行精准分析，助力实体业务发展。

北京老舍茶馆有限公司办公室主任王捷表示，一家企业的发展要与时代同步，老舍茶馆也在进行改良与跟进。数字化是茶馆经营管理的必由之路，但同时线下实体的经营是根基，不能忽视。线上数字化经营能够有效导流和引流。然而，如果产品质量不过关，即使进行大量的数字化经营，也无法带来长久的利益。因此，在发展数字化经营的同时，也不能忽视茶馆经营的基石。只有这样，才能在数字化经营中事半功倍。

兰峰表示，茶馆要想经营成功，必须找准自身特点，未来几年茶馆行业的竞争将更加激烈，部分原本"泡茶馆"的消费者纷纷转行开茶馆。在这种情况下，想要做好茶馆，唯有立足自身特色，做好文化属性。在对北京茶馆进行评级的过程中发现，成功的茶馆均具有鲜明的本地属性，能够抓住本地客户才能实现盈利。在确保茶馆属性和客户需求的基础上，还要关注引流的策略。一旦成功吸引客户，便可运用数字化手段进行会员管理、库存管理、财务分析和销售分析等，从而实现茶馆的高效运营。只有双管齐下，才能使茶馆业务不断壮大。

金米天成创始人耿文军认为，茶馆数字化转型需要关注多个层面，如内部组织、财务、运营等。在转型过程中，要根据团队状况、运营水平和发展阶段逐步推进。数字化不仅能提高自身效率，而且能借鉴他人经验。许多茶馆过于依赖数字化，其实茶馆经营核心仍是产品和服务。在此基础上，运用数字化工具实现线上线下互补，关注私域流量，将顾客转化为会员，实现多次消费。同时，关注茶馆差异化，复制成功模式，如开店流程、服务体系、营销策划等，实现线上线下互补。需要明确的是，数字化是助推器，产品和服务才是根本。数字化转型的目的在于提升茶馆运营效率，实现可持续发展。茶馆业者应充分挖掘数字化潜力,为茶馆发展注入新活力。

　　资料来源　袁国凤.数字化为茶馆业发展注入活力[N].中国食品报,2023-11-16 (007).

【思考研讨】

　　(1)茶馆在不同朝代有不同的称呼和特点,它为什么能保持强韧的生命力?

　　(2)中国茶馆共分为几个历史时期?

　　(3)中国茶馆按照区域分为哪几类,特点是什么?

　　(4)你去过哪些茶馆,谈谈你对它的感受。

【参考文献】

[1]中国茶叶博物馆.话说中国茶[M].北京:中国农业出版社,2010.

[2]夏涛.中华茶史[M].合肥:安徽教育出版社,2008.

[3]吴自牧.梦粱录[M].杭州:浙江人民出版社,1980.

[4]张岱.陶庵梦忆[M].北京:中华书局,2008.

[5]吴敬梓.儒林外史[M].北京:中华书局,2009.

[6]黄印.锡金识小录[M].南京:凤凰出版社,2012.

[7]汪红亮.明代茶馆浅析[J].农业考古,2013(5).

[8]徐传宏.纵横古今,博物生辉 —— 浅谈茶馆的展示功能[C]// 茶文化与2010年 上海世博会 —— 2006 年上海国际茶文化节学术论坛论文选编,2006.

[9]刘清荣.宋代茶馆述论[J].中州学刊,2006(03).

[10]陶德臣.清代民国时期的茶馆[J].农业考古,2008(05).

[11]谭佳吉.试析茶馆演变的历史及影响[J].普洱学院学报,2013(05).

[12]温乐平.魏晋南北朝时期茶叶消费与生产[J].农业考古,2011(05).

第十讲　茶思想

【内容提要】

（1）通过对传统中国人生存、生活和精神三个层面的分析，对茶道和传统哲学思想与文化进行解读，说明佛教、道家、儒家哲学与茶道精神的关系。

（2）茶道精神体现在借茶和茶事活动进行修身养性、学习礼仪和人际交往的综合性活动中，从君子人格、雅俗共赏、中庸和谐、天人合一四个方面对茶道精神进行分析。

（3）从茶名、茶器、茶艺和茶境的美学追求来说明中国人的茶道美学，进而说明茶道美学对民族审美和中国人厚生乐生的精神境界的影响。

（4）茶德修养体现在个人理想的价值追求与社会价值实现的融合相生之中。

【关键词】

茶道精神；哲学思想；价值追求；茶德修养

案例导入

精于茶道的苏东坡

苏轼（1037—1101年），字子瞻，号东坡居士，今四川眉山人，北宋杰出的文学家。他仕途坎凛，穿行在屡遭贬谪的动荡生涯中，他的一生既要酒的排遣，更需要茶的沉淀和升华。嗜茶，就是追求精神自由，追求红尘外的寂静空灵。历史上，与茶结缘的名人不计其数，但像苏东坡这样精于种茶、烹茶、品茶，对茶史、茶学也颇有造诣的则不多见。

苏东坡的种茶之道。遭贬黄州时，他就在自己开荒耕种的"东坡"上亲自栽种了茶树。正如《问大冶长者乞桃花茶栽东坡》中所说的："磋我五亩园，桑麦苦蒙翳。不令寸地闲，更乞茶子艺。"《种茶》中的"松间旅生茶，已与松俱瘦""移栽白鹤岭，土软春雨后。弥旬得连阴，似许晚遂茂"，是说茶种在松树间，虽生长瘦小但不易衰老；移植于土壤肥沃的白鹤岭，因连日春雨滋润，才得以恢复生长、枝繁叶茂。可见，其在躬耕期间已经深悟茶树的习性，深谙自然生命枯荣之道和人生耕作之德。

苏东坡的烹茶之术。他提出"精品厌凡泉"，认为好茶必须配好水。熙宁五年在杭州任通判时，苏东坡就写了《求焦千之惠山泉诗》，向当时任无锡县令的焦千之索要惠山泉水。他在《汲江煎茶》中还提到，煮茶用的水是他亲自在钓石边（不是在泥土旁）从深处汲来的，并用活火（有焰方炽的炭火）煮沸的，可见东坡先生交友之道和对自我人格价值之苛求。

苏东坡的品茶之法。他深知茶的功用，在《论茶》中介绍茶可除烦去腻，用茶漱口，能使牙齿坚密，体现了他对乐生、厚生之道的追求。

苏东坡对煮水器具和饮茶用具很讲究。他认为"铜腥铁涩不宜泉""定州花瓷琢红玉"，即用铜器铁壶煮水有腥气和涩味，陶瓷烧水味道最为纯正；喝茶最好用定窑产的兔毛花瓷，又称"兔毫盏"。苏东坡在宜兴时，还亲自动手设计出一种提梁式紫砂壶。后人为了纪念他，就把这种茶壶命名为"东坡壶"。足见东坡先生坐看山水，庐山烟雨浙江潮的胸襟气魄。"松风竹炉，提壶相呼"就是苏东坡用此壶烹茶独饮时的生动描绘。"茶道全才"，苏东坡确为中国茶史上的一面旗帜。

资料来源　胡民强．中国茶文化 [M]．北京：中国人民大学出版社，2022.

一、思想溯源

茶思想融于茶事活动和茶文化中，是在茶事活动中反映精神内容的，是物质文明与精神文明高度和谐统一的产物。其内容涉及茶的历史发展、茶道茶艺、茶道精神与茶德、民族哲学和集体人格等诸多方面。

"道"是中国文化中关于价值观和方法论的探究，是思想性和形而上的，与"器"和"形"相对，可以理解为中国传统看问题做事情的方法和途径，对事物和人生价值的理解与追求。茶道体现在文化道德体系中，茶中有艺，艺中有道，将物质转化成了精神，将儒、释、道思想精髓融入茶文化中，与意念、情操、礼仪、道德等结合的集体人格。

（一）茶道解读

"茶道"一词首见于中唐，这也是中国茶道开始走向成熟的时代。唐代封演所著的《封氏闻见录》中提出的"茶道"主要是指茶圣陆羽倡导的饮茶之道，它包括鉴茶、选水、赏器、取火、炙茶、碾末、烧水、煎茶、品饮等一系列程序、礼法和规则。陆羽茶道强调的是"精行俭德"的人文精神，注重烹煮条件和方法，追求怡静舒适的雅趣。

中国茶道的含义较为广泛，是以茶事活动为载体，以修身养性为宗旨的茶艺术和茶文化活动及行为，因历史文化的浸润逐渐具有民族哲学和道德价值的精神人格。其发端于魏晋，发展于唐代，宋到明是其发展的鼎盛期，源于传统文化中修身养性、礼仪礼法和社会交往的集体性、综合性文化，具有一定的时代性和民族性，涉及艺术、道德、哲学、宗教以及文化的各个方面，借茶事倡导清和、俭约、廉洁、求真、求美的高雅精神和集体人格。

下面从生存、生活和精神三个层面对传统社会中茶道的发展做一个简要解读。

1.生存层面

在中国传统农耕社会中，茶这一草本植物被作为菜和"佐料"食用，被形象地归入开门七件事，即"柴米油盐酱醋茶"。其后其养生和提神功能被发现，至今藏区饮茶不仅作为食物解毒，而且用于增加营养和微量元素，以应对边疆苦寒之地食品单一、营养匮乏的问题。综合茶开发利用的历史看，其主要有药用、食用和饮用等三种用途。陆羽《茶经》中有"茶之为饮，发乎神农氏，闻于鲁周公"之句，在《茶经·七之事》中也将炎帝神农氏列为茶人。用来证明陆羽观点的两条史料，一是《神农食经》中的"茶茗久服，令人有力，悦志"；二是《神农本草经》中的："神农尝百草，日遇七十二毒，得茶而以解之"。在很长的时期里,药用起源说是饮茶起源的唯一假说,与食用、饮用等假说相比,更具影响力。

我国历代记述饮茶功效的书籍很多,如东汉华佗的《食论》、唐代孟诜的《食疗本草》、宋代孙用和的《传家秘宝方》、明代李时珍的《本草纲目》及清代赵学敏的《本草纲目拾遗》等。纵观我国历代医书,对茶功效的记载大致有清热降火、解毒止渴、消胀助化、消除疲劳、增强耐力、去痰治痢、利尿明目、坚齿等。近年来由于科技进步,科学家通过各项动物实验和临床实验,证实了茶叶确实具有多种保健及预防疾病的功效。

2.生活层面

茶很早就进入并融入中国人的生活,在很多留存的茶书以及诗文中,都有对饮茶环境的描写,出现最频繁的是石、松、竹、泉等物,却很少提到采茶的农民,很少谈到百姓和茶人的生活。几乎把关于茶的最具烟火气的现实世界排除在茶文化之外,将茶的世俗性淡化,单纯为环境而环境,为清寂而清寂。不食人间烟火是与茶思想提倡的精神相悖的,脱离了生活的茶与茶道都不可能形成茶文化和茶德思想的大道。

艺术来源于生活,传统文化中"琴棋书画诗酒茶"的说法是把茶事活动归入了文化艺术的范畴。唐代文化昌盛,文人正是茶道活动的主要群体,许多文人将茶作为修身养性的方式和寄托,并写出了传世的名作。

此外,唐代佛门的茶道也很兴盛,佛家茶道以"茶禅一味"为主要特征。最为典型的就是"佛门茶宴",是僧徒的待客形式,围坐、品茗、论佛、议事、叙景,意畅心清。

宋代茶道走向多样化,不仅把制茶、碾茶、点茶等过程都归入茶道,而且借茶励志,许多历史名人都留有对饮茶之道的细腻描述,如黄庭坚在《阮郎归》一词中的"消滞思,解尘烦,金瓯雪浪翻",就十分精细地说明了饮茶后怡情悦志的感受。陆游在《北岩采新茶》中用"细啜襟灵爽,微吟齿颊香",把饮新茶的口感和心理感受表现得淋漓尽致。

从明开始,饮茶逐渐成为普通百姓日常生活的重要部分,而且与社会生活、民俗风情等结合,产生了深入而广泛的影响。其中朱权的茶道思想就有深远影响。这位宁王在《茶谱》一书中表明了自己对明代社会饮茶风气的独到见解,将普通的饮茶提升到"道"的高度,把饮茶看作明志及"有裨于修养之道"的一种方式,使饮茶向精雅化发展的同时,进一步发扬了唐宋以来的茶道艺术,并提倡饮茶与自然环境融合统一的理念,简化了传统的品饮方式和茶具,开创了清饮之风,其品饮方式经改进后成为一套简单却影响颇为深远的烹饮方法。明代文人极力追求饮茶过程中的自然美和环境美,这成为一种共同的倾向,品茶成了人生志向的寄托。

3.精神层面

从某种意义上讲,茶开始与人的精神生活发生联系,表现为茶的仙药化和茶的宗教化。这不仅从一个特定的方向推动了饮茶的普及,而且茶逐渐成为人们的精神追求。

魏晋南北朝时期,茶开始与道家、佛家的思想发生联系,并作为一种精神文化现象开始萌芽。茶在中国历史上是沟通儒、道、佛各家的媒介,儒家以茶修德,道家以茶修心,佛家以茶修性,都是通过茶来净化内心。历史上很多名人都是通过品茶与儒、释、道的各界名流进行交往的。修性是茶文化的道德完善,怡情是茶文化的艺术趣味,尊礼是茶文化的人际协调。

茶思想与茶道精神形成于盛唐。茶圣陆羽是中华茶思想的先驱,其著作《茶经》则是"地道的茶道哲学"。明代的茶道中融入了中国古代朴素的道德和自然哲学思想。冯可宾在《岕茶笺》一书中提出的饮茶的"十三宜"和"七禁忌"反映了中国茶道深层次的精神追求。很多人说东方文明是茶系文明,相对平和、自省、内敛,讲究平衡,包括情感方式、处世哲学等,都与西方人有所不同。传统的工夫茶,三人三杯,品茶,品德,品人生,一人得神,二人得趣,三人得味。此种境界才是茶之真味。

(二)佛教与茶道精神

1.茶与寺院的经济基础

佛教对我国茶道的形成和传播起了重要作用。在当时的历史条件下,因为寺庙有一定的田产,而且僧人基本不直接从事辛苦的劳作,他们有时间、有能力、有条件来研究茶的种植、采制、炒制、生产和品饮,以及作诗写词、宣传茶文化,所以,有"自古名寺出名茶"之说。如四川雅安出产的"蒙山茶",相传是汉代甘露寺普慧禅师亲手种植的,因其品质优异被列为向皇帝进贡的贡品;还有产于普陀山的"佛茶"、浙江天台山万年寺的"罗汉供茶"、湖北远安鹿苑寺的鹿苑茶等。"茶圣"陆羽最初就是在寺庙中结识茶,并对茶道产生兴趣的。中国茶道的另一位奠基人皎然创作了大量茶诗,也对茶道的发展与传播起到了很大作用。可见,佛教在自身传播的同时也推动了饮茶的普及,僧人对茶的种植与品种的培育起到了重要作用。

2.茶与佛教饮食

佛门中的僧人是中国较早的饮茶群体,魏晋以前,茶就已经成为佛门弟子修行时的饮品,甚至在江淮以南的一些寺庙中,饮茶已经成为一种传统。佛教认为茶是一种修身养性之物,于是饮茶成了"和尚家风"。

佛教重视"坐禅修行",要求排除所有的杂念,专注于禅境,以达到"轻安明净"的状态,这就要求僧人们莲台打坐、过午不食。而茶有提禅养心之用,又可以祛除困意,所以僧人就选茶作为辅助修行的饮品。僧人们清新净欲,从茶中悟道并形成一整套的茶仪,但这是一个缓慢发展的过程。陆羽的《茶经》中就有两晋和南朝时僧人饮茶的记录。僧人饮茶最早是在茶中融进"清静"思想,他们通过饮茶把自己与山水、自然融为一体,从而得到精神寄托,即所谓参禅悟道。

3.茶与佛教修行

佛教与茶结缘很深,南北朝时期,佛教开始在中国盛行,佛教提倡坐禅,饮茶则可以提神醒脑、驱除睡意,有利于清心修行。因此,一些名山大川中的寺院开始栽茶、制茶、讲究饮茶,这些寺院也开始成为生产、宣传和研究茶叶的中心。

唐代开元年间,禅宗在各大寺院得到认可。禅宗讲究坐禅,且要注意五调,即调心、调身、调食、调息、调睡眠。由于茶的特殊属性,其成为五调的必备之品。随着禅宗对茶的巨大需求,许多寺庙出现了种茶、制茶、饮茶的风尚,这在当时的诗文中也有所反映。如刘禹锡《西山兰若试茶歌》:"山僧后檐茶数丛,春来映竹抽新茸。宛然为客振衣起,自傍芳丛摘鹰觜。"僧人坐禅清修、净化灵魂,往往借助于茶,得益于茶。在饮茶实践中,僧人们爱茶、种茶、研究茶、烹茶、饮茶、品茶。茶成了僧家兴佛事、供菩萨、做功课的必备之物。

佛门茶事兴盛以后,茶堂、茶鼓、茶头、施茶僧、茶宴、茶礼等各种名词随之出现。适应禅僧集体生活的寺院茶礼也得以形成,并作为佛教茶道的一部分融入寺院生活之中。禅宗建立的一系列茶礼、茶宴等茶道形式,具有很高的审美趣味,而高僧们写茶诗、吟茶词、作茶画,或与文人唱和茶事,也推动了中华茶道的发展。同时,中华茶道中的禅宗茶道对外影响巨大,传入了日本、韩国等一些亚洲国家。

4.茶禅一味

茶与禅的结合使茶道中融入了佛教美学和哲学思想。佛教禅宗主张"直指本心,见性成佛",直接进入禅的境界,专心静虑,顿悟成佛。茶的本性质朴、清和,与佛教精神有相通之处。中华茶文化要求心无杂念,忘却自我和现实存在,这些都现出佛家思想。

佛家提倡人们修习"中道妙理"。在茶道中,佛教的"和"实际上是外来的佛教与中国本土文化的融和,是佛教在中国本土化发展后的"随缘自适、圆融通达"思想。最为典型的就是"佛教茶宴",僧徒围坐,品茗论佛,议事叙景,意畅心清,心境空明,随缘自适,以旷达超脱的态度对待自身处境和环境。

茶与佛教清规、饮茶论经、佛教哲学、人生观念融为一体,从而产生了"茶禅一味"的佛教茶理。但这不是说禅就是茶,茶就是禅,它指的是禅与茶在精神上是可以互通的,而不是"茶禅一统",是"茶禅一味"。禅与茶道的相通之处在于两者都是努力使事物和人生价值单纯化,所以,无论你是否理解那一句"吃茶去"背后的意义,都不妨碍你从一碗茶中体验禅茶的滋味与智慧。

(三)道家与茶道精神

1.茶与道家饮食

茶叶的发现是无数先民在长期实践的过程中发现的,"神农尝百草,得荼而解之"的传说是对先民的歌颂。古人对茶进行食用和了解,把茶的用途和疗效进行总结,再上升为理论,写进医药典籍中,这个过程极为漫长。在中华传统文化和思想史上,最崇尚自然、重视健身、强体的当数道家,其重视生命的延续,注重饮食养生,讲究服食和行气,以外养和内修,调整阴阳,行气活血,返本还元,从而达到延年益寿的目的。

在茶的制作加工和品饮中,对温度和火的掌握尤显重要。这源于道教炼丹的"火候"概念。

以养生为尚的道家思想发展出一套进食之道,历史上一些著名的医药学家往往是道教的信徒,如东晋的葛洪、梁朝的陶弘景、唐朝的孙思邈等都是虔诚的道士,他们以自身的信念和医学知识创造出"食治"的理论和配方。孙思邈在《五味损益食治篇》等著作中提出"饮食有节"。

2.茶与道家医学

道家追求长生,崇尚和注重饮食的自然,在探索仙丹仙药的过程中发现茶的养生和药用价值,也曾对"茶"的药用神化。早在魏晋南北朝时茶就与道教结合,由此茶开始了仙药化。

道家医学是传统中医学的重要组成,其中阴阳五行学说、脏象学说、经络学说、形神学说和天人学说体现的对立制约、互根互用、消长平衡和相互转化的关系都与道家哲学提倡的,人与整个宇宙大系统之间的和谐统一,同时道家医学也注意到茶的平和特性,具有"致和""导和"的功能,可作为追求天人合一思想的载体,于是道家之"道"与饮茶之"道"和谐地融合在一起,共同丰富了中国茶道的内涵。

3.茶与道家修行

道家强调自然,因此道家茶道和道家修行一样不拘泥于规则。因为自然之道乃变化之道,大象无形,法无定法。喝茶的时候和修道一样忘记外在的存在,快乐自足。泡茶和修行一样不拘于规矩,品茗不拘于特定的环境,一切顺其自然。

道家主张静修,中国老庄道家思想的"清静无为,止水",以清静无为、淡泊名利、安时处顺、超然物外为内在精神追求。而茶是清灵之物,饮茶能够提高静修的效果,所以茶是道家修行时的必需之物。道家把"静"看成人与生俱来的本质特征。静虚则明,明则通。"无欲故静",人无欲,则心虚自明,因此道家讲究去杂念而得内在之精微。《老子》云:"致虚极,守静笃,万物并作,吾以观其复。夫物芸芸,各复归其根。归根曰静,静曰复命"。《庄子》说:"水静犹明,而况精神。圣人之心,静乎,天地之鉴也,万物之镜也。"老庄都认为致虚、守静达到极点,可以观察到世间万物成长之后,各自归其根底。

4.虚静求真

道家的清净思想对中华传统文化和民族心理的影响极其深远,中国茶道正是通过茶事创造一种宁静的氛围和一个空灵虚静的心境,使人们在虚静中与大自然融涵玄会,达到天人合一的境界。赖功欧在《茶哲睿智》一书中提出,在品茗过程中,"人们一旦发现茶的'性之所近'——近乎人性中静、清、虚、淡的一面时,也就决定了茶的自然本性与人文精神的结合,成为一种实然形态"。所以道家对中国品茗艺术境界的影响尤为深刻。茶人需要的正是这种虚静醇和的境界,借茶先行"入静",洁净身心,纯而不杂,如此才能与天地万物合一,品出茶的滋味,品出茶的精神,达到形神相融。

真实自然是道家也是中华茶道的终极追求。"真"是道家的哲学范畴。在老庄哲学中,真与"天""自然"等概念相近,真即本性、本质,所以道家追求"返璞归真"。中国茶道在从事茶事时所讲究的"真",不仅包括茶应是真茶、真香、真味,环境最好是真山、真水,挂的字画最好是真迹、真品,用的器具最好是真竹、真木、真陶、真瓷;而且包含待人要真心,敬客要真情,说话要真诚,心境要真闲。总之,茶事活动的每一步都要认真,每一个环节都要求真。

(四)儒家与茶道精神

士子文人是中国传统儒家思想的社会阶层代表,是传统社会中影响政治、经济和文化的重要群体和特征符号,也是传统社会中最重要的饮茶群体。不同时代的文化特征有别,但文人群体饮茶生活体现出的风格都充满了"道与礼"的雅趣。他们以茶赠友,以茶会友,借茶寄情,丰富了艺术和茶道的形式。因此,茶是传统文人不可或缺的生活润滑剂。

1.知礼重仪

无论是煮茶过程、茶具的使用,还是品饮过程、茶事礼仪的动作要领,都要求不失儒家端庄典雅的知礼重仪风韵。

中国茶道产生之初便深受儒家思想的影响,因此也蕴涵着儒家积极入世的乐观主义精神。儒家的乐感文化与茶事结合,使茶道成为一门雅俗共赏的社会风俗和艺术。饮茶的乐感不仅体现在味觉上的满足,而且体现在茶礼中的审美情趣和和谐的人际关系。所以在数千年的饮茶史中,积淀着深厚的深受儒家影响的世俗礼仪文化。中国的饮茶礼仪是大众化的,客来敬茶,以茶待客,充分体现了中国人民的热情好客、注重礼仪和情感交流的传统美德。

"客来敬茶,不分远近",与人恭而有礼,是中国人最基本的礼节,也是广泛的交往活动中坦诚相待的一种基本体现。茶表示一种尊重,以茶交友称为君子之交,三两知己,一壶清茶,既助谈兴,又可使自己保持头脑清醒,是一种难得的和谐状态。

2.内醒修行

魏晋南北朝时期,门阀制度盛行,官吏及贵族皆以夸豪斗富为美,这种奢靡的社会风气为一些传统文人所排斥,于是出现了陆纳以茶待客、桓温以茶替代酒宴、南齐世祖萧赜以茶祭奠等事例。这些政治家倡导以茶养廉,纠正社会的不良风气,使茶为节俭作风的象征。

茶被视为一种节俭生活的象征。"茶"与"俭"建立联系,并不是由于茶所特有的物质属性,而是由于茶的社会和价值属性。总之,以茶养廉之风在魏晋南北朝的兴起,说明茶已经作为一种文化开始萌芽。儒家注重人格思想,追求人格完善,茶的中和特性也为儒家文人所注意,并将其与儒家的人格思想联系起来。因为茶道之中寄寓着儒家追求廉俭、高雅、淡洁的君子人格。正如北宋晁补之的《次韵苏翰林五日扬州古塔寺烹茶》："中和似此茗，受水不易节。"诗人借茶赞美苏轼的品格和气节，即使身处恶劣的环境之中，也能洁身自好。

儒家思想使苏轼腾达时积极有为，尊主泽民，匡时济世，逆境时能识见通达而不滞阻，心胸开阔而安时处顺，随缘自适。将茶作为安慰人生、平衡心灵的重要手段，往往能够从品茶的境界中寻得心灵的安慰和人生的满足。白居易经历过宦海沉浮后，在《琴茶》诗中云："兀兀寄形群动内，陶陶任性一生间。自抛官后春多醉，不读书来老更闲。琴里知闻唯渌水，茶中故旧是蒙山。穷通行止长相伴，谁道吾今无往还。"琴与茶是白居易终身相伴的良友，他以茶道品悟人生，乐天安命。韦应物写下"为饮涤尘烦"，也认为茶可以消除烦恼。著名的茶学家庄晚芳先生在其所撰的文章中也多次提到茶文化中所体现的积极、乐观的人生观。

3.仁慈调和

儒家将"和"的思想贯彻在道德境界和艺术境界中，并且将两者统一起来。中庸调和是儒家思想的核心内容，也是儒家处理一切事情的原则和标准。"和"就是恰到好处，可用于自然、社会、人生等各个方面。"和"尤其注重人际关系的和睦、和谐与和美。饮茶能令人头脑清醒、心境平和，茶道精神与儒家提倡的中和之道相契合，茶成为儒家用来改造社会、教化社会的良药和方式。中和也成为儒家茶人孜孜追求的美学境界和至上哲理。

儒家从"太和"的哲学理念中推衍出"中庸之道"的思想。其对"和"的诠释在茶事活动的全过程中表现得淋漓尽致，如在泡茶时表现为"酸甜苦涩调太和，掌握迟速量适中"的中庸之美；在待客时表现为"春茶为礼尊长者，备茶浓意表浓情"的明伦之礼；在饮茶的过程中表现为"饮罢佳茗方知深，赞叹此乃草中英"的谦和之仪等。

中国自古就有"七分茶"的说法，茶倒七分满。茶是把握和衡量和谐人际关系的一种程度和分寸，茶品出了东方文化中简约、含蓄、宽容、自律的处世哲学。饮茶在日常生活、交往中体现了一种和谐状况。

4.安时处顺

人生价值追求是中国哲学的一个重要范畴，人格在意境理论中，茶的作用是不能被遗忘的。由茶入诗，由诗入境，又由意境悟出茶道精神。意境不仅是一种文艺审美，而且是一种价值追求。

饮茶之风在中国传统社会独领风骚数千年，全在于茶的"灵味"。茶味先苦后甘，恰如人生之壮美，启示我们人生之旅总会有风浪与挫折相伴。人生如茶，有淡淡的愁苦，亦有温馨甘甜的回味，苦尽甘来，以美启智，缔造出乐观向上、吃苦耐劳、无私奉献的高尚情操和人生价值追求。

中国哲学在谈到人生境界时，往往表述为三个层次，即"见山是山，见水是水""见山不是山，见水不是水""见山还是山，见水还是水"。茶作为中国文人追求精神境界的桥梁和媒介，对于人生的意境，他们有着独特的理解，这便是茶的境界和人生价值的追求。宋代苏轼喜欢烹茶,把茶事当作自我解脱的精神之物,他的《汲江煎茶》诗将茶道中物我和谐、天人合一的精神描绘得淋漓尽致,将人与自然融为一体,通过饮茶去感悟茶道、天道、人道,体验"明月几时有"的境界。

二、茶道精神

茶道精神具象在茶与中国人和谐共生的发展中,反映在民族艺术、礼仪规范、宗教思想等方面,更深层次的文化和精神影响反映在民族哲学与中国人的集体人格上,具有一定的时代性和民族性,涉及艺术、道德、哲学、宗教以及文化、群体信仰的各个方面。这里,我们从君子人格、礼俗同源、中庸和谐、天人合一四个方面对茶道精神进行分析。

(一)君子人格

儒家的人格思想来源于孔子的"仁",强调对个体人格完善的追求,君子人格就是儒家个人和群体追求的典范。在儒家看来,只有完善的人格才能实现中庸之道,良好的修养才能实现社会和谐。

儒家提倡的仁爱自省的君子人格思想也是中华茶道的思想基础。古人认为茶是"饮中君子",能表现人的精神气度和文化修养,以及清高廉洁与节俭朴素的思想品格,同时,人们对君子之风的崇尚使得茶的"君子性"在文人雅士的品饮活动中有了更为深刻的内涵。文人雅士在细细品啜、徐徐体察之余,在美妙的色、香、味的品赏之中,移情于物,托物寄情,从而精神受到陶冶,灵魂得到净化。

关于茶的君子性,很多茶人都有论述。陆羽《茶经》中说,茶"为饮最宜精行俭德之人",以茶示俭、示廉,倡导茶人的理想人格。宋代理学兴盛,倡导存天理,灭人欲,茶人多受其思想熏陶。苏轼在《叶嘉传》中赞美茶叶"风味恬淡,清白可爱",借此比喻出身良好,人生坎坷却兼济天下,志向高洁的自己。司马光把茶与墨相比,"茶欲白,墨欲黑;茶欲新,墨欲陈;茶欲重,墨欲轻,如君子小人之不同"。由此可见古代文人对茶性与人性的理解。

(二)礼俗同源

在中国,人与人相处的关键在于"礼"字,不逾矩,有边界,才能建立持久的关系。中国茶道是雅俗共赏、礼俗同源之道,体现于人们的日常生活中。不同地位、不同信仰、不同文化层次的人对茶道有不同的追求。历史上王公贵族讲茶道重在"茶之珍",意在炫耀权势,夸示富贵,附庸风雅;普通老百姓讲茶道重在"茶之味",意在去腥除腻,涤烦解渴,享乐人生;文人学士讲茶道重在"茶之韵",意在托物寄怀,激扬文思;佛家讲茶道重在"茶之德",意在驱困提神,参禅悟道,见性成佛;道家讲茶道重在"茶之功",意在品茗养生,保生尽年,羽化成仙。

以茶交友是君子之交,既助谈兴,又可保持头脑清醒,是一种难得的和谐状态,把主人的热情好客与客人的文雅与修养体现得淋漓尽致,更创造了一种温馨和谐的气氛。倒茶时应掌握好分寸感,体现出东方文化特有的简约、含蓄、宽容、自律的处世哲学。自古至今,茶文化贯穿于我国人民的日常生活中,人们在茶文化的熏陶之下培养着高尚的情操。

中国人向来认为茶性清洁,所以把它视为爱情忠贞不渝的象征。在南方汉族的订婚仪式上,男方要向女方"下茶礼",有收茶定终身的说法。云南白族婚礼上新娘要敬"三道茶",一道苦茶,二道是加了糖的甜茶,三道是加了桂皮等的回味茶,取夫妻二人先苦再甜,相伴一生值得回味之意。

在佛教寺院中,茶道活动也是联络僧侣的重要方式,有应酬茶、佛事茶、议事茶等,都有一定的规范与制度。比如圣节、佛降诞日等均要烧香行礼供茶,再如禅门议事也多采用茶会的形式。《百丈清规》是中国第一部佛门茶事文书,它以法典的形式规范了佛门茶事、茶礼及其制度,从而使茶与禅门结缘更深。特别是宋代,在中国许多寺院中形成了一套肃穆庄严的寺院普茶仪式,最有名的当推杭州余杭径山寺茶宴和四川名山永兴寺食规。

(三)中庸和谐

传统的中国文化提倡的儒家中庸思想指中和之道,清醒、理智、平和、互相沟通、相互理解;在解决人与自然的冲突时则强调"和气,不偏不倚""协调"。"和"是指不同情况或对立状态的和谐统一,"中和"从大的方面看是使整个宇宙包括自然、社会和人达到和谐;从小的方面看是待人接物不偏不倚,处理问题恰到好处。

《周易》认为,水火交融才是成功的条件。茶圣陆羽根据这个理论创制的风炉就运用了《易经》中三个卦象——坎、离、巽来说明煮茶中包含的自然和谐的原理。"坎"代表水,"巽"代表风,"离"代表火。在风炉三足间设三空,于炉内设三格,一格书"翟"(火鸟),绘"离"卦的卦形;一格书"鱼"(水虫),绘"坎"卦的卦形;另一格书"彪"(风兽),绘"巽"卦的卦形,意为风能兴火,火能煮水,水能煮茶,并在炉足上写"坎上巽下离于中,体均五行去百疾"。中国茶道在这里把中庸和谐思想体现得淋漓尽致。

中庸和谐思想在中国茶俗中有充分体现。历史上,中国的茶馆有一个重要功能,就是调解纠纷。传统社会人与人之间产生分歧,往往通过当地德高望重的族长、士绅在茶楼进行调解。各自陈述、争辩后,输理者付茶钱,如果不分输赢,则各付一半茶钱。这种"吃茶评理"之俗延续至今。

(四)天人合一

"天人合一"是中国最朴素的看待生命和人与自然关系的哲学思想,认为人与宇宙是相互联系、相互依存的系统,天与人,天道与人道是相通和谐统一的。

茶生于天地之间,采天地之灵气,吸日月之精华。源于自然的茶用泉水冲泡,一杯在手,给人一种自身融于秀丽山川的感觉,仿佛达到了天人合一的境界。中国古代茶人"天人合一"的主张,使生命行动和自然妙理一致,使生命的节律与自然的运作合拍,使人融入自然之中。茶道是人的本质力量通过茶事过程来显示高雅,表达礼仪,完善素质,展现自我的自然状态。

在"天人合一"哲学思想的影响下,中国历代著名茶人都强调人与自然的统一,传统的茶文化正是自然主义与人文主义高度结合的文化形态,因为茶的清纯、淡雅、质朴与人性的静、清、虚、淡相接近,并在茶道中得到高度统一。茶道对自然的追求,茶道中的"天人合一"思想,最直接地体现在人对自然的融与法。朱权在《茶谱》中说:"然天地生物,各遂其性,莫若叶茶,烹而啜之,以遂其自然之性也。"茶道体现出淡泊无为的思想,也是天人合一、返璞归真的思想反映。在茶事中,主张茶与水的自然和谐,品茶时,强调"独啜曰神",追求天人合一,物我两忘。将情境融入茶境与品饮中,茶与人及宇宙相通相融。

三、茶道美学

入茶席,赏汤形,观茶色,闻茶香,品茶味,赏茶具,观茶礼,悟意境。早在几千年前,先人就将茶这种简单的植物和艺术美学巧妙地结合在一起。

茶道美学,不仅指冲泡茶叶的技艺,而且包括茶叶的采摘、制作、命名、品饮等,这个看似简单的过程却包含着一定的艺术美学。茶,要栽于名山,培于砾壤沃土,受云雾之滋养,享天地之浸润,在雾气初散、阳光未照时采摘,并选择适宜的制作方法。制作好的茶因其外形、色泽、香气、产地等而拥有各种美妙的名字,或莲蕊,或银针,或云雾,或龙井,或观音。这包含着人们对天地、山水的情感和美的意境。茶的冲泡品饮更为讲究,要心情闲适,寻二三知己,备适宜茶具,着得体服装,行得体礼仪,临山傍泉,劲松相伴,古乐飘飘,竹下清座,凝神静气细烹茶。听水沸涛声,观碧水嫩芽,闻茶香缕缕,细啜慢饮,方可品得方外茶。几杯茶下肚,神清气爽,或互吐心声,或舞文作画,使茶之美、水之美、境之美、心之美跃然纸上,这些方称为茶道美学。

(一)茶叶之美

1.茶名之美

纵观中国古今的茶名,通常都带有描写性的特征。人们在对茶叶命名时,都试图通过它传递出茶叶某方面的信息或特点,让人一见茶名,便能知道有关茶叶的品质特征。我国名茶的名称大体上可分为五大类。

第一类是地名加茶树的植物学名称。从这类茶名,我们一眼便知其品种和产地,如西湖龙井、闽北水仙、武夷肉桂等。

第二类是地名加茶叶的形状特征,如六安瓜片、君山银针、平水珠茶、古丈毛尖等。

第三类是地名加上富有想象力的名称,如庐山云雾、敬亭绿雪、舒城兰花、恩施玉露、顾渚紫笋等。其中云雾、绿雪、兰花、玉露、紫笋等都是可引起人们美妙联想的词汇。

第四类有着美妙动人的传说或典故,如碧螺春、水金龟、铁罗汉、大红袍、白鸡冠、绿牡丹等。

第五类即除上述类型外的其他类型。这些类型的茶名也多能引发茶人美好的联想，如寿眉、金佛、银毫、翠螺、奇兰、白牡丹、龙须茶等。

赏析茶名的美是赏析茶人心灵的美，也是赏析中华传统文化的美。赏析茶名之美，不仅可以增添茶文化知识，而且可以看出我国茶人的艺术底蕴和美学素养，体会到茶人爱茶的精神追求。

2.茶形之美

中国茶分为绿茶、红茶、青茶、黄茶、白茶、黑茶六大类。这六类茶的外观形状各有差别。绿茶、红茶、黄茶、白茶等多属于芽茶，一般都是由细嫩的茶芽精制而成的。没有展开的绿茶茶芽，直的称为"针"或"枪"，弯曲的称为"眉"，卷曲的称为"螺"，圆的称为"珠"，一芽一叶的称为"旗枪"，一芽两叶的称为"雀舌"。

青茶属于叶茶，茶芽一般要到一芽三开片才采摘，所以制成的成品茶显得"粗枝大叶"。但乌龙茶也自有乌龙茶的美，例如安溪铁观音就有"青蒂绿腹蜻蜓头""美如观音重如铁"之说。对于茶叶的外形美，审评师的专业术语有显毫、匀齐、细嫩、紧秀、紧结、浑圆、圆结、挺秀等。文士茶人更是妙笔生花，宋代晏殊形容茶的颜色之美为"稽山新茗绿如烟"；苏东坡形容当时龙凤团茶的形状之美为"天上小团月"；清代乾隆把茶芽形容为"润心莲"，并说"眼想青芽鼻想香"，足见其在审美上的想象力。

福建武夷山是茶的王国，仅清代咸丰年间记载的名茶就有八百多种。茶人爱茶爱得至深，根据茶叶的外观形状和色泽，起了很多形象而生动的茶名，如白瑞香、绿牡丹、金观音、孔雀尾、金丁香、素心兰、醉西施、玉美人、金蝴蝶、佛手莲、老君眉、绣花针、迎春柳、岩中兰等。闭上眼睛听这些茶名，就可以想象到它们的美。

3.茶味之美

自古以来，越是捉摸不定的美，越能打动人心，越能引起文人墨客的争相赞美。茶味之美包括茶色、汤色与茶香三个方面，主要是欣赏茶的汤色之美。

不同的茶类有不同的标准汤色。茶叶审评常用的术语有鲜明（表示汤色明亮略有光泽）、清澈（表示茶汤清净透明而有光泽）、明亮（表示茶汤清净透明）、鲜明、鲜艳、乳凝、混浊等。

对于具体色泽，审评专业术语有嫩绿、黄绿、浅黄、橙黄、黄亮、金黄、红艳、红亮、浅红、棕红、暗红、黑褐、棕褐、红褐、姜黄等。茶人把色泽艳丽醉人的茶汤比作"流霞"，把色泽清淡的茶汤比作"玉乳"，把色彩变幻莫测的茶汤形容成"烟"。例如，乾隆皇帝写过"竹鼎小试烹玉乳，腾声四百年以陈"；唐代徐夤《尚书惠蜡面茶》一诗中有"金槽和碾沉香末，冰碗轻涵翠缕烟"。茶香氤氲，茶气缭绕，茶汤似翠非翠，色泽似幻似真，意境美丽之极。

茶香变化无穷，缥缈不定。有的清幽淡雅，有的高香持久，有的甜润馥郁。按照评茶专业术语，仅茶香的表现性质就有清香、幽香、浓香、毫香、高香、甜香、火香、陈香等；茶香的香型可分为花香型和果香型，还可细分为板栗香、水蜜桃香、桂花香、兰花香等。

（二）茶器之美

中国茶艺中的器之美，包括茶具本身的形之美和茶具搭配后的组合美两个方面。茶具的形之美是客观存在的美，要懂得欣赏；茶具经过搭配之后的组合美，则要靠茶人自己在茶事活动中去灵活创造。在饮茶过程中，人们的意识、理念以及中华民族的文化艺术不断渗入茶事，茶饮生活也逐渐雅化，从而使人们对茶器具提出了典雅、质朴、精美等审美的要求。讲究品茗情趣的人，都崇尚意境高雅，强调"壶添品茗情趣，茶增壶艺价值"。在中国古代，人们非常注重茶叶的汤色，并以此作为茶具选配的标准。

明代中期以后，瓷器茶壶和紫砂茶具兴起。紫砂茶具的材质和风格正好迎合了当时社会所追求的闲雅、自然、质朴、端庄、平淡之风，满足了人们对茶、水、器的唯美追求。紫砂茶具逐渐形成了一门独立的艺术，从而彰显一种境界。

清代，茶具品种逐渐增多，其中又融入了诗、书、画、雕等艺术，从而把茶具制作推向新的高度，这使得人们对茶具的种类与色泽、质地与式样，以及茶具的轻重、厚薄、大小等，提出了新的要求。清代文人特别注重对品茗境界的追求，从而将茶具文化带进一个全新的发展阶段。他们既钟情于诗文书画，又陶醉于山涧清泉、听琴品茗，从而形成了精美的"文士茶"文化。清代文人更重视茶具的文化内涵。

（三）茶艺之美

中华传统茶艺萌芽于唐代，发扬于宋代，改革于明朝，极盛于清代，而且自成系统。但它在很长的历史时期里却有实无名。中国古代的一些茶书，如唐代陆羽《茶经》，宋代蔡襄《茶录》、赵佶《大观茶论》，明代张源《茶录》、许次纾《茶疏》等，对茶艺的记载都较为详细。古籍中所谓的"茶道""茶之艺"，有时仅指煎茶之艺、点茶之艺、泡茶之艺，有时还包括制茶之艺、种茶之艺。

随着时代发展，茶艺也从以"茶"为中心的饮茶的艺术，向外延展而成为"茶艺文化"。其讲究茶叶的品质、冲泡的技艺、茶具的玩赏、品茗的环境以及人际间的关系。茶艺美学有着深厚的传统文化积淀，既具有中国古典美学的基本特征，也具有自身的独特之处。茶艺美学侧重于审美主体的心灵表现，虚静气氛中的自我体验。具体如下。

淡泊之美，闲适、恬淡，隽永超逸，悠然自远，不重外在而重精神。在饮茶过程当中，把这种淡泊境界作为艺术审美上的一种追求。因此这种清淡之风和尚茶之风，深刻影响着茶艺的发展，也成为茶艺美学的一部分。

简约之美，贵在简易和俭约。传统茶文化历来奉行尚"简"、尚"俭"之风，呈现出雅俗共赏的简约之美。品茶之道，越是简朴平易的茶，越能品得茶汤的本味，悟得人生的真谛。

虚静之美，中华茶艺美学中的虚静之说，不仅是指心灵世界的虚静，而且包括外界环境的宁静。对于品茗审美而言，需要仔细品味，从而在品茗生活中更好地获得审美感悟。品茗时应尽量排出心灵空间的芜杂之物，走进品茗审美的境界，领悟茶的色、香、味、形的种种美感，以及饮茶中的择器、择水、择侣、择境之美。

含蓄之美指含而不露,耐人寻味。司空图在《诗品》中提出了"含蓄"的美学范畴,并用"不着一字,尽得风流"来形容诗歌的美学特征,讲究此时无声胜有声的境界。茶艺美学是以文人意识为基础而创造的,茶道之美则是以实用为基础而发扬的美,是在茶道实践中体会并实现的一种人生的情感体验和精神升华。

中国茶艺具有深刻的精神内涵和丰富的审美内容,茶艺美学融合了儒、道、佛三家的哲学理念,从小小的茶叶中探寻东方美学的玄机。老子、孔子、孟子、庄子等哲学家奠定了中国古典美学理论根基,为茶艺美学打下了深厚的哲学基础,如茶艺中的"和""清""淡""真""气""神"等。在茶事活动中追求美感的理论指导,从哲学的高度广泛地影响茶人,特别是思维方式和审美情趣。

(四)茶境之美

古人饮茶时除了要有好茶好水之外,还十分讲究品茶的环境。所谓品茶环境,不仅包括景、物,而且包括人、事。宋代品茶有一条叫作"三不点"的法则,就是对品茶环境的具体要求。如欧阳修《尝新茶》一诗中提出,新茶、甘泉、清器,好天气,再有二三佳客,才构成了饮茶环境的最佳组合。

古人饮茶对环境、氛围、意境、情趣的追求体现在许多文人著作中。例如,明代著名书画家、文学家徐文长描绘了一种品茗的理想环境:"茶,宜精舍、云林、竹灶,幽人雅士,寒宵兀坐,松月下,花鸟间,清泉白石,绿藓苍苔,素手汲泉,红妆扫雪,船头吹火,竹里飘烟。"茶在文人雅士眼中乃至洁至雅之物,因此,应该体现出"清""静""净"的意境,此境此景,可谓深得品茗奥妙。唐代诗僧皎然认为品茶伴以花香琴韵为最好,苏东坡在扬州做官时,曾经到西塔寺品过茶,后来写诗记道:"禅窗丽午景,蜀井出冰雪,坐客皆可人,鼎器手自洁。"

古人饮茶还十分注重品饮人员,与高层次、高品位而又通茗事的人款谈,才是其乐无穷之事。到了明代,连人的多少和人品、品饮的时间和地点也都非常讲究。在品茶环境中,茶人爱将茶品与人品并列,认为品茶者的修养是决定品茶趣韵的关键。明代茶人陆树声曾作《茶寮记》,其中提及了人品与茶品的关系。他认为茶是清高之物,唯有文人雅士与超凡脱俗的逸士高僧,在松风竹月,僧寮道院之中品茗赏饮,才算是与茶品相融相得,才能品尝到真茶的趣味。

总之,对品茶环境的讲究,是构成品茶艺术的重要环节。所谓物我两忘,栖神物外,说的都是人与自然和谐统一的最高境界。

四、茶德修养

"宋代苏轼《次韵曹辅寄壑源试焙新茶》一诗写道:"仙山灵草湿行云,洗遍香肌粉未匀。明月来投玉川子,清风吹破武林春。要知玉雪心肠好,不是膏油首面新。戏作小诗君勿笑,从来佳茗似佳人。"茶出自深山幽谷,得益于山野宁静的自然造化,禀性高洁,不入俗流;"清茶待客无需酒"提醒人们应行廉俭之道,告诫人们"静以养身、俭以养德"。

（一）德行之道

古人在饮茶时，将具有灵性的茶叶与人的道德修养联系起来。唐代诗人韦应物《喜园中茶生》咏道："洁性不可污，为饮涤尘烦。此物信灵味，本自出山原。聊因理郡馀，率尔植荒园。喜随众草长，得与幽人言。"因为茶"洁性不可污，为饮涤尘烦。此物信灵味，本自出山原"，因此品茶活动能够促进人格的完善，而沏茶品茗的整个过程，就是陶冶心志、修炼品性和完善人格的过程。

历史上很多文人都与茶结下不解之缘，他们的茶事活动有深刻的文化情结，以怡情养性、塑造人格精神为第一要务。"茶圣"陆羽将品茶作为人格修炼的手段，一生中不断地实践和修炼"精行俭德"的理想人格。陆羽的《六羡歌》就充分表现了其对高尚人格的追求。苏轼也曾为茶立传，留下了不少有关茶的诗文。颜真卿、司马光等也都将茶视为刚正、淳朴、高洁的象征，借茶表达高尚的人格理想。由此可见，众多文人雅士均赋予茶节俭、淡泊、朴素、廉洁的品德，并以此来寄托人格理想。

以美扬善，真诚处事。饮茶的意境能孕育出良好的心态，净化并滋润着人的生命。"奉茶为礼尊长者，杯茶意浓表情意"的诚挚明伦，"此乃草中英，喜随众草长"的廉俭之行，"酸甜苦涩调太和，掌握迟速量适中"之为人分寸，茶以其谦卑至诚之美德寄托人的情操。

（二）礼仪之道

中国一直被称为礼仪之邦，重礼仪，尚和谐，重愉悦。茶德茶道精神需要用心感悟茶艺、茶礼之精髓，用浸透在茶中的伦理道德因素，来唤醒人的悟性，纯化人的心灵，启真扬善，端正人的信念与行为，优化和教化人的精神品位。这就是我们所说的"茶道礼仪"。

佛教茶艺的特点是特别注重礼仪，气氛严肃庄重，其茶具也古朴典雅，强调修身养性。在佛门之中，品茗既是一种精神享受，也是修身养性的途径，因此讲究环境、人境、艺境、心境四境俱佳。

茶在宫廷大宴中占有重要的地位，在宫廷礼仪中也扮演着重要的角色。宫廷茶宴无民间饮茶的朴实，其奢侈华贵的排场也与茶道"清""俭""和""寂"背离。宫廷茶道讲究茶叶精美、茶艺精湛、礼仪繁缛、等级鲜明，以教化民风为目的，致清导和为宗旨。但其中也蕴含了茶道的基本精神，即便其本质是明伦理、敦教化、稳臣民的手段，但仍是茶礼文化的重要组成部分。

（三）乐生之道

儒家思想贯穿于茶文化中，影响着茶德思想的传播发展。儒家思想的基本特征是无神论的世界观和积极进取的人生态度。它强调仁者爱人，情理结合，以理节情，追求社会性、伦理性的心理感受和满足，提倡尊君、重礼，廉俭育德，友善待人。由此可见，儒家思想是中国茶德思想的基础，中华茶德思想也遵循了儒家思想的基本原则。

中国茶道产生之初便深受儒家思想的影响，因此也蕴含着儒家积极入世的乐观主义精神。儒家的乐感文化与茶事结合，使茶道成为一门雅俗共赏的艺术。而民间的茶楼、茶馆中更洋溢着一种欢乐、祥和的气氛。所有这些都使得中国茶道呈现出欢快、积极、乐观的色调。饮茶的乐感不仅体现在味觉上的满足，而且体现在赏茶品饮中的审美情趣，和敬爱为人的情怀。茶香常伴人情味，茶品人格两相宜。茶的韵致，提醒我们在看待人生时，要持有一种感恩的心态、理性的宽容，以平和心态，慎终追远，积极乐观的审美眼光来看待与自己，与他人和社会的关系。

（四）和美之道

茶文化中的和美之道最直观的表现就是茶文化的修养之道，是古今文人墨客熏陶自身与提高文化修养与思想境界的一种途径。实践者通过茗饮活动修身养性，涵养情操，调和五行的中乐之美。一般而言，茶道场所需洁净雅致，一般设于室外，如风景秀美的山林野地、松石泉边，伴以茂林修竹、皓月清风等自然之美。修身类茶道把日常饮茶提升为富有文化气息的品饮艺术，从单纯的物质享受上升至修身养性的精神境界，丰富了人们的精神文化生活的规范之美。

此外，人在自然界生生不息的运动之中，有艰辛，也有快乐，一切顺其自然，诚心诚意对待生活，不必超越时空去追求灵魂不朽。"反身而诚，乐莫大焉"，是说和于天性，和于自然，穷神达化，便可在日常生活中得到快乐，达到人生极至。一个"和"字涵盖了茶道思想的各个方面，包含了"敬、怡、真"等内容。"和"作为茶道精神和茶德修养的核心也延伸发展为中华茶文化中清新、自然、达观、热情、包容的精神，便是传统茶思想最鲜明、充分、客观而实际的表达。

在漫长的社会发展过程中，茶与人类的关系愈来愈密切，进而发展到精神文化活动中。综合了茶艺、茶礼、茶道和茶德才算得上是茶文化中的思想内涵，它既不能脱离单纯的物质，也不是单纯的精神文化，而是将茶器、茶艺与茶道精神二者巧妙的结合，饮茶品茗修身养性、陶冶情操，其中的价值追求正成为茶的日常生活和集体人格的精神追求相结合的颇具典型并富于特色的艺术和精神品质。

延伸阅读

叶嘉传
苏轼

叶嘉，闽人也，其先处上谷，曾祖茂先，养高不仕，好游名山，至武夷，悦之，遂家焉。尝曰："吾植功种德，不为时采，然遗香后世，吾子孙必盛于中土，当饮其惠矣。"茂先葬郝源，子孙遂为郝源民。

至嘉，少植节操，或劝之业武，曰："吾当为天下英武之精。一枪一旗，岂吾事哉！"因而游，见陆先生，先生奇之，为著其行录传于世。方汉帝嗜阅经史，时建安人为谒者侍上。上读其行录而善之，曰："吾独不得与此人同时哉！"曰："臣邑人叶嘉，风味恬淡，清白可爱，颇负其名，有济世之才。虽羽知犹未详也。"上惊，敕建安太守召嘉，给传遣诣京师。

郡守始令采访嘉所在,命赍书示之。嘉未就,遣使臣督促。郡守曰:"叶先生方闭门制作,研味经史,志图挺立,必不屑进,未可促之。"亲至山中,为之劝驾,始行登车。遇相者揖之,曰:"先生容质异常,矫然有龙凤之姿,后当大贵。"嘉以皂囊上封事,天子见之曰:"吾久饫卿名,但未知其实尔,我其试哉。"因顾谓侍臣曰:"视嘉容貌如铁,资质刚劲,难以遽用,必槌提顿挫之乃可。"遂以言恐嘉曰:"砧斧在前,鼎镬在后,将以烹子,子视之如何?"嘉勃然吐气曰:"臣山薮猥士,幸惟陛下采择至此,可以利生,虽粉身碎骨,臣不辞也。"上笑,命以名曹处之,又加枢要之务焉。因诫小黄门监之。

有顷,报曰:"嘉之所为,犹若粗疏然。"上曰:"吾知其才,第以独学未经师耳。"嘉为之,屑屑就师,顷刻就事,已精熟矣。"上乃敕御使欧阳高、金紫光禄大夫郑当时、甘泉侯陈平三人与之同事。欧阳嫉嘉初进有宠,曰:"吾属且为之下矣。"计欲倾之。会天子御延英,促召四人,欧但热中而已,当时以足击嘉,而平亦以口侵陵之。嘉虽见侮,为之起立颜色不变。欧阳悔曰:"陛下以叶嘉见托,吾辈亦不可忽之也。"因同见帝,欧阳称嘉美,而阴以轻浮訾之。嘉亦诉于上。上为责欧阳,怜嘉,视其颜色,久之,曰:"叶嘉真清白之士也,其气飘然,若浮云矣。"遂引而宴之。

少选间,上鼓舌欣然曰:"始吾见嘉,未甚好也;久味其言,令人爱之,朕之精魄,不觉洒然而醒。《书》曰:'启乃心,沃朕心',嘉元谓也。"于是封嘉钜合侯,位尚书,曰:"尚书,朕喉舌之任也。"由是宠爱日加。

朝廷宾客,遇会宴享,未始不推于嘉。上日引对,至于再三。后因侍宴苑中,上饮逾度,嘉辄苦谏。上不悦,曰:"卿司朕喉舌,而以苦辞逆我,余岂堪哉!"遂唾之,命左右仆于地。嘉正色曰:"陛下必欲甘辞利口,然后爱耶?臣言虽苦,久则有效,陛下亦尝试之,岂不知乎?"上顾左右曰:"始吾言嘉刚劲难用,今果见矣。"因含容之,然亦以是疏嘉。

嘉既不得志,退去闽中。既而曰:"吾未如之何也,已矣。"上以不见嘉月余,劳于万机,神茶思困,颇思嘉。因命召至,喜甚,以手抚嘉曰:"吾渴见卿久也。"遂恩遇如故。上方欲以兵革为事。而大司农奏计国用不足,上深患之,以问嘉。嘉为进三策,其一曰:榷天下之利、山海之资,一切籍于县官。行之一年,财用丰赡,上大悦。兵兴有功而还。上利其财,故榷法不罢。管山海之利,自嘉始也。居一年,嘉告老。上曰:"钜合侯其忠可谓尽矣。"遂得爵其子。又令郡守择其宗支之良者,每岁贡焉。

嘉子二人。长曰抟,有父风,故以袭爵。次曰挺,抱黄白之术,比于抟,其志尤淡泊也。尝散其资,拯乡闾之困,人皆德之。故乡人以春秋伐鼓,大会山中,求之以为常。

赞曰:今叶氏散居天下,皆不喜城邑,惟乐山居。氏于闽中者,盖嘉之苗裔也。天下叶氏虽夥,然风味德馨为世所贵,皆不及闽。闽之居者又多,而郝源之族为甲。嘉以布衣遇天子,爵彻侯,位八座,可谓荣矣。然其正色苦谏,竭力许国,不为身计,盖有以取之。夫先王用于国有节,取于民有制,至于山林川泽之利,一切与民。嘉为策以榷之,虽救一时之急,非先王之举也。君子讥之。或云管山海之利,始于盐铁丞孔仅、桑弘羊之谋也。嘉之策未行于时,至唐赵赞,始举而用之。

资料来源 苏轼文集 [M]. 孔凡礼点校. 中华书局,1986.

【思考研讨】

(1)茶道思想经过了哪些演变过程?

(2)简述茶道对中国传统思想和集体人格带来了哪些变化。

(3)茶与中国传统审美有哪些联系?

(4)查阅资料,探讨中国茶道的个人修行和素养应注意什么。

【参考文献】

[1]戎新宇.茶的国度[M].上海:上海交通大学出版社,2019.

[2]王岳飞,徐平.茶文化与茶健康[M].北京:旅游教育出版社,2017.

[3]丁以寿.中国茶文化概论[M].北京:科学出版社,2018.

[4]刘礼堂,吴远之.中华茶文化概论[M].北京:北京大学出版社,2016.

[5]程启坤,姚国坤,张莉颖.茶及茶文化二十一讲[M].上海:上海文化出版社,
    2012.

[6]尤文宪.茶文化十二讲[M].北京:当代世界出版社,2018.

[7]王玲.中国茶文化[M].北京:九州出版社,2022.

[8]李春恩.中国茶文化[J].台声,2004(06).

[9]徐晓村,王伟.中国茶文化的萌芽——饮茶在汉、魏晋南北朝的发展[J].北京科
    技大学学报(社会科学版),2003(04).

[10]陈文华.论中国茶道的形成历史及其主要特征与儒、释、道的关系[J].农业考古,
    2002(02).

[11]吴立民.中国的茶禅文化与中国佛教的茶道[J].农业考古,2001(02).

[12]赖功欧.论中国文人茶与儒释道合一之内在关联[J].农业考古,2002(02).

[13]龚永新,张耀武.价值视域中的茶与茶和天下[J].中国茶叶加工,2024(01).

第十一讲　茶传播

【内容提要】

(1)茶马古道通过川藏道和滇藏道的贸易往来向我国西南地区进行茶传播。

(2)唐茶东渡通过佛教禅宗、互派使节等方式向日本和朝鲜进行茶传播。

(3)丝绸之路通过陆上和海上茶路向东南亚、非洲和欧美区域进行茶传播。

(4)万里茶道通过茶叶贸易和晋商的开拓创新,向俄罗斯等区域进行茶传播。

【关键词】

茶马古道;唐茶东渡;丝绸之路;万里茶道

案例导入

"哥德堡"号商船与中国茶

走进中国茶叶博物馆的茶史厅,不少游客都会在一盒小小的茶样前驻足。盒中的茶叶早已糜烂变质,就像梅干菜一般,与它身边精美的文物形成鲜明的对比。可是,就是这样一份不起眼的茶样,见证了我国茶叶外销的光辉历史,见证了航海史上著名的商船"哥德堡"号的传奇故事。

"哥德堡"号是一艘以瑞典名城哥德堡命名的大帆船,服务于瑞典东印度公司,1738年由瑞典船舶设计师弗雷德里克·查普曼设计,在斯德哥尔摩建造。该船船体总长58.5米,水面高度47米,18面船帆共计1900平方米,载重量833吨,船上配备30门大炮,是当时瑞典东印度公司旗下最大的商船之一。

1745年9月12日,这是一个阳光明媚、风平浪静的日子,也是货运商船"哥德堡"号第三次远航中国归来的日子。清晨,新埃尔夫斯堡的码头上人声鼎沸,人们手捧着鲜花一边焦急地等待与亲人团聚,一边热闹地猜测着船上装载的中国珍宝。

终于,海平面上出现了"哥德堡"号的帆影,人群欢呼起来,有人跳起了舞,唱起了歌。慢慢地,船离港口越来越近了,人们看到了船员们挥舞着手臂,领航员登上了甲板,还有1千米……900米了……就在人们热切期盼的目光中,突然一声巨响,"哥德堡"号猛烈地撞击在近海的一块礁石上,风平浪静的海面即刻掀起巨浪,大船顷刻间沉入了苍茫的大海。所幸的是离岸较近,并无人员伤亡,但整船的货物被大海吞噬了。人们哀叹、无奈,兴奋的泪花瞬间变成了悲伤的泪水。走过惊涛骇浪都没有翻沉的"哥德堡"号却在风平浪静中沉没了,这成了航海史上的一个不解之谜。

260多年过去了,但人们对"哥德堡"号的兴趣并没有减退,对于沉船物品的打捞也一直没有停止过。那么,"哥德堡"号究竟从中国带回了什么样的珍宝呢?

据统计,当时船上装有的中国货品约有700吨,除100吨瓷器,部分的丝绸、藤器、珍珠母和良姜等物品外,大量装载的就是中国茶,足足有2677箱(相当于366吨),其数量之大令人震惊。而且由于当时中国出口的茶叶包裹十分严密,多用锡罐或锡纸包装,防潮、防霉,不怕海水侵蚀,所以,据说有些茶叶从海里打捞出来后,还能饮用,且香味犹存。

中国茶叶博物馆收藏的"哥德堡"号沉船茶样其实有两份,一份是1990年10月开馆之初由瑞典驻上海领事馆总领事赠送;一份是1991年,时任国务院副总理田纪云访问瑞典时,瑞典首相赠送,在得知杭州已建有中国茶叶博物馆后,他将此茶样转赠中国茶叶博物馆。如今,这两份历经沧桑的沉船茶样静静地展示于博物馆展厅中,向来来往往的中外游客们诉说着中瑞之间茶叶商贸的往事……

资料来源　吴晓力.一片树叶的传奇:茶文化简史[M].北京:九州出版社,2018.

一、茶马古道

几千年前,在青藏高原、云贵高原和川西高原的崇山峻岭之间有一条完全用人、马的脚力踩出来的古道——茶马古道。茶马古道实际上是根据唐宋以来实际存在的茶马互市的史实而命名的。

(一)茶马古道的起源

1.茶马互市

唐朝时期,茶传入藏族地区之后很快成为每个藏民日常饮食结构中必不可少的一部分。由于"腥肉之食,非茶不消;青稞之热,非茶不解",藏族全民饮茶;为了提神化食,藏族人民将茶作为"一日不可或缺"的生存必需品。但藏族所居的青藏高原地区素不产茶,为了将川滇的茶叶运入藏区,同时将藏区的土特产输入内地,以茶叶贸易为主的交通线在藏汉民族商贩、背夫、马帮披荆斩棘下被开辟出来。

茶马互市,主要是指我国北部与西部从事畜牧业经济的少数民族,用马匹等牲畜及畜产品与内地换取茶叶、布帛、铁器等生产、生活必需品的比较集中的大规模集市性贸易活动。它始于唐代,盛行于两宋、明、清,长达千余年。茶马互市因大多由集权国家所控制,或在国家政令的许可下在指定地点进行,更多时候成了国家控制边境游牧民族并且获取战马的手段。

《明史·食货志》载:"番人嗜乳酪,不得茶,则困以病。故唐、宋以来,行以茶易马法,用制羌、戎。",当时亦有"用'汉中茶'三百万斤,可得马三万匹"之说。明朝廷对走私茶叶定性为"通番",朱元璋还规定"私茶出境者,斩;关隘不觉察者,处以极刑"。这反映出,唐宋至明朝的茶马贸易有利于中原王朝的边疆稳定,这也是对游牧民族强烈依赖于茶的真实写照。游牧民族长期以食肉为主,因此需要通过饮茶来温润暖胃、消食解腻;而游牧民族所在的地区通常是不产茶的,必须通过与内地进行贸易而获取茶叶。游牧民族盛产牲畜和畜产品,其中马的品质更是胜过中原地区的。马是狩猎、交通、骑射和战争中的重要工具,与一个国家的生产发展、军备强弱、国势盛衰有着密切的关系。因此茶马互市的产生便有了其充分条件,游牧民族与中原地区开始进行茶马贸易,各取所需。

2.茶马古道的路线

茶马古道是指我国古代在云南、四川、西藏三地之间进行茶马贸易的商道,其延续达千年之久。茶马古道的基本路线主要位于四川、云南、西藏三地境内,其外延可以辐射到广西、贵州、甘肃、青海、新疆,国外则可以直接到达印度、尼泊尔、不丹、缅甸、越南、老挝和泰国,再向外围扩展可延伸到南亚、东南亚和西南亚的其他国家和地区。这个庞大的交通网在中国境内形成了三个贸易中心,即四川的康定、云南的丽江和西藏的昌都。这样就形成了茶马古道最大的一个特点 —— 线路的扩散性。其线路密集的程度完全可以用"密如蛛网"来形容。

茶马古道的主要干线有两条。

第一条主道是川藏道,即北道。以今四川雅安一带产茶区为起点,首先进入康定,自康定起,川藏道又分成南、北两条支线:北线是从康定向北,经道孚、炉霍、甘孜、德格、江达,抵达昌都(即今川藏公路的北线),再由昌都通往卫藏地区;南线则是从康定向南,经雅江、理塘、巴塘、芒康、左贡至昌都(即今川藏公路的南线),再由昌都通向卫藏地区,国外则到达尼泊尔、印度等地区。

第二条主道是滇藏道,即南道。它南起云南茶乡普洱,经下关、丽江、维西、中甸(今香格里拉)、德钦,西进西藏拉萨,又经亚东,越过喜马拉雅山口,经印度噶伦堡,到加尔各答。

除了这两条主线以外,还有一条在唐朝后期和宋朝时相当兴盛的古道,即"唐蕃古道"。这条古道在前期是连接唐朝与吐蕃的一条政治要道,到后来逐渐演变成汉藏茶马贸易的一条主要通道。它东起长安,经鄯州(青海乐都区)、鄯城(西宁)、莫离驿(青海共和县)、那禄驿、柏海,至从龙驿,过牦牛河(通天河)藤桥,向西过唐古拉山,经那曲到拉萨。

（二）茶马古道的发展

1.源于唐

唐朝,茶的种植已经相当普遍。茶马互市的记载也最早见于唐代。松赞干布统一西藏后,向唐朝要求通婚,于是唐太宗把文成公主嫁到西藏,这对于唐朝文化的传播发挥了积极的作用。在茶饮生理需求和茶文化的影响下,从唐代起,四川和云南的茶叶开始流入西藏地区,揭开了藏族人民饮茶的历史。藏族人民逐渐形成不可一日无茶的习惯。随之,茶也从经济舞台走上了政治舞台。当茶成为牧区最受欢迎的消费品后,唐代自开元十八年(730年)以后便有了经常性的马市,唐蕃古道逐渐形成。

据李肇的《唐国史补》记载:"常鲁公使西蕃,烹茶帐中,赞普问曰:'此为何物?'鲁公曰:'涤烦疗渴,所谓茶也。'赞普曰:'我此亦有。'遂命出之。以指曰:'此寿州者,此舒州者,此顾渚者,此蕲门者,此昌明者,此浥湖者'。"常鲁公为唐德宗建中二年(781年)奉使入吐蕃议盟的监察御史常鲁,当时赞普已拥有汉区各地名茶。寿州舒州者,指安徽六安茶;顾渚者,指浙江紫笋茶;蕲门者,指湖北黄芽茶;浥湖者,指湖南银毫茶;昌明者,指蜀中绿昌明茶。据此推测,唐代西藏的茶叶供应在某种程度上应该得到了保证,因为这是形成饮茶习俗的基础。至于赞普收集的茶叶,赞普先是明知故问,然后主动炫耀,似乎想通过茶叶表现自己的汉文化修养不亚于唐朝大臣。

唐代中叶,茶叶开始纳入国家经济发展。这是因安史之乱后唐朝皇权衰落,各地藩镇割据,为了筹措粮饷以消灭割据势力。793 年,唐德宗开始对茶叶征收"什一税",即将茶叶销售收入的十分之一作为税金征收。这项税收政策执行了两年,国家财政状况就有所改善。之后,每当朝廷财政困难的时候,都会开征茶叶税以解燃眉之急。

827 年,唐文宗推行茶榷,即把所有的茶叶交易都放在官府开设的市场内,茶叶由官府统购统销,解决了定价问题。同时,吐蕃为了加强对茶叶贸易的管理,开始派专人负责经营汉藏茶叶贸易。此后,使茶叶成为国家垄断交易的茶榷,也成了一项制度。茶榷制度从唐文宗时期制定以来,直到清末才被取消。最初制定茶榷制度的唐文宗并没有想到,自己为了增加税收的一个举措竟变成了后世一个延绵千年的国策,成为历代统治者都积极采取控制茶马交易的手段。

总的来看,唐朝的茶马贸易处于形成和开拓阶段,政府对贸易的经营和管理不健全,贸易的形式主要是"贡"与"赐"的形式,贸易的数量呈急剧扩大之势,贸易的地区包括中部、西部的大部分地区。所有这些特点都为茶马贸易在宋朝的大兴奠定了基础。

2.兴于宋

在宋代,北方相继出现了以经营畜牧业为主的辽、金、夏等少数民族政权。由于宋朝与辽、金频繁交战,对军马的需求增加,而中原地区缺乏马匹,不得不从少数民族地区购买。在中原政权的推动下,宋代的茶马互易制度得到了显著发展。

然而,自元昊建西夏国,由于其追求自身利益,战马很少流入宋朝。在宋神宗熙宁六年(1073 年),陕西的茶马道遭受阻碍,北方马源枯竭。尽管如此,由于与西北少数民族的战争未停止,宋朝仍需大量战马。然而,由于购置战马的资金常年紧张,宋王朝通常以银、绢、茶等支付马价。而吐蕃等少数民族对茶叶的迫切需求,尤其是对川茶的喜爱,不仅刺激了以茶易马的兴盛,而且使宋王朝将茶马交易作为一种政治手段,用以结善并控制西北各民族。

受多种因素影响,宋代将茶马互市的关注点转移到西南地区。黎州(四川汉源)和雅州(四川雅安)成为通往藏区的要道和茶马互市中心。雅州的名山茶备受西北少数民族喜爱,因此宋朝一度特别规定 —— 雅州"名山茶专用博马",并在名山设立"茶马司"统一管理交易。于是渐渐把原来民间零散的茶马交易集中起来,形成有组织的市场,每年交易马匹为 15000 匹以上。从此,大渡河以南和以西的广大藏族群众纷纷来此贸易,川藏道逐步成型。南宋时期,政府偏安于江南一隅,但为了巩固局势,应对金兵,政府将互市重点从北方转向西南,与大理政权进行交易,滇藏道逐步形成。

宋朝的茶马贸易在经营和管理方面较唐朝有了长足的进步和发展,主要体现在对贸易经营和管理的制度化和系统化上。至元朝,由于统治者为草原上的游牧民族蒙古族,其战马来源充足,国土空前辽阔,边荒皆为内地,因此对茶马贸易关注减少。虽然元朝不强调茶马互市,但是非常重视对古道的开拓,延伸了川西、滇西北与西藏的茶马古道。

3.盛于明清

明代茶马贸易发展迅猛,性质发生变化,实行茶叶专卖,并制定了完备的贸易制度,主要与北部及西部的蒙、藏等少数民族进行贸易。所易之茶,初期以传统的"巴茶"为主,后来逐渐被物美价廉的湖南茯茶取代。明朝还采取了新举措,以确保正常互易。如金牌信符制度,明洪武初相继在秦州、河州、西宁、甘州等地设立茶马司,对西北各"纳马之族"给发金牌,以为纳马凭证。金牌信符成为明代茶马贸易的合法凭证。明代政治相对安定,少数民族地区的畜牧业发达,使得茶马贸易十分活跃。

明朝时期的汉藏茶马贸易达到了极盛,仅从贸易数量就可见一斑。据统计,"1490—1601 年,仅四川、陕西等地行销甘、青、藏的茶叶,分别为 30 万斤至 80 万斤"。明代文学家汤显祖在《茶马》中写下了"黑茶一何美,羌马一何殊。羌马与黄茶,胡马求金珠"的诗句,凸显当时茶马贸易的繁荣。明朝茶马贸易制度、内容和方式发生了重大变化,完善的贸易制度和严格的经营管理不仅是一种经济关系,而且是一种政治关系。通过茶马贸易,明朝全面巩固了对西藏的统治。

清初延续了明代的茶马贸易制度。顺治二年(1645 年)设立了西宁、甘州等 5 个茶马司,由陕西茶马御史督理。除了四川、青海、甘肃等地区外,云南也成为主要茶马贸易区。1661 年,五世达赖请求在云南胜州开展互市,以马易茶,并得到清廷的许可。此后,云南茶大量销往藏族地区,且地位日渐提升,滇藏道逐渐兴盛。

1705 年,茶马互市结束,改征茶叶税款并允许商人自由贸易。随着清朝在全国范围内建立统治秩序、社会安定,农牧业经济发展和民间贸易繁盛,茶法、马政也发生相应变化。清朝政府在平定"三藩"和收复台湾后基本实现全国政治统一,朝廷对茶马贸易开始淡化。雍正九年(1731 年)因用兵新疆,短暂恢复"茶马互市",但随着新疆军事行动结束,所需马匹数量大幅减少,仅通过贡赋就能满足需求。至此,延续近千年的茶马互市制度正式宣告结束,茶马贸易转由民间经营。

(三)茶马古道的作用

申旭在《茶马古道与滇川藏印贸易》中载:"通过茶马古道向西藏输入的商品主要有木棉类、毛织类、珊瑚、玉蜀黍、火柴、绢织物、烟草、茶叶、毛皮等,除此之外砖茶和棉布是通过茶马古道输入西藏的大宗货物,西藏则主要输出马匹、毛皮、药材等货物。作为中华民族历史上一条与丝绸之路齐名、发挥重要作用的通道,茶马古道虽然随着现代文明的涤荡,它已逐渐湮没于历史的尘埃,但其历史和价值依然熠熠生辉。"

1.促进政治和谐与稳定

茶马互市的兴起自唐代始,延续至清代,成为中央王朝以茶固边、以茶施政的重要手段。各代政府将茶提升到经济与政治的高度,尤其在不产茶的藏蒙地区,在官方主导下加强了茶文化传播,通过僧侣及贵族自上而下的影响,原来没有饮茶习惯的藏区群众在生理和精神上都逐步离不开茶。茶马互市促进了西藏与内地的经济文化交往,成为中央王朝与少数民族联系的纽带,是经贸之道、文化之道和安藏之道。

2.带动区域化经济发展

千年茶马古道推动了沿途许多城镇的形成,大大促进了这些城镇的经济发展。虽然以"茶马"命名,但这条古道上马帮运输的货物并非只有茶叶和马匹。作为沟通中国西南及东南亚周边国家的重要商道,茶马古道加强了我国西南各民族的联系,丰富了物资供应,茶马贸易是多边共赢的贸易活动,带动了区域经济发展。

3.推动民族文化交流融合

西南地区是我国少数民族聚居区,茶马古道像一张庞大的网络,将各民族连接在一起。通过这张网络,各民族加强了联系和沟通,促进了政治、经济、文化的互动、发展和融合,增进了彼此间情感的联系,找到了自己的归属。茶马古道促进了各民族之间的文化交流,不仅是交通网络,而且是促进各民族交往、交流和交融的媒介。

二、唐茶东渡

(一)唐茶东渡的背景

唐代是我国传统社会空前兴盛的时期,在这一时期,茶始成书,茶始销世,茶始征税。唐代饮茶风俗、品饮技艺都已法相粗具。中唐时期,茶叶的加工技术、生产规模、饮茶风尚及品饮艺术等更是有了空前的发展,促使其广泛传播到少数民族地区。

1.唐茶时兴

唐朝是国力强盛、经济发达、文化繁荣的时代,经济的发展和社会生产力的提高都大大促进了茶叶生产的发展。从《茶经》和唐代其他文献记载来看,当时茶叶产区已遍及今四川、湖北、云南、贵州、福建、浙江等 14 个省区。唐代,茶已成了人们日常生活的重要饮料。唐代杨晔《膳夫经手录》载:"今关西、山东、闾阎村落皆吃之,累日不食犹得,不得一日无茶。"说明中原和西北少数民族地区都已嗜茶成俗。由于西北及中原地区不产茶,因而南方茶的生产和全国茶叶贸易空前发展起来了。茶叶贸易的发展带动了茶叶生产的发展,同时也带动了茶叶制作技术和品质的大幅提高。

唐代茶事兴盛的另一个重要原因是朝廷贡茶的出现。唐代宫廷大量饮茶,又有茶道、茶宴多种形式,朝廷对茶叶生产十分重视。唐大历五年,唐代宗在浙江长兴顾渚山设立官焙(专门采造宫廷用茶的生产基地),责成湖州、常州两州刺史督造贡茶并负责进贡紫笋茶、阳羡茶和金沙水事宜。唐李郢有诗句"十日王程路四千,到时须及清明宴",指每年新茶采摘后,便昼夜兼程解送京城长安,以便在清明宴上享用。

由于茶叶经济的发展,唐德宗贞元九年开始征收茶税,税率为十分之一。这是我国历史上最早的茶税开征,当年收入 40 万贯。此后,茶税渐增。唐文宗大和年间,江西饶州浮梁是全国最大的茶叶市场,《元和郡县志·饶州浮梁县》载"每岁出茶七百万驮,税十五余万贯"。白居易在《琵琶行》中也写下了"商人重利轻离别,前月浮梁买茶去"的著名诗句,反映了当时贩茶是有利可图的买卖。据《新唐书·食货志》记载,到唐宣宗时,每年茶税收入达 80 万贯。茶税已发展成为唐朝后期财政收入的一项重要来源。

2.茶作盛行

唐以前,文人士大夫就介入了饮茶活动,与茶结下缘分,并有作品留世。唐朝的统一强盛和宽松开明的文化背景为文人提供了优越的社会条件,激发了文人创作的激情,加之茶能涤烦提神、醒脑益思,因而深得文人喜爱。面对名山大川、稀疏竹影、夜后明月、晨前朝霞,文人士大夫将饮茶作为一种愉悦精神、修身养性的手段,视为一种高雅的文化体验过程。因此,自唐以来,流传下来的茶文、茶诗、茶画、茶歌,无论从数量到质量、从形式到内容,都大大超过了唐以前的任何时代。唐代文人以茶会友、以茶传道、以茶兴艺,使茶饮在人们社会生活中的地位大大提高,使其文化内涵更加深厚。

中唐时期,陆羽《茶经》的问世把茶文化推向了空前的高度。《茶经》是唐代和唐以前有关茶叶的科学知识和实践经验的系统总结,是陆羽取得茶叶生产和制作的第一手资料,是广采博收茶家采制经验的结晶。它对当时盛行的各种茶事做了追溯与归纳,对茶的起源、历史、生产、加工、烹煮、品饮,以及诸多人文与自然因素做了深入细致的研究,使茶学真正成为一门专门的学科。

3.佛教禅宗

随着佛教禅宗的兴盛与影响,在南方饮茶风习不断发展的基础上,茶在北方也迅速传播着,形成了全国性的饮茶规模。尤其是禅宗,需要饮茶来协助修行,因其主要修行方法是坐禅,夜不能睡,且只能早、中两餐进食,以便身心轻安、静坐敛心、专注一境,最终顿悟成佛。坐禅时间长达三个月,空腹长时间静坐,需要一种既符合佛教教义戒规,又能清心提神、补充营养的食物。僧人从饮茶实践中发现,饮茶既可提神醒脑、消除疲乏、修身养性,又能补充水分,获得丰富营养,因而茶深得僧人喜爱,成为一日生活不可缺少的必需品。唐人封演的《封氏闻见记》对山东泰山灵岩寺禅师学禅饮茶有过记载,这些在本书前文有过较详细的介绍。为满足佛教禅宗用茶的需要,各大小寺院大力种茶、研茶,对促进茶叶生产及品质的提高做出了历史性的贡献。

（二）唐茶东渡的过程

茶文化的外传最早是向东传到朝鲜和日本。早在 9 世纪,许多出访唐朝的朝鲜使节将唐朝皇帝赏赐的茶籽带回本国种植,也将唐朝的煮茶法在朝鲜推广。日本在同一时期也派了许多遣唐僧来中国留学,回国时他们将中国的制茶法带回推广,并先后引种了中国的茶树,最后形成了日本的茶道,在本国和其他国家都产生了重大的影响。

1.传入朝鲜

在南北朝和隋唐时期,百济、新罗与中国往来频繁,经济和文化交流密切。特别是新罗,其是与唐通使来往最多的邻国之一,在唐朝有通使往来 120 次以上,派遣学生和僧人到中国学习典章佛法。在这些中外交流使者的努力下,饮茶的习俗也逐渐影响了朝鲜半岛。新罗人在唐朝主要学习佛典、佛法,研究唐代的典章,在学习佛法的时候将茶文化也带到了新罗。

甚至还有新罗王国的贵族为了佛法而抛弃王族的身份,落发为僧入唐求法并研制茗茶的记载。据唐费冠卿《九华山创建化城寺记》记载,唐开元末有金地藏者,新罗国王金氏近属名乔觉……毅然抛弃王族生活,祝发为僧。金地藏入唐后在九华山修行佛法,并创制"金地佛茶",其茶"在神光岭之南,云雾滋润,茶味殊佳"。

828 年,新罗使节金大廉将茶籽带回朝鲜,种于智异山下的双溪寺庙周围,朝鲜的种茶历史便由此开始。最初饮茶只是在社会的上层阶级以及僧人文士之间流传,逐渐地,这股风气影响了社会的各个阶层,并最终促成了朝鲜本土茶叶的发展和饮茶之风的兴起。

2.传入日本

与朝鲜半岛相似,茶叶传入日本也是民间文化交流的结果。唐代时期,中日之间的宗教交流十分密切,在中国学习佛经的日本僧人为数众多,他们在回到日本以后还带去了唐代的饮茶风俗。

唐朝时期,大批日本遣唐使来华,到中国各佛教圣地修行求学。当时中国的各佛教寺院已形成"茶禅一味"的一套茶礼规范。这些遣唐使归国时,不仅学习了佛家经典,而且将中国的茶籽、茶叶种植知识、煮泡技艺带到了日本,使茶文化在日本发扬光大,并形成具有日本民族特色的艺术形式和精神内涵。

唐朝僧人鉴真就是其一,他也是日本佛教南山律宗的开山祖师、著名医学家。鉴真东渡日本是中日文化交流史上具有重大历史意义的事件。四十余年间,鉴真为俗人剃度,传授戒律,先后达四万余人,后赴日传法,日本常称其为"过海大师"。733 年,僧人荣睿、普照随遣唐使入唐,邀请鉴真去传授戒律。742 年,鉴真不顾弟子们劝阻,毅然应请,决心东渡。由于地方官阻挠和海上风涛险恶,先后四次都未能成行。第五次漂流到海南岛,僧人荣睿病死,鉴真双目失明,751 年回到扬州。753 年,67 岁高龄的鉴真第六次东渡,在日本萨摩秋妻屋浦登陆,居日十年,将唐朝僧人的茶文化、茶习俗,更为生动地展示给日本社会。

到了宋朝,"点茶、焚香、插花、挂画"被称为"四般雅事",是当时文人雅士追求雅致生活的一部分。日本僧人荣西禅师得知当时的宋朝禅宗非常兴盛,于是两次前往中国学习佛法。当他居住在天台寺一带时,每年春夏都能看到茶农在茶园里从事采茶、制茶等活动。社会上下,僧俗同饮的场景,更是使荣西和尚受到很大熏陶。他在苦心钻研浩瀚的佛学之余,对中国的茶叶研究也十分钟爱。1191 年,荣西禅师回到日本,开始广布禅理护国,并教导民众以茶养生,饮茶之风很快风靡日本列岛。1214 年 2 月,茶得到了幕府最高层 —— 源实朝将军的首肯。饮酒过多而醉倒的将军在喝了荣西禅师给他冲泡的二月茶以后,很快就清醒了。荣西还给将军呈上了他撰写的《吃茶养生记》,书中记述了茶叶的神奇功效。1694 年,时隔五百年之后,这部《吃茶养生记》终于以木刻版的形式在京都问世,引起了茶道界以及研究学习中国医术养生之道的人们的广泛重视,荣西禅师也被称为日本"茶祖"。

(三)唐茶东渡的影响

唐代是古代中国文明的一个鼎盛时期,茶叶随着中外经济文化交流向外传播到了朝鲜半岛和日本,并且落地生根,成了如今韩国和日本茶道的萌芽,其影响可谓深远。茶道作为日本传统文化的杰出代表之一,如今已晓谕世界。但细心的人们可能会发现,当代日本茶道主流中的抹茶道,无论其手法及器具都与我国宋代的点茶十分相似。径山茶道与日本茶宴的渊源便是其典型代表。

径山寺位于浙江省杭州市郊的余杭径山,位居"江南禅林之冠",尤其是南宋嘉定年间,宋宁宗封径山寺为五山十刹之首,其影响力更是到达顶峰,成了彼时日僧渡海求禅的圣地。

径山历来产佳茗,相传法钦曾"手植茶树数株,采以供佛,逾手蔓延山谷,其味鲜芳特异"。后世僧人也常以本寺香茗待客,久而久之,便形成一套行茶的礼仪,后人称之为"茶宴"。到了宋代,径山茶宴已发展得较为完善,不仅有机结合了禅门清规和茶会礼仪,而且完美体现了禅与茶的意蕴,成为当时佛门茶会的典范。据说,径山茶宴包括了张茶榜、击茶鼓、恭请入堂、上香礼佛、煎汤点茶、行盏分茶、说偈吃茶、谢茶退堂等 10 多道仪式程序,每一道程序又都有步骤和分工上的严格规定,所用的茶器具也都是专门定制的,整个场面庄严有序而又禅意深藏。南宋朝廷也甚为重视,多次在径山寺举办茶宴来招待贵宾。

1235 年,日僧圆尔辨圆入宋求法,从径山寺无准禅师习禅,期间,他不仅全身心地吸收领会中国禅法、儒学,而且对径山寺的禅院生活文化也不遗余力地观察、学习,学会了种茶、制茶,观察体验了径山茶宴的形制与组织。1241 年,圆尔辨圆学成归国,除了佛学、儒学经典外,他还带回了径山茶的种子,并将其栽种在自己的故乡静冈县,按径山茶的制法生产出高档的日本抹茶,被称为"本山茶",奠定了日后静冈县成为日本最大的茶叶生产地的基础。此外,他还仿效径山茶宴的仪式,制定了东福寺茶礼,开启了日本禅院茶礼的先河并传承至今。

三、丝绸之路

中华茶文化还主要通过两条路径向外传播与交流:一是经由陆上丝绸之路传播到周边国家,二是透过海上丝绸之路传播到遥远的国家。

(一)陆上茶路

中国位于亚洲东部,东临海,南、西、北三面与周边多个国家接壤。在古代交通尚不发达的情况下,茶叶的传播首先通过陆路传至邻近国家。

1.茶路源起

茶路的起源可追溯至南朝时期,在 475 年前后,土耳其商人抵达华北与内蒙古交界处,进行以物换物,并带走了中国的茶叶和丝绸。这使茶叶通过丝绸之路穿越河西走廊、新疆戈壁地带,传入中亚和西亚等地。历史资料显示,在南北朝时期,中国的饮茶文化就已传播至土耳其。因此,在土耳其语中,对茶的称呼和发音与汉语相一致,让人隐约感受到千年前中国茶叶通过丝绸之路传至西亚所带来的影响力。

同时,茶叶不断进入中亚和西亚多国。许多阿拉伯商人在中国购买丝绸和瓷器的同时,也常携带茶叶回国。因此,茶叶随着陆上丝绸之路传播到许多阿拉伯国家,使得饮茶文化在中亚和西亚地区持续蔓延开来。可以确切地说,西汉时张骞开通的丝绸之路,在唐代已逐渐演变为"丝茶之路"。

2.西传之路

茶的西传,主要是指由中国向西传播到伊朗、土耳其等西亚国家。早在 5 世纪,中国茶已进入土耳其。土耳其饮茶历史久远,但种茶历史却是从 19 世纪后期开始的,其直到 1937 年,才建起了第一个茶树种植场。作为中国古代丝绸之路南路要站的伊朗,接纳中国茶文化已千年以上。为了满足伊朗人民对茶的需要,1900 年开始,伊朗王子沙尔丹尼从印度引进茶籽,首开伊朗试种茶树记录。后另派农技人员前往印度和中国学习茶树栽培和茶叶加工技术,从此伊朗茶叶生产起步。

3.南传之路

茶叶南传指的是茶叶向南传播到与中国接壤的南邻国家,主要是南亚和东南亚国家。其中,少数国家虽为岛国,如斯里兰卡、印度尼西亚等,但它们与中国是近邻,同处亚洲,这些茶叶的传播通常是通过陆路或海陆并进的方式进行的。

(1)传入南亚的印度、尼泊尔等国。

尽管印度与中国接壤,饮茶历史较早,但其种茶历史仅有 200 多年。1780 年,英国东印度公司从中国广州购得少量茶籽,尝试在印度的加尔各答等地种植,标志着印度引种茶树的起步,但并未成功。次年,戈登从福建武夷山购得大量茶籽,寄回加尔各答,进行茶苗繁殖。1836 年,时任植茶委员会秘书的戈登又前往中国四川雅安学习种茶和制茶技术,并购买茶种,聘请雅安茶业技工进行指导,前往印度传授种茶和制茶技术,最终取得初步成功。1848 年,英国东印度公司派员到中国采购茶籽和茶苗,运回印度进行栽种;同时聘请了 8 名中国种茶和制茶的技工前往印度传授相关技法。经过百余年的努力,19世纪后期,茶叶终于在喜马拉雅山南麓的印度大吉岭一带取得了显著发展。如今,印度已经成为世界产茶大国。

(2)传入东南亚的越南、泰国等国家。

唐代杨晔《膳夫经手录》载:"衡州衡山,团饼而巨串,岁收千万。自潇湘达于五岭,皆仰给焉。其先春好者,在湘东皆味好,及至河北,滋味悉变。虽远自交趾之人,亦常食之,功亦不细。"表明早在唐代时,今湖南衡山的饼茶已远销到交趾(今越南)。可见在一千多年前,茶已传入越南,且越南人已有饮茶习俗。在越南的中部和北部地区,还生长有野生茶树。这些野生茶树是从中国云南茶树原产地经红河,顺流自然传入的。但越南种茶仅有数百年历史,是1900年以后在法国人的扶持下才时兴起来的。1959年,越南政府派技术人员到中国留学,学习茶叶栽制技术。如今,茶已成为越南农业中的支柱产业之一。

自明代开始,就有华人移居泰国。如今,泰国的华裔人口达600万之多。而这些华人大多来自中国茶乡福建、广东一带,自然也将饮茶之风带入泰国。但泰国种茶历史不长,茶区主要分布在与我国云南省、缅甸、老挝交界的清迈、清莱等地,地处泰国北部山区。

(二)海上茶路

大约8世纪之后,茶叶经由东海航线向东传往朝鲜和日本;13世纪之后,茶叶销往东南亚地区和国家,海上丝绸之路愈加繁荣;17、18世纪之后,外国商人的航海探险活动频繁,茶叶贸易愈加繁荣,传教士也进一步推动了中华茶文化向外传播,茶叶经由南海航线传往更遥远的欧洲、美洲、非洲等地;19世纪,中华茶叶几乎已经传播到各个国家与地区,中华茶文化成了中华文化对外传播的使者。

宋元时期,海内外贸易空前繁荣,漫长的海岸线上出现了一批海外贸易港口。而海上丝绸之路起点在泉州一带,这里在唐代是著名的海外交通大商港之一,与世界上百个国家地区有通商往来。宋元时代的泉州港甚至取代了唐代的广州港,成为最大的对外贸易港口。而当时毗邻泉州的茶叶产地也不少,茶叶自此经东南亚诸国传向西方,形成了一条海上的"茶叶之路"。正是通过这条途径,中华茶文化开始对欧美各国产生影响。

1.隋唐时,茶叶东渡韩国和日本

新罗二十七年(632年),韩国遣唐高僧从中国带回茶种,种于河东郡双溪寺。12世纪时,高丽的松应寺、宝林寺等著名禅寺积极提倡饮茶,饮茶之风很快普及到民间。自此,朝鲜半岛不但饮茶,而且开始种茶。但由于气候等原因,韩国茶叶生产发展缓慢,至今茶叶主要依靠进口,只有富庶人家才能享受到饮茶的乐趣。

日本自630年就开始向中国派遣唐使、遣唐僧,至890年,日本先后派出19批使者来华。而这一时期,正是中华茶文化的兴盛时期,饮茶之风遍及中国大江南北,波及边陲。特别是隋唐时,中国佛教文化兴起,寺院积极提倡饮茶参禅学法悟性,茶亦伴随着佛教的脚步传入日本。

2.宋元时,茶叶随着佛教文化快速向外传播

宋代在广州、泉州等地设立市舶司。据《宋史本纪》记载,淳化三年(992年),印度尼西亚遣使来华进行贸易。中国主要输出丝织品、茶叶和瓷器等。当时的福建茶叶已大量销往海外,尤其是南安莲花峰名茶。

9世纪末至12世纪中期,中日茶文化交流处于停滞状态。南宋时,许多日本佛教高僧再度来中国获取佛教经法,促使日本佛教获得新的发展,茶文化也开始兴盛起来。宋代"禅茶一体"的茶文化对日本影响深远:一是促成了日本第一部茶书——《吃茶养身记》的诞生。此书的作者荣西是日本的禅宗之祖,也被称为日本的"茶祖",此书的问世和传播为300年后日本茶道的成立奠定了基础。二是民间逐渐普及饮茶之风,随着寺院饮茶活动的推广和兴盛,饮茶活动和茶文化从以寺院为中心逐渐普及到民间,日本茶文化由完全模仿中国向本民族独创的方向发展。

3.明清时,茶叶对外传播加快后走向衰退

(1)明时,海上茶叶传播加速,推动茶文化在英国等欧洲国家的交流。

1405年,明成祖任命郑和(1371—1433年)为总兵太监,率领庞大船队首航西洋。郑和在28年间"七下西洋",其远航所及,涉足亚洲、欧洲和非洲的30多个国家和地区,最远到达非洲东海岸的肯尼亚,成为人类航海史上的壮举。据考证,郑和使团所带的一切物资,除生活必需品外,还有七大类出口商品。其中食品类带的主要就是茶叶,瓷器类带的是包括茶具在内的青花瓷器。自此以后,中国的茶叶就开始源源不断地运往南洋、西欧及非洲的东海岸。

1517年,葡萄牙商船结队来到中国,葡萄牙公使进京与清政府交涉,要求准许他们居留在澳门,进行商业交易活动。这样,茶叶开始进入西方贸易。

1644年,英国开始在厦门设立机构,采购武夷茶。1658年,英国出现第一则茶叶广告,是至今发现的最早的售茶记录。1669年,由英国直接进口的第一批茶叶在伦敦上岸。1721年,在中英贸易中,茶叶已占据第一位。1820年以后,英国人开始在其殖民地印度和锡兰种植茶树。1834年,中国茶叶成为英国的主要输入品,总数已达3200万磅。

英国茶文化是先在皇室上层流行的。1662年嫁给英王查理二世的葡萄牙公主凯瑟琳,人称"饮茶皇后"。当年她的陪嫁品包括221磅红茶和精美的中国茶具。在红茶的贵重堪与银子匹敌的年代,皇后高雅的品饮表率引起贵族争相效仿。由此饮茶风尚在英国王室传播,不但宫廷中开设了气派豪华的茶室,而且一些王室成员和官宦之家也群起仿效,在家中专辟茶室,以示高雅和时髦。

今天,茶在英国的普及影响到了千家万户。英国人每年平均消费茶叶3千克左右,伦敦还有世界上最早、最大的茶叶市场。此外,英国经常举行各种茶会,把杯论道、品茶磋商,进行学术探讨。三个多世纪以来,茶不但是英国人的主要饮料,而且在他们的历史文化中扮演了重要角色。

(2)明末清初,海上茶叶传播受阻。

明末清初(16世纪末至17世纪中期)时,由于政局动荡,海盗猖獗,海上传播之路受阻,茶叶出口处于停滞状态。

一方面清廷禁海,断绝了茶叶对外商贸之路。这一禁令,不仅断绝了沿海渔民的生路,而且严重地阻碍了已经进行的茶叶对外贸易。不过,在此期间,茶叶走私之事还是时有发生。如据《荷兰东印度公司与瓷器》记载,1673年,荷兰在澳门成交走私船所载货物中,就有大批量的瓷器茶具。1684年,清朝收复台湾后,清政府下诏开海贸易。到康熙、

雍正交替期间,每年从上海、宁波口岸开赴日本的商船就有 80 余艘,运去的货物中就有茶叶。

另一方面,解禁使广州成为对外贸易的唯一通道。由于长期"闭关锁国",清政府尚未形成健全的贸易制度。开关初期,大量西方船只到港时,组织混乱,外国商船拥堵在港外,官员们无法控制局面,也给商人带来巨大的经济损失。在清政府无力直接控制对外贸易的时候,一个更为有效的手段出现了。沿海经济的繁荣造就了众多精明强干的商家。来自广东、福建和安徽的一些商家在与外商长期的贸易往来中获得信赖,1686 年,广东政府招募有实力的商家,最初确立为十三家,称为十三行(并不反映商家的实际数目,但十三行约定俗成,成为广州对外贸易洋行的统称)。十三行是一种官控商营的新制度。这一制度赋予行商垄断专权,允许他们代表官府去经营对外贸易,代表粤海关征收关税。在特定的历史条件下,十三行制度推动了对外贸易的繁荣和社会的发展。

(3)清中期,茶叶对外贸易的复兴期。

随着海禁的开放,对外贸易口岸的增多,茶叶向外输出不断增加,以至于达到历史的最高峰。

从 1842 年中英签订《南京条约》开始,至第二次鸦片战争结束(1860 年),中国实行"五口通商"。在这一时期内,多口岸出口促使中国茶叶对外贸易迅速兴起,打破了广州茶叶出口的"一统天下"。另外,受太平天国起义的影响,前往广州的交通受阻,使江西、湖南、湖北的茶叶改道其他口岸出口,特别是借道从上海口岸出口。

1861—1894 年,英、法、美、俄相继强迫清政府签订了《天津条约》《北京条约》等,长江沿岸的汉口、镇江、南京、九江,以及沿海的营口、烟台、汕头等地开放成为对外通商口岸。这样一来,长江流域由原来上海一个口岸出口的茶叶,变为多口岸出口。尤其是汉口、九江两口岸,更接近茶叶产区,更便于茶叶出口。总体而言,该时期中国茶叶对外贸易有了较快的发展,达到昌盛。

(4)茶叶对外贸易的衰退。

在甲午战争前,中国茶叶出口尽管受到来自印度、斯里兰卡、日本等国的挑战,但中国茶叶出口量一直居于各茶叶输出国之首。甲午战争后,中国茶叶出口下降趋势加剧。而这一时期,世界茶叶的销量却是增加的,尤其是印度、斯里兰卡、日本的输出量增加迅速。

这一时期,中国茶叶对外贸易之所以出现衰退,主要原因有二。一是由于当时的英国政府鼓励英商在其殖民地国家种植茶叶,发展茶业生产,并采用机械化种茶、制茶,使茶叶产量快速增长,夺取中国茶叶出口市场。1900 年,印度茶叶出口首次超过中国,成为茶叶出口国之首。二是在这一时期内,清王朝处于内忧外患的境地,不断割地赔款,还签订了一系列不平等条约。而英、美等国的洋商利用手中特权,深入中国收购低价茶叶。加之,外国洋行垄断了茶叶对外出口销售,而中国茶商只能收购毛茶,无法向国外市场出口。

自此,在之后民国时期内战外患不断的情况下,中国茶叶对外贸易出现了一片萧条景象,直至中华人民共和国建立前夕,中国茶叶对外贸易仍处于一蹶不振的状态。

（三）丝茶之路的意义

虽然茶叶在中国培植迄今已有 2000 年的历史，但西方人直到 16 世纪中叶才认识茶叶，这实在是令人遗憾的事情。而从西方人认识茶叶到大规模消费茶叶，又经历了近 200 年时间。18 世纪 20 年代后，欧洲茶叶消费迅速增长，茶叶贸易成为所有欧洲东方贸易公司最重要的、盈利最大的贸易，当时活跃在广州的法国商人 Robert Constant 说，茶叶是驱使他们前往中国的主要动力，其他的商品只是为了点缀商品种类。

丝茶之路的形成具有特别的意义：首先，中国茶叶成为世界贸易网络形成后最重要的国际贸易商品之一，中国的东方强国形象活跃于世界史上；再者，茶叶出口成为 18 世纪白银流入中国的主要途径，伴随着贸易而来的是文化、思想、时尚、饮食习惯等多方面的国际交流。

四、万里茶道

万里茶道通常指继丝绸之路衰落之后，于 17 世纪在欧亚大陆兴起的又一条中国连接世界的重要国际商业文化通道。该商道以茶叶贸易为主，横跨中国南北约 4760 公里，继续延伸到俄罗斯，途经乌兰乌德、伊尔库茨克、图伦、克拉斯诺亚斯克、新西伯利亚、鄂木茨克、秋明、叶卡捷琳堡、昆古尔、喀山、下诺夫哥罗镇，最终抵达莫斯科和圣彼得堡，影响着中亚和欧洲各国。全程长约 1.3 万公里，故称为"万里茶道"，习近平总书记将之形象地喻为"世纪动脉"。

（一）万里茶道的起源

万里茶道的历史可以追溯到清代中叶，这是一条起源于中国南方产茶区，贯穿至欧洲的大宗茶叶贸易商道，繁荣了 260 多年，被俄国人誉为"伟大的茶叶之路"。

这条商道最初的形成与蒙古草原和西伯利亚地区游牧民族的生活需求直接相关。这些民族长期在纬度较高的寒冷地带生活，日常以食肉、饮乳为主。由于茶叶具有解腻、提神、增加热量、补充微量元素的功能，因此成为他们生活中不可或缺的物品，被誉为"健康天使"。尽管万里茶道的开辟和持续存在主要源于俄罗斯和蒙古地区对茶叶的高度依赖和庞大的消费需求，但清政府为顺应当时商品经济发展而制定的一系列政策的刺激，晋商雄厚的财力及其诚信而灵活的经营体制、勤俭刻苦和敢于冒险的精神，都是万里茶道得以开拓的关键性因素。

1.俄罗斯：神奇的饮料

俄罗斯与我国北方领土接壤，属于亚寒大陆性气候，冬季漫长严寒，春夏秋季短促。其首都莫斯科远在东欧，古代交通十分不便，而中国北方又不产茶，因此茶叶北传俄罗斯等国相对较晚。

17世纪初,俄罗斯人尚未养成饮茶的习惯。关键转折出现在明代崇祯十三年(1640年),俄国沙皇使者瓦西里·斯达尔科夫出使奥伊拉特蒙古阿尔登汗时,可汗的兄弟亲自煮茶招待他。回国时,阿尔登汗赠送了一车礼物,其中包括200包茶叶。经过沙皇御医鉴定,茶叶可以治疗伤风和头痛。从沙皇到贵族,人们开始将茶叶当作神奇的饮料,甚至认为是治病的药物。这标志着俄国饮茶史的开端。随后,俄国使臣多次来访中国,康熙皇帝还送过8盒茶叶给沙皇。俄国著名经济学家瓦西里·帕尔申在《外贝加尔边区纪行》中形象地描述了17、18世纪茶叶对俄罗斯远东地区居民生活的重要性:"茶是不可或缺的主要饮料,早晨就面包喝茶,当作早餐。不喝茶就不上工。不论你走到哪家去,必定用茶款待你。"

随着欧洲各国、俄罗斯、蒙古国市场对茶叶需求量的不断增加,一条起始于中国福建武夷山,途经江西、安徽、湖南、湖北、河南、山西、河北、内蒙古等地,及蒙古国乌兰巴托,至中俄边境恰克图后继续向西延伸至圣彼得堡以及欧洲各国的全长约13000公里的"万里茶道"得以形成。

2.晋商:茶道开拓者

在17世纪,中国的红茶和砖茶成功打入欧洲和俄罗斯市场,形成了一个巨大而稳定的消费群体,尤其在远东、中亚和西亚的游牧民族中。这些民族由于以肉奶为主食,必须依靠饮茶来消食化腻,补充维生素,以至于到了"宁可三日无食,不可一日无茶"的地步。这推动了输往俄罗斯和欧洲的红茶和砖茶在这些地区的广泛销售,经营茶叶贸易的却是来自非产茶地区的华北晋商。

华北晋商在这一茶叶贸易中发挥了关键作用。由于山西地处中原农业地区与北方游牧地区的交叉地带,物资匮乏,为了生存,晋商选择南北异地贸易为主业。在清廷平定噶尔丹的叛乱战争中,山西旅蒙商人成为军事物资和后勤粮草的主要供应商。这为晋商深入整个西北地区和蒙古草原迅速建立市场提供了机会,从而形成了从南向北的商品市场,可满足西部游牧民族对内地生产资料和生活消费商品的需求,其中最大宗的消费品就是茶叶。

清代中叶,政局稳定,清廷颁布了减免关税和市税的政策,为晋商普及南北经商提供了有利的环境。精明的晋商投资于江南的茶区,采买、加工、制作茶叶,通过长达几千公里的水陆联运贸易商道,满足了西部游牧民族对茶叶的需求。在康乾时期,我国强硬的外交政策保护了晋商与俄国商人平等交易竞争的权益。同时,晋商"票号"的兴起也为大宗茶叶买卖提供了雄厚的资金保障和融资渠道。晋商以诚信、雄厚的财力、敢于冒险的精神和良好的关系网络,成功在万里茶道上独占鳌头,开创了一个"货行天下,汇通天下"的商业空间。

(二)万里茶道的发展

1.恰克图:沙漠上的威尼斯

1727年,中俄签署了《恰克图条约》,确立祖鲁海尔、恰克图和尼布楚三地为两国边境贸易通商地点,为中俄茶叶贸易开辟了一条发展通道。从此,中俄商人在边境开始以茶易物,首先由中国的晋商在茶产地如福建、湖北等省统一收购茶叶后,在湖北汉口集中,运至樊城,再通过车马经河南、山西运至张家口或归化(今呼和浩特),之后用骆驼穿越沙漠直抵恰克图。1730 年,清政府批准晋商在恰克图的中方边境建立买卖城,将茶叶集中于此;同时,俄商也在此地集中货物,双方在这里进行以茶易物。于是,恰克图便成了中俄茶叶贸易的主要集散地,被形容为沙漠中的威尼斯。清代松筠《绥服纪略》载:"所有恰克图贸易商民皆晋省人。由张家口贩运烟、茶、缎、布、杂货,前往易换各色皮张毡片等物。"

同时,嗜好中国茶叶的人日益增多,俄罗斯饮茶之风盛行,使得贸易量的激增。从 19 世纪 40 年代起,茶叶已居从恰克图输往俄罗斯贸易商品中的首位,棉布、绸缎居次要地位。据统计,1750 年输往俄罗斯的茶叶为 1300 普特(1 普特 ≈ 16.38 千克),1781 年增至 24000 普特,到 1848 年高达约 37 万普特。这一时期的茶叶贸易使得恰克图的商业活动繁荣起来,各地商人纷纷涌至此地,使其成为沙漠中的繁荣贸易城市。

2.茶叶俄罗斯化:晋商势衰

在第二次鸦片战争后,俄罗斯通过签署《中俄天津条约》《中俄北京条约》等不平等条约,获得了沿海 7 个城市通商权,其中包括上海、宁波、福州、厦门、广州等。1866 年,俄罗斯商人在中国内地湘鄂地区建立了茶栈,直接收购和贩运茶叶,采用水陆联运的方式,极大地节省了费用和降低了成本,俄商贩茶业务迅速繁荣。茶叶的贸易量从 1865 年的 164.8 万磅迅速增长到 1867 年的 866 万磅。

然而,中国的晋商受到清政府的压制,无法享受与俄商相同的待遇。由于水路禁行,晋商无法与俄罗斯进行竞争,导致其在恰克图贸易中的衰落。到 1868 年,恰克图的晋邦商号已从原来的 120 家减少到 4 家。同时,俄商在中国的汉口、九江、福州等地建立砖茶厂,采用机器生产,使得成本低、质量高、产量大的俄罗斯砖茶在市场上占有优势,而中国晋商制造砖茶仍依赖手工作坊,无法与之竞争。随着俄罗斯西伯利亚铁路于 1905 年全线通车,俄商通过符拉迪沃斯托克(海参崴)转铁路运输茶叶,不仅费用低廉而且非常便捷,使得中国晋商更难以与之竞争,最终以失败告终。

自从饮茶习俗在俄罗斯流行之后,俄罗斯人一直在寻找使茶叶俄罗斯化的途径。虽然俄罗斯从 1814 年开始尝试茶叶种植,但收效甚微。直到 1883 年,其才从中国湖北运来了 1 万多株茶树苗和大批茶籽,陆续在各地种植,并取得成功。如今,俄罗斯既是茶叶生产国,也是茶叶主要进口国。俄罗斯拥有世界最北的茶区,因纬度较高,冬季严寒,常达零下 15 ℃,使茶业发展受到很大限制,因此主要还是依靠进口茶叶来满足本国人民的需要。

(三)万里茶道的贡献

1.推动沿线经济交流

"万里茶道"以茶为纽带,紧密连接沿途各类利益主体、市镇、路网以及自然环境和文化遗产,成为一个多维社会功能的贸易和文化交流之路。该道的形成和发展围绕着茶叶的生产、运输、贸易和消费等产业链展开。在"万里茶道"上,各茶源地的种植和加工形成了多样化的茶叶品种,味道各异。这使得"万里茶道"能够满足不同消费者的需求。例如,红茶主要供应俄罗斯和欧洲地区,而黑茶主要供应蒙古、俄罗斯西伯利亚和中亚地区。不同品质的茶叶都通过"万里茶道"运送到万里之外的消费者手里。

2.促进沿线民族交融

"万里茶道"作为人流、物流、信息流的复合载体,有助于各民族在茶道上传播各自的文化、见闻、思想观念等信息。这不仅增进了各民族之间的了解,丰富了各自的文化和旅途生活,而且促进了各民族文化的交融。参与"万里茶道"活动的不仅包括贩运茶叶的运输者和商人,而且有从事茶业管理的官员、保护茶叶运输的军队以及提供服务的各类人员。此外,参与茶叶交易的民族有蒙古族、汉族、满族、哈萨克族等,有俄罗斯、美国、德国、英国、意大利等不同国家的人。虽然"万里茶道"上的主要商品是茶叶,但南方的粮食、布匹、棉花,北方的皮毛、药材、刀具,俄罗斯和欧洲的工业品同样在茶道上川流不息。

3.凝聚沿线文化遗产

"万里茶道"将沿途 13000 多公里的自然、人文环境串联起来,使分散在各地的自然和文化遗产成为凝聚在同一个文化符号下的人类遗产。它像一条金线把沿线的山川、名胜、湖泊、河流串联在一起,这些山川名胜中有诸如世界文化和自然双遗产武夷山,也有九岭山、洞庭湖、丹江湿地、太行山等国家级自然保护区。这些自然遗产既是"万里茶道"遗产的构成要素,也是线路选择、走向和采用不同运输方式的依据。"万里茶道"还把分散在漫长线路上的文化遗产点,如生产类遗产(茶园、茶厂)、交通类遗产(古茶道、桥梁、码头、车站)、商贸类遗产(茶庄、古镇、商人会馆)、管理类遗产(官衙、海关)、服务类遗产(钱庄、客栈),以及大量的茶歌、茶俗、制茶技艺等非物质文化遗产融为一体。这些丰富多样的遗产共同构成"万里茶道"文化线路遗产体系,是"万里茶道"兴衰的见证。

总的来说,中国是茶叶的故乡。从隋唐到明清的茶马古道、丝绸之路和万里茶道,中国茶文化通过不同渠道和方式逐步渗透至全球各族人民的生活之中。尽管近代中国的经济大国和科技强国的形象短暂息影于世界舞台,但其文化脉络延续仍在扩散之中。而当代"一带一路"为复兴中华茶文化、振兴中国茶产业、建设中国茶业强国提供了新的历史机遇。千百年来,积淀了丰厚中外文化交流的丝路精神,也是当代建立政治互信、文化理解、民心相通的宝贵财富。茶和茶文化已成为当代联结"一带一路"沿线国家和地区的桥梁和纽带。

延伸阅读

英国伦敦问山茶舍 —— "从艺术到茶"传播中国文化

西湖龙井、黄山毛峰、信阳毛尖、洞庭碧螺春等名优茶一直是中国大地上的茶中珍品,在海外华侨华人的推广下,来自东方的茶香飘向了遥远的大不列颠,走向世界。

"从艺术到茶"

麻利是英国问山茶舍的主理人。她在浙江杭州长大,由于父母都从事茶行业,从小便受到浓厚的文化熏陶。本科毕业后,麻利来到英国伦敦大学学院学习,研究亚洲各国的艺术文化。在学习中国艺术史的过程中,麻利对中国茶文化重新燃起了兴趣。她坦言:"在我深入学习研究中国的历史、艺术、文化之后,我发现我真的爱上了我们的中国茶。""我的父母以前一直推广中国茶,现在开始更钟情茶背后的艺术文化故事,是'从茶到艺术';而我在学习抽象的艺术后对实体的茶更感兴趣,是'从艺术到茶'。"麻利说。

学习之外,麻利在一家艺术品拍卖行做亚洲艺术品的编录工作,经常和中国的各种古董茶具打交道,长期的经验也让她对中国茶有了新的灵感。麻利说:"我最喜欢中国宋代的点茶文化,我们常说的抹茶就是通过点茶技艺诞生的。点茶用的建盏是一种特别精美的器具,我真心希望外国的朋友都来体验一下。"

问山茶舍于 2022 年在英国伦敦推广,麻利主要经营茶舍的各种线下活动和宣传。问山茶舍的名字独特而有韵味,对于"问山"二字,麻利这样解释:"'问山'是一种对自然和人生的思考,是一个极具哲思的中式词汇。当下社会节奏快,人们有时容易浮躁,坐下来品一壶茶,可以随着'问山'一起回归自然和本真。"

"做正宗的中国茶"

问山茶舍的本部在杭州,创办已有 12 年之久。它的前身是中国茶叶博物馆茶友会,具有长期而专业的中国茶文化的积淀。伦敦分部的建立,目的是打入海外市场,提升中国名优茶的国际影响力。英国虽然有对茶文化的足够包容与欢迎,但当地中国茶的品质还是比较堪忧。麻利说:"我曾经想在伦敦的茶叶市场购买西湖龙井,结果只能找到三年前的茶叶,而且价格很贵。不过,我们问山茶舍在国内和很多茶山茶农都有合作,希望可以把这些真正好喝的茶叶带到伦敦,给世界各地爱茶的朋友品尝。我们要做正宗的中国茶。""日本茶注重茶艺、礼仪;新加坡等东南亚国家的茶则有多元文化融合之势。而我们中国茶,最注重茶的品质。中国幅员辽阔,茶叶集天地精华,这是非常难得的。"麻利补充道。

2023 年中秋节,茶舍举办了弦乐共鸣茶会,邀请来客品尝中国茶,体验中国传统节日。伦敦教堂的花园长廊里,麻利安置好中式灯笼蜡烛,摆上绿茶、白茶、黄茶等六大中国茶类陪伴大家,尽享赏月风雅。茶会期间,西洋乐器和中国民乐相伴演奏。琴瑟铿锵,以酬佳节。

"我有两个梦想"

麻利谈到自己的未来时说:"我有两个梦想。一个是打造具有国际影响力的中国名优茶品牌,另一个是写一本有关国际茶文化的书。"伦敦问山茶舍目前与一家画廊合作,定期开展线下茶会。一名来自中国台湾的陶艺家对问山茶舍非常感兴趣,打算帮助麻利一起建立线下实体店铺,更好地传播中华文化。

作为中国茶在英国的优秀企业代表,问山茶舍还受到重庆市政府和贵州省政府的委托,在英国老牌茶叶店 Fortnum & Mason(福南梅森)为两地的优秀茶叶永川秀芽茶和四球古茶做宣发代言。2023 年 5 月 25 日,中国驻英国大使馆举办"茶和天下"文化活动,麻利受邀担任活动的茶艺师。面对各方来宾,麻利向大家展示了各种名优茶的冲泡手法,详细介绍中国名优茶的历史典故和制作技艺。

资料来源　杨宁.“从艺术到茶”传播中国文化 [N].人民日报（海外版），2024-02-19(06).

【思考研讨】

（1）茶马古道的起源是什么？有哪些作用？

（2）请列举中国古代茶叶对外传播中的重要事件。

（3）在唐代将中国饮茶方式引进日本的高僧有谁？

（4）请查阅资料，了解万里茶道的申遗工作，并阐述其重要意义。

（5）请在你的家乡调研，看看你的家乡是否有茶文化以及茶传播的历史渊源或者经典故事，并形成调研报告。

【参考文献】

［1］张凌云 . 中华茶文化 [M]. 北京：中国轻工业出版社，2019.

［2］吴晓力 . 一片树叶的传奇：茶文化简史 [M]. 北京：九州出版社，2018.

［3］夏涛，郭桂义，陶德臣 . 中华茶史 [M]. 合肥：安徽教育出版社，2016.

［4］中国茶叶博物馆 . 话说中国茶 [M].2 版 . 北京：中国农业出版社，2018.

［5］陈文华 . 茶文化概论 [M]. 北京：中央广播电视大学出版社，2013.

［6］姚国坤 . 中国茶文化学 [M]. 北京：中国农业出版社，2019.

［7］陈保亚 . 论茶马古道的起源 [J]. 思想战线，2004(04).

［8］张永国 . 茶马古道与茶马贸易的历史与价值 [J]. 西藏大学学报（汉），2006(02).

［9］刘超凡 . 近三十年来茶马古道研究综述 [J]. 农业考古，2021(02).

［10］庄国土 . 从丝绸之路到茶叶之路 [J]. 海交史研究，1996(01).

［11］武峰 . 万里茶道：“世纪动脉” [N]. 内蒙古日报（汉），2022-12-22(06).

［12］黄柏权，平英志 . 以茶为媒：“万里茶道”的形成、特征与价值 [J]. 湖北大学学报（哲学社会科学版），2020(06).

［13］周国富 .“一带一路”中的茶与茶文化 [J]. 茶博览，2017(07).

第十二讲　茶旅游

【内容提要】

（1）我国茶旅资源多样,具有自然资源、人文资源等多种资源,同时,具有深厚的理论基础。

（2）茶旅特征内涵丰富,既有旅游的共性,又有旅游的特征。茶旅特征具有基本特征、茶旅功能、多种类型。

（3）茶旅游的典型模式有浙江模式、贵州模式、江西模式等,各种茶旅游模式各具特色和优势。

（4）三茶统筹融合发展的趋势及典型案例。

【关键词】

茶旅资源;茶文化;旅游;茶旅游

案例导入

茶厂变景点 茶园变庄园

一片梯田般的茶园引人注目,茶树间步道若隐若现,楠竹、浮雕、瀑布、吊脚楼形成别具一格的小型景观。

9月15日,五峰土家族自治县渔洋关镇,湖北日报全媒记者驱车沿351国道一路前行,满目葱翠中,来到汲明茶庄。虽已过茶叶加工期,汲明茶厂宽敞的生产车间仍人来人往。

走进汲明茶庄,一个宽敞的茶室古色古香。随着一辆鄂A开头的旅游大巴在门口停下,茶室立马热闹起来。"茶叶怎么制作的? 我们能不能体验一下?""哪种茶叶味道最好?"游客的问题一个接着一个,老板梅元红忙得不可开交。

他说,游客越来越多,讲解员忙不过来,只好亲自上阵为游客科普五峰茶业发展历史,带领游客体验。

五峰县共有22万亩茶园,大小茶厂100多家。近年来,五峰推进全域旅游,许多茶园成为旅游线路上的观赏资源。

但仅观赏,留不住客人,该县号召将茶厂改造成茶庄,用文化留住游客。

一开始大家意见不统一。"我们炒茶叶的,搞旅游都是外行,能搞好吗?"汲明茶庄老板梅元红心里打鼓。但疫情茶叶滞销、茶叶品牌不响导致企业营收不断收缩,梅元红决定试一试。

五峰是中俄蒙万里茶道起源地之一,是宜红茶起源地之一,汲明茶庄就在茶马古道重要节点"汉阳桥"旁。结合这一优势,梅元红投资300多万元改建后山,建设茶园廊道,将土家文化和茶文化融合进茶园。

当一辆又一辆大巴在茶庄停下时,梅元红悬着的心放下了。"第一年就看到成果了。"前往独岭、柴埠溪景区的游客都会路过此地,茶园小景吸引他们停下,吊脚楼、纳凉亭、观鱼池、手工制茶坊等游览体验设施提升了"茶"的综合体验感，让游客有机会采茶品茶。

后山的人力揉茶缸、炒茶铁锅等传统制茶工具，吸引不少游客体验制茶。"体验后，几乎每个人都会选择带几包茶叶。"梅元红说，2021年，销售额实现20%的增长，达到1000万元，2022年达到3000万元。

梅元红感慨，过去自己出门推销参加各种展会，最终卖不了几包茶，现在坐在家里就有游客上门，通过他们口口相传，顾客越来越多。

今年暑假，来研学、旅游的游客不断，县里与旅行社合作，成批量带来游客。往年夏秋是茶产业的淡季，今年淡季不淡。现在梅元红正在扩大规模，全年固定员工增至17人，他准备在茶园周边建设民宿、农家乐，让游客能够停下来、住下来。

目前，在五峰渔洋关镇周边，已有4家茶企将单一的茶叶加工厂打造成为集茶叶种植、加工、休闲一站式服务的茶商文旅产业综合体。采花茶业总投资8.27亿元，建设占地3200亩的青岗岭茶旅融合项目。常乐茶业、仁园茶业、泗洋茶业、春语茶业等新兴主体粗具规模、各有特色，成为乡村振兴示范片上重要的节点经济和茶产业特色品牌。

借助于宜红古茶道、精制茶厂等文化载体，茶叶文创园、茶马古驿研学旅行等重点项目，散落在五峰群山之中。

"将茶叶加工厂打造成景点，环绕茶园建庄园，在五峰茶企中间已经形成风潮。"五峰县农业农村局局长肖华介绍，该县将依托茶产业、茶文化和良好的生态、凉爽的气候，全力推进"茶文旅"产业融合发展。

资料来源　金凌云，胡鹏.五峰茶业走上文旅融合增收路——茶厂变景点 茶园变庄园 [N].湖北日报，2023-9-21(08).

一、茶旅资源

旅游资源是旅游业产生和发展的前提，是旅游业健康可持续发展的基础，是旅游产品和旅游活动的基本要素之一，是旅游活动的客体。

旅游资源主要包括自然风景旅游资源和人文景观旅游资源。自然风景旅游资源包括高山、峡谷、森林、火山、江河、湖泊、海滩、温泉、野生动植物、气候等，可归纳为地貌、水文、气候、生物四大类。人文景观旅游资源包括历史文化古迹、古建筑、民族风情、现代建设新成就、饮食、购物、文化艺术和体育娱乐等，可归纳为人文景物、文化传统、民情风俗、体育娱乐四大类。

对于茶文化旅游而言，茶旅资源是物质基础，可以分为自然资源、人文资源，同时要对茶和旅游进行深入探讨，也必须掌握相关的理论基础。

（一）自然资源

我国幅员辽阔、地大物博，具有许多得天独厚的旅游资源，其中茶文化相关的自然资源十分丰富,如观赏茶树、观光茶园、名茶产地、茶事井泉等。

1.观赏茶树

我国是茶树的原产地,茶树经过漫长的生长繁育以及人工培植,产生了众多的品种、品系,茶树的茶芽也有不同种类,如双芽和多芽合一等,茶叶的形状有椭圆形、扇形、卵形等不同形态,具有观赏价值,属于自然资源。

茶树的花虽然普遍不大,但是花数较多,一般呈现白色的花瓣、黄色的花蕊,花蕾形似珍珠,嵌于透亮的绿叶之间,吸引的不仅仅是蜜蜂,更多的是游人的眼球。茶树在秋冬季开花,花期特长,可持续2～3个月。由于茶树花期长,可以弥补园林中冬季花少的问题。此外,由于茶树的花期长,果实的成熟期也较长,因此在同一株茶树上,经常可以看到既有茶花又有茶果的现象,可以花果同赏,这在植物界中是不常见的。

茶树是常绿植物,老叶深绿,新叶嫩绿,从春季到秋季还常常伴随着大量萌发的新梢,常绿常新,可以给人一种郁郁葱葱、欣欣向荣的感觉。除常见的绿色茶叶外,有些茶树品种还有特殊的色泽和形状,如安吉白茶种的白叶、黄金菊种的黄叶、紫娟种的紫叶,以及笋绮种的多芽和多叶,佛手种扭曲不平的大叶等,均是茶树作为观叶植物良好的选择。茶树也是切叶的良好材料。冬季将剪下的茶树枝条插于盛水的花瓶中,仍然可以正常孕蕾、开花,叶色亮绿,一个多月不落叶,极具观赏价值。

此外,茶树的造型也可以修剪,如把茶树的树冠进行球形修剪等,可以作为树种,也适合作为较大的盆景材料,如奇曲种盆栽,其自然的"S"形枝条,现配以人工整株,可使树形千姿百态,别有一番风味。

茶树对于弘扬茶文化、丰富旅游景点的文化气息可起到画龙点睛的重要作用。我国作为茶树的原产地和茶文化的发祥地,许多茶树久负盛名,是不可多得的古树名木。分布在云南、贵州和广西等省区的许多野生大茶树被列入我国《珍稀濒危保护植物名录》,如千家寨1号、澜沧大茶树、巴达大茶树和广西博白大茶树等;福建武夷山茶区和广东潮汕乌龙茶区将一些制作乌龙茶的风格独特、品质优异或具有特殊韵味的单株称为名枞,如大红袍、铁罗汉、白鸡冠、半天妖、宋种芝兰香和八仙过海等;浙江杭州龙井的"十八棵御茶",也是承载古茶林丰厚文化内涵的典型代表。

2.观光茶园

我国茶园大多位于自然环境优越、风景良好的自然环境里,一般来说,茶园所在的位置都远离城市喧嚣,具备良好的风景环境,大多属于开发旅游的优质自然资源。骑龙场万亩观光茶园位于雅安市名山区东南部,茶园面积2万亩,培育了优质良种茶树"名早311",同时也是雅安最早的良种茶树繁育基地之一。观光区内的天车坡茶山还曾获得国家级"高产茶园"的称号。骑龙场万亩观光茶园形态秀丽,绿色无边,被誉为"绿野仙踪",是名山区最美最好的梯田茶园之一。成排的茶树沿山坡等高线绕山而上,刚长出的春茶嫩叶格外新鲜翠绿。站在茶园里放眼望去,周围山上一株株木棉树上,木棉花竞相绽放,山下的稻田正插上秧苗,几只小鸟从茶园上空飞过,万物复苏,生机勃勃。茶园内茶叶清香扑鼻,采茶姑娘戴着斗笠,步入茶园给人一种回归自然的美好感觉。

三峡库区九畹生态茶园位于湖北省宜昌市秭归县九畹溪镇峡口村蔡家坡,周围群山环抱,云雾缭绕似人间仙境。茶园走秀、诗歌吟唱、网络直播、摄影采风,各式各样的活动精彩纷呈。当地的薅草锣鼓传承人敲打起激昂的锣鼓助威,就连屈原也穿越千年,回到故地逛茶园品香茶。九畹丝绵茶距今已有200年多的历史,曾是乾隆贡茶。全国脱贫攻坚先进个人龚万祥几十年精心培植,打造出了"九畹丝绵茶"这一全国知名品牌,秭归县被授予"中国丝绵茶之乡"。秭归丝绵茶因其品质优异、特色突出,获"农产品地理标志登记证书""中国驰名商标""农业文化遗产保护名录""生态原产地产品保护证书""湖北名牌产品""湖北十大特色名茶"等荣誉。秭归县九畹丝绵茶业有限公司实现了种植规范化、培管生态化、采摘标准化、加工精细化,不断提高九畹丝绵茶的品质;同时,不断丰富文化内涵,在加工园区内融入屈原文化元素,以九畹茶舍、九畹学堂为阵地,在茶旅融合、研学旅行上下功夫,让九畹丝绵茶行稳致远,让茶农增加更多收入。良好的生态环境、优美的自然风光、深厚的茶文化底蕴使其成为茶业生产观光旅游的胜地,2022年,九畹丝绵茶原产地之旅线路成功入选"夏季避暑到茶乡"全国茶乡旅游精品线路。

这些观光茶园风光迷人,徜徉在茶园内,周围景色与环境融为一体,独具地方特色,经过旅游开发,可以完善接待设施,如在茶园内设置相关的茶亭、休闲茶椅、茶艺表演等,可以吸引更多游客前往观光游览、品茗对弈、采茶制茶等。

3.名茶产地

我国自古以来就有"高山云雾出好茶"之说,我国传统的名茶如西湖龙井、武夷山铁观音、洞庭碧螺春、恩施玉露、庐山云雾等,都得益于名山秀水。茶树原本生长在多雨且潮湿的原始森林中,在不断地演进过程中,逐渐形成了耐阴、好湿、喜温等特点,名山的自然条件优越,高山林密、日照短、云雾多、冬无严寒、夏无酷暑,茶树无寒暑之侵袭又有高山云雾的滋润,因此品质较高。

"天下名山佛占多",茶与佛教文化有着不解之缘,名山极佳的生态环境适宜茶树生长,许多寺院僧侣也开辟茶园。许多名茶是由僧侣栽种的,如黄山毛峰、普陀佛茶、惠明茶、径山茶等名茶,最初都产于寺院或者由僧人所创制。

此外,许多名茶的产区也位于风景名胜区,甚至是风景名胜区的重要组成部分。如西湖龙井、苏州碧螺春、苏州茉莉花茶、黄山毛峰、武夷岩茶、庐山云雾茶、蒙顶甘露等,都来自世界遗产地,这些地方本来就是风景极美之处,不少地方本身也被列为国家5A、4A级风景区。

4.茶事井泉

水为茶之母,茶的色、香、味、形都需要通过水的冲泡才能更好地展示与体现。人们经常把"石泉佳茗"并提,好茶更需要"好水",从而更好地享受饮茶的真味。

西湖龙井名闻天下,杭州虎跑泉水质纯净,甘洌醇厚,是冲泡龙井茶的不二之选,因此龙井茶加虎跑泉被誉为西湖双绝。

天下泉城,自古称胜;潇洒济南,久负盛名。济南是世界闻名的泉水之都,因泉而生、因泉而建、因泉而兴。泉水是这座历史文化名城的灵魂,也是这座城市最亮丽的名片。

喷涌的泉水哺育着一代又一代济南人,催发了泉城经济文化的繁荣发展,也造就了济南城与济南人"天下泉城涌泉相报"的精神品格。"家家泉水、户户垂杨",据统计,济南有四大泉域、十大泉群、733个天然泉,是举世无双的天然岩溶泉水博物馆,趵突泉被康熙皇帝誉为"天下第一泉"。正因为济南有着上佳的泉水,当地的茶才更加富有韵味。

名泉、名湖、名瀑等宜茶之水,也是宝贵的茶文化自然资源。

（二）人文资源

人文旅游资源是指古今社会人类活动所创造的具有旅游吸引力,为旅游业所利用,产生经济、社会、文化、生态效益的物质和精神财富,是历史现实与文化的结晶。茶文化古迹、茶事活动、茶古道等是茶文化旅游中宝贵的人文资源。

1.茶文化古迹

茶文化古迹是指我国保留的古代用来栽茶、制茶、品茶、评茶等茶事活动的茶器及遗址。这些资源是世界文化的宝贵遗产,也是茶文化中不可再生的重要人文资源。

茶文化古迹具有很强的审美特征,也是传统茶文化的实证依据,保留了古代茶文化的原貌,是研究古代茶文化的重要依据,被誉为"天然茶叶博物馆"。

生活在现代社会的人们,可以通过茶文化古迹,窥探各个历史时期的茶俗风情、茶事活动特色、饮茶习惯等。随着时代的发展,许多人产生了怀古心理,凭吊怀古已经成为旅游动机之一,而参观茶文化古迹能使游客更加直观地感受到茶文化的历史,满足人们的怀古思幽、文化寻根等情感。

我国具有众多历史悠久的茶区,各地的茶文化古迹较多,如摩崖石刻、古建筑、古墓葬、茶器具、碑廊、亭台、古井、茶园等,都应该保护、管理到位,让茶文化旅游人文资源得以保存完好。

2.茶事活动

从茶树的种子、枝干到果实,从一片树叶到杯中的饮料,古往今来,茶之种、之制、之器、之藏、之饮、之用各有其道、各有其术、各有其情,共同构成了精彩纷呈的茶事活动,这也是极具珍贵的茶旅游人文资源。

"非物质文化遗产"是文化遗产的重要组成部分,在"传统技术"类别中,绿茶、红茶、黑茶、青茶、白茶、花茶等各种茶叶的制作工艺都榜上有名,也产生了众多的非物质文化遗产传承人。非遗与旅游也存在着不解之缘,将制茶工艺开发为旅游产品,既可以促进当地旅游业的发展,又可以成为当地保护和传承非遗文化的重要手段。因此茶叶制作类"非物质文化遗产"也是不可多得的人文茶旅资源。

我国的茶事活动精彩纷呈,如唐代福建闽南地区的"斗茶"、现在安溪的"茶王赛"等各类茶事活动资源。

3.古茶道

茶是重要的物资,古代交通不便,为了运输茶叶开辟了许多茶道,这些古茶道是非常重要的茶文化旅游资源,古茶道沿途有数不清的美景和古迹。

茶马古道源自唐宋时期,是内地与藏区进行茶马贸易的古代交通线路,有川藏和滇藏两条线路。茶马古道有丰富的文化宝藏,有著名的藏传佛教寺庙、年代久远的摩崖石刻、古色古香的唐卡壁画,还经过雪山、峡谷和草原,集险、峻、奇、伟、秀于一体,被誉为"世界上唯一的综合性地质博物馆"。

万里茶道是古代中国、蒙古国、俄罗斯之间以茶叶为大宗商品的长距离贸易线路,是继丝绸之路衰落之后在欧亚大陆兴起的又一条重要的国际商道。万里茶道从中国福建崇安(现武夷山市)起,途经江西、湖南、湖北、河南、山西、河北、内蒙古,从伊林(现二连浩特)进入现蒙古国境内,沿阿尔泰军台,穿越沙漠戈壁,经库伦(现乌兰巴托)到达中俄边境的通商口岸恰克图。全程约4760公里,其中水路1480公里,陆路3280公里。茶道在俄罗斯境内继续延伸,从恰克图经伊尔库茨克、新西伯利亚、秋明、莫斯科、圣彼得堡等十几个城市,又传入中亚和欧洲其他国家,使茶叶之路干线总长13000余公里,沟通了亚洲大陆南北方向农耕文明与草原游牧文明的核心区域,并延伸至中亚和东欧等地区,也是重要的茶文化旅游资源。

(三)理论基础

1.生态旅游理念

生态环境是人类赖以生存的基础,要实现可持续发展,必须对生态环境进行合理的开发和保护。生态旅游是以保护环境为目的的旅游,生态文明是生态旅游的灵魂,生态旅游是生态文明的载体。生态旅游已经成为被倡导的一种旅游方式,加强生态环境保护是人类社会所达成的共识,生态旅游的理念也逐渐深入人心。茶文化生态旅游是茶业旅游和生态旅游相结合的一种旅游形式,将茶生态环境、自然资源、茶文化内涵、茶产业发展融为一体,进行综合可持续的旅游资源开发。

2.可持续发展理念

可持续发展是一种注重长远发展的经济发展模式,对于旅游开发,应该以开发利用为主,做到开发与保护并举,对于不可再生的旅游资源,应该予以保护,在确保不破坏资源的前提下,制定科学的开发战略。茶产业应该走可持续发展之路,通过科学的规划、有效的监管、合理的开发,将茶文化旅游资源进行可持续的开发,走茶文化与茶产业相结合的道路,使经济发展与环境保护相协调,达到良性循环的目标,是走茶旅游可持续发展的必由之路。

3.人与自然和谐理念

和谐思想对于中华茶文化精神影响深远,弘扬茶文化能够有效促进人与人的和谐、人与自然的和谐、人与社会的和谐等,和谐是中华茶文化的灵魂。

茶文化是一种中介文化,是物质文化与精神文化的完美结合,发展茶文化旅游,能够弘扬茶文化,为人们的心灵寻找一处栖息地。前往茶园欣赏绿色风景,可以缓解心理焦虑,带来愉悦感受;观赏茶艺表演,可以感知内心的平和与宁静;参观茶叶博物馆,可以感受博大精深的中华茶文化;工作之余饮茶,可以让身心获得休憩。总之,茶文化旅游活动可以实现人与大自然的交流,充分体现人与自然、人与社会的和谐。

4.休闲旅游理念

休闲旅游是指以旅游资源为依托,以休闲为主要目的,以旅游设施为条件,以特定的文化景观和服务项目为内容,离开定居地而到异地逗留一定时期的游览、娱乐、观光和休息。在快节奏的现代社会,人们的休闲旅游动机愈发强烈,在休闲旅游目的地停留的时间较长,且通过品茗、交友等形式,可以促进身心的放松。

二、茶旅特征

茶旅游内涵丰富,既有旅游的共性,如休闲性、社会性、审美性等,又有旅游的特征,如异地性、暂时性等。同时还具有一些基本特征。

(一)基本特征

1.物质享受与精神享受一体化

茶旅游是集物质享受和精神享受为一体的旅游活动,人们在茶旅游活动中,既可以品尝当地的特色茶饮、茶食,又可以获得精神上的享受。

茶旅游的产品外观可以带给人们独特的享受,如茶形、茶汤、茶香等,同时可以欣赏到茶俗、茶礼、茶歌、茶舞等,获得美的享受。

茶旅游是物质和精神的双重享受,既能满足人们的休闲娱乐需求,又可以带来精神上的愉悦和升华。茶旅游是色香味俱全的感官之旅,可以尽情感受茶的滋味;茶旅游是休闲放松之旅,可以达到放松精神、愉悦身心的目的;茶旅游更是智慧之旅、心灵之旅,可以感悟文化之美、和谐之美、生命之美。

2.自然旅游和人文旅游兼备

茶旅游是自然旅游与人文旅游相结合的旅游产品,将茶叶的生产制作、自然资源、人文资源、茶文化内涵等融为一体。

我国茶旅资源丰富,既有茶树、茶园等观光型自然资源,又有茶文化古迹、茶事活动、茶古道等人文资源。知名茶旅景点既有得天独厚的自然风光,又有厚重的历史文化资源,可以满足人们观光、休闲、娱乐需求,也能满足人们求知、求新、求异的心理。

我国茶文化博大精深,涵盖文学、历史、绘画、音乐等多门学科,在欣赏茶事、茶艺等活动时,也能够充分感受传统文化的魅力。

3.精英文化和大众文化相结合

茶作为一种饮品,风靡各个社会阶层,既有"阳春白雪"的高雅,也有"下里巴人"的世俗。

茶旅游方式多样,既包括采茶、制茶等茶事活动,也包括富有艺术和美感的茶艺活动。茶旅游包含文化旅游、养生旅游、农业旅游、民俗旅游等多方面,既是一种精英文化旅游,也是一种大众文化旅游。

在发展茶旅游时,要充分做到精英文化和大众文化相结合,要有群众基础,不要过度追求高档化和艺术化。应该广泛开展人民群众喜闻乐见的旅游方式,避免"曲高和寡",同时也要注意针对不同的客户需求,开发多样化的茶文化旅游产品。

4.观赏性和体验性并重

我国的茶旅游资源丰富,可以满足游客观赏、体验等多重需求。既有千姿百态的茶树、成片连山的茶园、清澈甘洌的名泉等自然茶旅资源,也有着厚重的茶文化古迹、各具特色的饮茶习俗、精彩纷呈的茶事活动、神秘悠远的茶马古道等人文茶旅资源。

茶旅游不同于传统的观光旅游,它有着强烈的体验性和参与性。近年来,将茶旅游与休闲旅游进行有机结合的一种新的旅游方式 —— 茶文化体验旅游在我国越来越受到追捧。云南省普洱市围绕自身茶资源,突出茶山、茶园、茶叶主体,聚焦"吃、住、行、游、购、娱"六要素,加大旅游产品及服务供给,吸引游客到普洱品茶购茶、体验茶文化。该地延伸产业链,一个个集基地、加工、体验、休闲、观光、购物、文化为一体的茶小镇、茶主题公园、茶庄园逐渐发展起来,打造茶文化深度体验旅游目的地已见成效。在景迈山丛林深处坐落着 14 座美丽的少数民族村庄,与此同时,这里还藏匿着一座以普洱茶为主题的精品庄园 —— 柏联普洱茶庄园。在这里,游客可以进行普洱茶制茶体验、观看普洱茶制作过程、入住普洱茶主题酒店,从而做到吃住游购的深度体验。

茶旅游观赏性和体验性并重的特征,使人们既可以安心享用健康安全的茶饮,又可以体验到躬耕自足的劳动乐趣,具有独特的吸引力。

5.具有多种表现形式

从产品组成而言,茶旅游包括物质产品和精神产品;从旅游资源而言,茶旅游包括自然茶旅资源和人文茶旅资源;从受众层面而言,茶旅游是精英文化和大众文化相结合的旅游产品;从旅游方式而言,茶旅游是观赏性和体验性并重的旅游活动。

茶叶是农产品中的一种,我国开发茶旅游可以结合农业旅游资源,既有良好的自然环境,如茶园、茶山等,又有生产活动,如采茶、炒茶等,还有生活方式,如品茗、茶歌、茶舞等。茶产业链的各个环节,可以培育出旅游产品,如茶美食旅游、茶休闲旅游、茶体验旅游、茶养生旅游等,可以吸引观光、休闲、养生、体验、度假、购物等多种旅游动机的游客。

（二）茶旅功能

1.经济发展

茶文化旅游给地方经济发展带来经济效益,具备经济功能。对产茶地的茶企而言,游客的进驻和到访将给企业带来直接经济效益,既对当地的经济发展有利,也是绝佳的品牌营销。

积极发展茶文化旅游,可以为古老的茶产业带来新的活力,发展茶文化旅游可以促进茶产业的发展,摆脱出口困境。近年来,杭州市积极推进茶旅游,发展茶经济,提出了"茶为国饮,杭为茶都"的口号,成功将茶叶转变为杭州经济发展的强大助推力。

大力推动茶园发展,拓展茶园体验旅游。茶树四季常青,茶园具有观赏价值,茶园对于久居城市里的人来说,具有天然吸引力,发展茶旅游,可以带来一系列的经济效益。游客前往茶园,可以体验采摘、手工制茶、茶艺表演,通过沉浸式体验,可以加深旅游的感知,也可直接促进茶叶的终端销售,增加游客直接购买茶叶的机会。

茶家乐以茶为媒,将采茶、制茶、品茶、论茶、赏茶、购茶等特色茶文化旅游核心体验有机结合。通过茶家乐,名茶园与名山旅游形成新景观,推动茶文化、茶产业、茶旅游和茶经济的有机融合。

茶旅游作为现代旅游业的新业态、新亮点,可以有效促进乡村振兴,在乡村可持续发展、维护乡村稳定、促进产业结构调整,带动茶农致富等方面具有重要作用,对于有效服务乡村振兴战略意义重大。

2.生态保护

通过保护茶区生态环境,促使茶业可持续发展。旅游业的发展离不开自然资源和人文资源,更有赖于优美的环境。在开发旅游资源时,应该合理利用、适度开发,才能实现可持续发展。旅游业被誉为"无烟工业",属于服务行业,而茶旅游应该充分保护自然环境,实现生态功能。

在现有的茶区中,不少茶区位于贫困地区,开发茶文化旅游可以使广大茶农参与到旅游项目的开发和实施中,从中获得经济效益。茶旅游要实现可持续发展,就应该促使当地村民更主动积极地投入保护当地自然和人文旅游资源的活动中。当地村民的生态环保意识直接决定着茶区的旅游生命周期和生态环境平衡。

3.品牌塑造

茶文化旅游直接面向市场,将茶旅景点、茶食餐饮、茶旅住宿、茶会娱乐、茶品购物、茶俗风情等旅游项目串联起来,形成以文化旅游为核心的茶旅游消费,极大地促进了旅游产业的发展。

茶叶作为农产品具有很强的地域性,大部分名茶往往冠以地名、山名,如太平猴魁、君山银针等,这些名茶在传播过程中具有品牌效应,对当地的旅游发展也具有促进作用。开发茶文化旅游,将茶文化与旅游有机结合,既可以提升旅游品质,又可以传播茶文化,对当地塑造品牌形象极为有利。

茶事民俗节庆活动成为许多地方打造品牌形象的有效途径,通过举办茶文化旅游节,吸引众多媒体关注,既宣传了当地的茶叶,也宣传了当地的旅游资源。2023年5月21日,长沙市长沙县金井镇湘丰茶业庄园露营基地人声鼎沸,以"品中国味道,享长沙绿茶"为主题的第九届长沙国际茶文化旅游节在此举行。该节庆活动已经成为长沙县茶产业的一张亮丽名片,由长沙县人民政府主办的茶文化旅游节呈现出"高质量、高水准、高影响力"的活动效果,展现了三湘第一县农业产业发展新格局和全域旅游的新活力,旨在大力发展长沙县"一县一特"长沙绿茶产业,推动长沙县茶业特色乡镇农文旅融合发展,为茶乡引流,帮茶农致富。

4.文化传承

随着旅游资源的开发,传统的音乐、舞蹈、戏剧等艺术形式不断得到重视,传统的生活方式、建筑风格等得到了重视和保护。我国是茶文化的发源地,众多的制茶工艺也被列入非物质文化遗产名录。随着人们对非物质文化遗产保护传承的重视,越来越多的"非物质文化旅游"受到追捧,游客可以在景区欣赏到当地最具特色的民间技艺和民俗。非物质文化遗产进景区,既解决了非遗传承人生存困难的问题,又获得了旅游开发与保护的效果,发展茶文化旅游能够使古老的文化重获新生,使其被更多的人看见、重视、保护。

一些茶区在推广茶文化旅游时,往往将茶产品与非物质文化遗产相结合,进行捆绑宣传。传统茶文化和其他非物质文化遗产的结合,既可以实现茶品牌的宣传推广,同时可进一步扩大非物质文化遗产的影响力。

5.社会教育

茶旅游具有休闲性、趣味性、康乐性和知识性,对丰富人们的精神文化生活和提高生活幸福指数具有明显的作用。通过茶旅游,人们可以缓解工作压力,放松身心。人们对茶旅游的热衷和追捧,不仅仅是为了获得物质上的享受,即品饮正宗的好茶,更重要的是希望通过茶旅游感受自然的美好,获得精神的愉悦。茶叶中蕴含着许多美好品质,中国历来就有"以茶会友"的优良传统,通过喝茶,相约好友畅谈,缓解精神压力;通过观看茶馆中的戏曲表演,忘却烦恼忧愁;通过游览茶园,洗涤净化心灵;通过欣赏茶艺表演,感悟人生哲理。茶旅游既传承了传统文化的精髓,又融入了现代人的心理需求,可丰富人们的业余生活,获得物质与精神的双重满足。

茶传递着正能量,茶"淡泊、朴素、廉洁"的文化品质对促进社会和谐有着积极作用,通过发展茶旅游,可以进一步弘扬中国传统茶文化,以茶结缘,让更多人实现与大自然的交流,在满足人们精神消费需要的同时,充分体现人与自然、人与社会的和谐。

(三)主要类型

茶旅游主要包括自然风景、文化古迹、特色建筑和社会风情四大类。

1.自然风景

由于茶叶对环境的要求较高,大多数的茶区自然风景优美迷人,茶园本身就是不可多得的旅游资源。近年来,许多茶区纷纷开发观光茶园,成为人们休闲度假的好去处。

(1)茗茶原产地旅游。我国茗茶大多位于自然环境优越的风景名胜区,积累了丰富的历史文化内涵,如武夷山是武夷岩茶的原产地,茶文化景点众多,有武夷茶事石刻、宋兵部尚书庞揎吃茶处、御茶园遗址等。此外,西湖龙井茶、黄山毛峰、太平猴魁、信阳毛尖等的产地都是茶旅游的胜地。

(2)观光茶园。利用观光旅游把茶园及茶农生活结合,让游客参与采茶、制茶,欣赏茶艺表演等。游客在体验田园生活、欣赏优美茶园风光的同时,可以在茶事活动中获得劳动体验的乐趣。

(3)茶文化主题公园。通过游乐园的形式,让游客获取茶知识、欣赏茶美景;通过主题公园的形式,突出茶的特色,吸引游客游览。

2.文化古迹

(1)茶文化遗迹旅游。通过寻访古代的茶文化遗迹,满足人们探古寻根的求知心理。随着国家对茶文化的重视,各地纷纷对茶文化古迹进行保护和开发。福建武夷山修复了元代贡茶院遗址和古代茶事摩崖石刻等茶文化古迹,便于游客寻根访古。

(2)茶古道旅游。茶古道既是古代运输茶叶的通道,也是国家和民族之间缔结友谊的纽带。茶古道旅游,可以让游客游览和探寻古代的茶叶运输之路,茶古道中有众多的自然和人文景观,具有丰富的茶旅游资源。

(3)茶人足迹旅游。探访著名茶人的足迹,如茶圣陆羽足迹,可以激发游客对茶旅游的兴趣。让自己跟随茶圣的足迹,遍访名山大川,既可以提升茶旅游的文化内涵,也可以吸引专家学者们,尤其是对茶人感兴趣的游客的旅游动机激发,具有重要作用。

(4)茶具遗址旅游。探访历史上的生产、加工茶具的场所,如江西景德镇古窑、江苏宜兴紫砂茶具古龙窑遗址等。名茶与名窑往往相生相伴,在开发茶旅游资源时,应该深入挖掘古窑的资源。

3.特色建筑

特色的茶馆、茶楼等也是茶旅游不可或缺的资源,是茶文化的物质载体和表现形式,很多人也把茶楼、茶馆、茶坊等作为休闲和人际交往的场所。茶文化博物馆则以茶文化的展示和相关活动为重点,有的茶文化博物馆还可以让参观者获得身临其境的体验。茶叶加工厂是茶叶加工的场所,有的废弃茶厂也通过开发来开展怀旧茶厂之旅,具有怀旧情怀,变废为宝。茶文化主题餐厅、酒店,是以茶文化为主题来展现餐厅和酒店的特色,以茶文化创意取胜,获得消费者的欢迎。茶交易市场和茶文化街则是进行茶叶贸易的场所或者文化街区,所形成的建筑风格各异、文化韵味不同。

4.社会风情

社会风情主要是指民间的风俗习惯。我国茶文化社会风情众多,茶文化旅游村、茶风茶俗、茶艺表演、茶节庆活动,都是重要的茶旅游吸引物。

茶文化旅游村以村落为依托,融合田园风光、古老建筑、生活方式和民风民情,顺应游客返璞归真的愿望。我国众多的特色鲜明且文化底蕴深厚的茶风茶俗对游客具有诱惑力和吸引力,能够满足游客求新猎奇的心理动机。茶艺表演中所呈现的丰富多彩的茶艺术和茶文化,对于游客来说,可以满足审美需求。茶文化研讨会和艺术节等茶节庆活动,可以展现出当地浓郁的人文风情和深厚的茶文化积淀,通过节事活动,能够唤醒游客的仪式感和参与感,具有茶旅游吸引力。

以湖北宜昌为例,宜昌茶文化的悠久历史、峡州名茶、煮茶名泉、名人诗文、茶风茶俗等资源异常丰富,并显示出地域性、民族性、丰厚性、生态性等鲜明特点,这使得宜昌历史茶文化具有较高的旅游开发价值。从煮茶名泉来说,宜昌溪流山泉众多,水质优越,煮茶名泉有灯影峡扇子山下蛤蟆泉、三游洞陆游泉、玉虚洞下香溪水、当阳清溪寺水等,其中以蛤蟆泉和陆游泉最为有名。从茶风茶俗来看,历代茶事相沿积久而形成的风尚习俗丰厚,一是茶叶生产过程中的文化活动,如田间地头即兴演唱的"采茶锣鼓",多为民间故事。二是采茶山歌和民间传说,如清代彭秋潭《长阳竹枝词》写道,"灯火元宵三五家,村里逛鼓也喧哗。他家纵有荷花曲,不及侬家唱采茶"。三是民间婚丧节庆等茶礼,要沏泡最好的茶奉于客人。丧葬中,凡来吊丧者,必先奉上大壶汤茶;对唱丧歌跳丧舞的人,每人分别用茶杯沏上好茶。农村还有"七月半接老人要祭茶""三杯酒、三杯茶,初一十五敬菩萨"的说法,一般都是用小茶壶、小茶杯按程式操作,虽非真实消费,但也要用好茶。四是茶叶掌故和谚语,如"春茶苦,夏茶涩,秋茶好喝不好摘""一日三餐油茶汤,一餐不吃心里慌"。五是喝茶因时令而变化。夏季或农忙,通常用大壶泡茶、大碗喝茶;逢年过节及农闲季节,则喝点好茶、按程式沏饮。茶作为民俗礼仪的使者,丰富了本地人的生活,积淀了宜昌的茶文化。

三、典型模式

(一)浙江模式

1.杭州茶旅模式

茶楼茶馆茶经济,是杭州的一块招牌,国内很多省份都曾来杭州取经,茶馆、茶艺馆正在为杭州的经济交流发挥着积极的作用。杭州茶馆寻求自身发展的同时,已经成为推动杭州城市建设、经济发展的沟通桥梁,这一独具特色的"杭州模式"在国内外的茶馆中并不多见,杭州茶馆也已经从当年的文化符号成长为杭州茶经济的主要增长点之一。

目前,杭州的茶楼茶馆(包括农家茶楼)数量众多,这样的密集型发展模式,在全国也是少见的,这对杭州的发展起着重要的作用。不过,茶楼茶馆只是一个载体,更重要的是,通过这些茶楼茶馆的带动,出现了茶旅结合的发展模式,极大地推动了杭州的旅游产业。

杭州也出台了政策,以进一步推动茶旅产业的结合。一方面,根据规划,杭州将引导建设一批创意独特的茶村、茶馆、茶庄、茶博园与茶主题公园,打造环西湖茶文化创意农业产业景观带,建成3～5个茶叶特色强镇。另一方面,杭州的茶楼茶馆已经是一个重要的政治、文化交流平台,这也进一步推动了杭州经济文化的发展。在G20峰会期间,习近平总书记就和奥巴马在西湖边品茶,这就和北京的老舍茶馆一样,起到了经济文化交流的作用。北京老舍茶馆自改革开放以来,已接待来自五大洲70多个国家的160多位元首、政要,各界名流和500多万中外宾客做客于此,体验中国文化。事实上,杭州的茶馆茶楼也正在通过这样的方式,进一步推动杭州的国际化。

不仅如此,杭州的老开心茶馆就在运河边,将大运河这个世界文化遗产联系了起来,同时,茶馆将许多杭州本地的非物质文化遗产项目引了进来,介绍了杭州的本地文化。杭州很多的茶馆引进了音乐、茶道、插花以及美术,提高了杭州市民的生活品质。这也是杭州打造生活品质之城的一个写照。

2.武义茶旅"一条龙"模式

2021年4月10日,首届武义茶旅游活动在浙江省金华市武义县花田小镇举行。人们在乡雨茶厂制作抹茶,前往花田茶园美拍,中午在骆驼九龙黑茶文化园品尝黑茶宴,再到更香茶园数字茶厂见识一下"黑科技"。

近年来,浙江武义以延伸茶产业链培育新的旅游增长点,探索"看茶、采茶、炒茶、品茶"等茶旅"一条龙"模式,现已形成团队游、茶产业考察研学游、茶园观光游、摄影团队游等多种茶旅游方式,以及有机茶示范观光园、花田小镇樱花茶园等茶旅示范点,从2021年2月份以来,该县已吸引研学、摄影、自驾等游客12万余人次。

浙江武义以茶促旅,以旅带茶,发展复合业态,为茶文化的外延发展搭建了一个好平台。此外,武义县还推出为期近一个月的茶山歌会、网红直播、茶园骑行等系列活动,通过"一条龙"模式大力发展茶旅游。

(二)贵州模式

1.打造茶旅休闲游模式

茶旅休闲游是重要的茶旅游模式之一,贵州省黔东南苗族侗族自治州丹寨县凭借得天独厚的地理环境和气候条件,累计种植茶叶12万多亩。近年来,丹寨县在做大做强传统种茶制茶产业的同时,引入茶叶采摘与休闲旅游为一体的茶旅融合新模式,建成以茶文化和休闲观光为主题的观光茶园,以旅带茶,为传统茶园注入新活力,带动当地村民增收,助推乡村振兴。

2.茶进景区彰显特色模式

贵州省黎平县位于黔、湘、桂三省(区)交界及云贵高原向江南丘陵过渡地带,它作为"百佳深呼吸小城",生态环境良好,不仅位于北纬25°～26°黄金气候带上,而且是国家风景名胜区、中国名茶之乡、中国十大生态产茶县、中国茶业百强县、国家油茶发展重点县、全国木本油料特色区域示范县。得天独厚的生态环境铸造了当地有机、干净、放心的黎平绿茶和黎平红茶，黎平绿茶和黎平红茶也被当地誉为"两茶"。

目前，全县有茶园面积26.4万亩，油茶面积37万亩，"两茶"综合产值逾20亿元。游客可在此打油茶、品香茗、观茶艺、听评书……

两茶汇馆是黎平乃至黔东南州"两茶"文化的交流中心地，"两茶"产品展示销售集散地。两茶汇馆入驻古城翘街，是"贵州绿茶"进景区、黎平茶文旅融合的又一次尝试，游客在这里不仅能品到黎平好茶，而且能吃到富有黎平地方特色的油茶美食，还可以买到黎平的各种农特产品。

"两茶"作为黎平县的优势产业，两茶汇馆将依托黎平县全域旅游发展的大格局，结合古城翘街"文旅融合"的主题定位，让茶文化、茶经济、茶美食、茶人文深度融合，以此促进"两茶"产业提质增效转型升级，助力乡村振兴。2022年，黎平茶产业专班以"贵州绿茶"进景区为抓手，有力整合黎平茶、黎平山油茶"双剑合璧"，依托黎平县全域旅游发展大格局，搭建新平台探索"黎货出山"新模式，以市场为导向助力"两茶"产业振兴。

（三）江西模式

1.江西赣州：茶旅文化小镇模式

江西省赣州市龙南县的茶旅文化特色小镇——虔心小镇的万亩有机茶园里，茶绿阡陌，生态度假小木屋若隐若现，虔工坊亭台楼阁错落有致，客家打茶油、拉腐竹、酿米酒、打糍粑等传统体验活动热火朝天，花间栈道上游人如织，欢歌笑语不断。

"虔"是古赣州的称谓，具有千年文明。在宋朝，虔州居全国十三大茶产区之首，其中"泥片"为贡茶，"芥香"曾被誉为全国第一香。如今，虔心小镇在每年的虔茶开园这天都会举办一次复古的祭茶仪式，通过还原宋代茶礼展现中华茶文化的丰富文化内涵，为现代产业增添文化价值。

虔心小镇以茶园为基础，以绿色生态为品牌，以健康安全为目标，构建了集茶叶采摘品鉴、有机农业生产加工销售和旅游观光、休闲度假于一体的绿色产业链条，不但实现了农业产业"1+2+3"融合发展，而且践行了国家倡导的特色小镇建设，开创了国内首家成熟的茶旅文化小镇的创新尝试。

2.景德镇浮梁县茶旅融合模式

景德镇浮梁自古以瓷茶文化闻名于世，被誉为"世界瓷都之源，中国名茶之乡"。

在乡村振兴大背景下，浮梁县臧湾乡坚持"发展为要、生态立乡、产业兴乡"发展思路，进一步拉长茶产业链条，丰富茶文化内涵，打造茶旅融合示范村组，寒溪史子园则是其茶旅融合发展的核心区。

史子园以"茶旅融合"为主线，实施道路硬化、村庄绿化、环境美化等工程，全面提升村庄形象，融合移民文化和农垦文化建设了初心馆、村使馆等一系列景点，实现了"茶区变景区、茶园变公园、茶山变金山",2021 年 9 月成功获批 4A 级乡村旅游点。2021 年搭乘"乡创"东风引进"艺术在浮梁"文旅项目,成功举办春秋艺术展,带动当地民宿、餐饮、茶产品、旅游文创产品大幅发展,并合作成立十八方文旅公司,带动百姓共同致富,探索出乡村振兴的新模式。

位于浮梁县东北的峙滩镇树立"项目为王"理念,围绕"浮梁茶"产业,推进县重点项目 —— 浮梁茶产业振兴发展项目峙滩茶产业基地建设,致力于打造一个集茶叶种植、加工、销售、科研及茶文化旅游于一体的茶产业生态链,实现三产融合发展,打造浮梁乡村振兴样板。

四、三茶统筹

(一)三茶融合

茶是我国重要的经济作物,2021 年,习近平总书记在福建武夷山考察调研时指出,要把茶文化、茶产业、茶科技统筹起来,过去茶产业是脱贫攻坚的支柱产业,今后要成为乡村振兴的支柱产业。三茶统筹,即茶文化、茶产业与茶科技"三位一体"。茶产业是发展目标,茶科技是有效支撑,而茶文化才是真正的灵魂和内核。

1.三茶统筹融合发展

2023 年 4 月 18 日,中国·浮梁买茶节在江西景德镇浮梁县拉开帷幕,来自全国各地的茶界专家、茶叶爱好者以及游客们齐聚浮梁,通过观茶海、品茶宴、游茶道、论茶学、购茗茶,亲身体验茶文化之旅,充分感受千年茶乡蕴藏的独特魅力和发展活力。

浮梁县持续擦亮"浮梁茶"金字招牌,积极践行"三茶统筹"理念,做好茶文化、茶产业、茶科技"三茶融合"文章,生动书写"一片叶子造福一方百姓"的美丽故事,使茶产业成为助力乡村振兴、农民致富、经济高质量发展的支柱产业。

浮梁县注重挖掘茶文化底蕴,以文化引领推进茶叶和旅游深度融合。其以"瓷源茶乡生态浮梁"为定位,在原有景区(景点)植入更多茶文化元素的基础上,充分发挥各乡镇优势,规划建设了一大批乡村茶文化旅游线路。

高标准打造高岭·中国村和史子园 7200 余亩观光茶园,推动茶园景区化种植,实现"茶园变公园";着力打造新佳茶园、"昌南雨针"、广明茶厂等茶产业研学基地,开发集茶叶种植、管护、采摘、制作于一体的自采自制旅游体验项目。

建于浮梁县江村乡深山密林中的塔里茶宿集,是一处以茶文化为主题,集精品民宿、特色餐饮和文化研学于一体的茶旅融合景区,被游客称作世外桃源。在这里可以游古茶道、寻访百年古茶树,还可以体验到茶谷漂流、溪畔寻鱼、乡村酒吧、篝火晚会等快乐。目前,该县已将境内茶旅融合景区科学划定为茶山古村旅游度假区、浮北茶文化旅游区、东河瓷茶风光带等片区。

2.三茶统筹助力乡村振兴

近年来,盱眙雨山茶场推进三茶统筹发展,以文化为引领、产业为支撑、科技为动力,将一片片"小绿叶"变为致富的"大金叶",为实现乡村振兴提供强力支撑。

以文化为引领,实现雨山茶知名度由低到高。江苏盱眙雨山茶场始建于 1958 年,是苏北地区唯一的国有制茶场。为进一步推广茶文化,提高雨山茶的知名度,雨山茶场举办雨山茶旅文化节,在现场详细介绍雨山茶和茶相关衍生产品。还安排经验丰富的老师傅展示雨山茶手工炒茶技术,向游客介绍手工炒茶技巧和注意事项,让游客沉浸式感受雨山茶的独特魅力。雨山茶手工制作技艺传承至今已是第三代,雨山茶场还规划成立茶艺师培训学校,将雨山茶的手工制作技艺继续传承下去,让雨山茶始终保持独有的味道。

以产业为支撑,推动茶旅融合项目由弱到强。产业振兴是实现乡村振兴的基础,雨山茶场以茶产业为基础,在大力整理旧茶园的同时开展新茶园拓植,统筹和引导资源向茶产业集聚,探索延伸茶产业链和商业链,增加茶叶附加值,不断发展和壮大茶产业。雨山茶场拥有良好的生态环境和独特的自然风景,具备旅游业发展的优势条件。茶场大力推进茶旅融合项目发展,在茶场内建设小木屋、星空泡泡屋和亲子乐园,开展亲子游戏、茶旅研学等活动,既增加了孩子们的知识也培养了其动手能力,深受游客的好评,进入雨山茶场游玩的游客量大大增加,推动了茶旅相关产业的发展,雨山茶场入选江苏省乡村旅游重点村。

以科技为动力,助力茶市场占有率由低到高。科技是第一生产力,加大科技投入能提升茶叶产能和品质。雨山茶场是集茶叶栽培、生产、销售为一体的商品茶生产加工基地。为加大茶叶产量,国网盱眙县供电公司所属盱能集团在雨山茶场投资建设标准化厂房 4000 平方米,两条全电气化生产线,能满足 5000 亩茶园茶叶加工能力,日加工茶叶可达 4000 斤,约为老厂房产量的 2 倍。同时实现了鲜叶入库、绿茶、红茶生产、毛茶储存、茶叶精制、包装仓储一条线全过程管控,使产能与品质得到双提升。为提升茶叶市场占有率,雨山茶场加大科技创新,自主研发白茶系列之白毫银针、雨山饼茶、雨山 7 克小茶砖、雨山桑叶茶、雨山荷叶茶等新茶。

盱眙雨山茶场将继续以茶文化、茶产业、茶科技为重点,以村强民富为目标,推动三茶融合发展,将"盱眙雨山茶"打造为盱眙的一张闪亮名片,助力乡村振兴。

(二)品牌打造

1.三茶统筹打造茶叶品牌

近年来,湖南省茶产业取得了长足的发展,在促进农民增收、产业脱贫攻坚、乡村振兴等方面发挥了重要作用。截至 2022 年底,全省茶园面积达到 345 万亩,茶叶产量 32 万吨,茶产业综合产值达 1051 亿元,整个茶产业保持了持续稳定的良好发展态势。

进入茶旅发展新时代,需要坚持"三茶统筹",推动茶产业高质量发展,要构建茶叶品牌建设新格局,释放茶叶科技研发新动能,探索茶叶产业富民新模式,强力推动湖南省茶产业高质量发展,在全面乡村振兴进程中实现新跨越。

湘茶产业是一个优势突出的朝阳产业,拥有着得天独厚的文化底蕴和独树一帜的"三湘四水五彩茶"发展格局。近年来,茶产业在精准扶贫、脱贫攻坚中展现了其独特的魅力,在各级政府支持下,在湖南全省茶人的共同努力下,湖南茶产业突破千亿大关,茶园面积稳步增长,保持着良好的发展态势。

湖南省开展的一系列活动,有效地宣传了湘茶品牌。"2022中国茶叶区域公用品牌价值评估"中"潇湘茶"品牌价值评估达68.42亿元,连续两年位居全国茶叶区域公用品牌第4位;"2022中国区域农业产业品牌影响力指数"中,"湖南红茶""安化黑茶""君山银针"三大品牌分别位居排行榜第41位、43位、81位。

湘茶主产区政府与科研院所开展深度合作,依托湖南农业大学和湖南省茶叶研究所,聚力主导产业,探索出了一条科技引领实现农业农村现代化发展的新途径,进一步强化了茶叶科技支撑体系。创新产品不断涌现,产业链条不断延伸,60家优秀茶企被认定为2022年国家高新技术企业。此外,通过开展"湘茶五进"、茶品牌赛事、推介、对接活动联合直播带货、抖音、微营销等活动,在积极推介产业、宣传品牌和产品的同时,促进了湘茶线上的销售、扩大了消费市场。

湘茶产业坚持文化、科技双轮驱动,重基础强科技,从源头开始把产业、产品做到极致;进一步发挥湘茶品牌聚集化效应,利用自身优势形成独特的品牌竞争力;进一步培养龙头企业,带动湘茶走向国内广阔的市场,促进湘茶出湘;在出口方面发力,提升质量效益,培育绿茶出口国际品牌,将茶出口打造成湘茶产业发展的新突破口;在创新营销上进一步发力,强化网络营销平台和线下门店的联动,巩固、拓展消费群体与消费市场。

通过文化、科技、产业等多方共同发力,进一步推动茶产业发展,将茶产业打造成湖南乡村振兴的支柱产业。

2.三茶统筹促进茶产业发展

浙江省致力于统筹做好茶文化弘扬、茶产业发展、茶科技创新"三茶统筹"发展这篇大文章,着力推进茶产业高质量发展,持续擦亮浙江茶叶金名片。近年来,浙江省持续推进"三茶"统筹发展,工作成效显著。全面贯彻落实"三茶"统筹发展理念,以产业竞争力为核心,强化文化引领、科技支撑,深化产学研、贯通产加销、融合农文旅,加快多品种、多品类、多功能打造,加快形成以绿茶为主体、六大茶类共舞的新态势,加快构建产茶、品茶、事茶、玩茶等相融合的茶经济发展新格局,全面构建茶文化、茶产业、茶科技"三位一体"的现代茶叶体系,进一步提高茶产业质量效益和可持续发展能力,为全国"三茶"统筹发展提供浙江经验、浙江样板。

浙江省各地加强"三茶"统筹发展的组织保障,是把"三茶"统筹发展纳入乡村振兴战略实施、高质量发展建设共同富裕示范区的总体布局,建立健全统筹协调、多方参与、分工协作的推进机制;强化政策支持,积极推动落实用地保障和用电优惠政策,探索推行茶园政策性保险,茶树、茶园等抵押贷款,鼓励社会资本投资;以数字化改革为牵引,迭代升级茶产业大脑、"浙茶香"应用等建设,努力实现"一码互联、一屏掌控、一键智达";要积极发挥行业管理部门、行业协会、产业联盟等作用,鼓励探索建立诚信奖惩机制,强化产品抽检监管,建立健全茶叶质量追溯机制。

无论是三茶融合还是品牌打造方面,在实践中都有一定的发展和提升,如何做好茶旅融合,将茶文化、茶产业、茶科技统筹起来,为乡村振兴助力,仍然需要不断地实践发展,尤其是如何将现有模式提炼,变成可复制、可推广的道路,仍需持续努力。

延伸阅读

一片叶子的延展 政和县统筹"三茶"高质量发展(节选)

近年来,政和县统筹茶文化、茶产业、茶科技融合发展,在延伸茶产业链条上下足功夫,积极探索"茶业+"模式,结合文旅、竹产业等当地特色产业,以文化赋魂提升茶品位,以科技赋能做优茶品质,以产业赋力打响茶品牌,推动茶产业高质量发展。

"茶业+文旅"乡村因茶焕发新活力

一群来自河南的茶友寻着茶香来到政和隆合茶书院。隆合茶书院集观光体验、科研实践、教育培训、技艺传承于一体,今年,已接待国内外茶友 1500 多人。

近年来,政和县探索"茶业 + 文旅"的发展模式,深入挖掘新娘茶、茶灯戏、当酒茶等本地特色茶文化;修复"龙焙贡茶"遗址和多条茶盐古道;策划推出"茶学游""游古村、看茶艺"等茶旅路线,把中国白茶城、中国白茶博物馆、锦屏茶盐古道等纳入茶旅线路;位于政和高山区的云根茶业公司,开展高山白茶寻茶之旅、茶学游等活动,吸引一批批茶友走进政和,前来游学。同时县里加快推进罗金山茶旅康养、瑞和茶庄园等茶旅融合项目落地。

"茶业 + 文旅"带动乡村振兴。来锦屏村的游客大都奔着锦屏村的茶叶而来,为满足游客需求,村里办了 3 家农家乐、1 家民宿,目前又在对 3 家民宿进行改造。

"茶业+竹业"产业融合彰显地域特色

在厦门举办的 2023 中国国际茶业投资贸易博览会上,采用木桁架结构搭建的政和白茶展馆,融入茶、竹等政和县特色元素,打造自然雅致的茶竹空间,茶友、茶商切身感受到政和茶、竹的特色文化。

简约雅致的茶竹空间,鲜爽醇厚的政和白茶,让两大产业完美融合。

在福建省祥福工艺有限公司,今年接到最多的订单就是茶竹空间。近年来,该公司结合当地茶产业特色,独创"竹茶共同体"文化,推出全茶竹空间,将中国几千年竹工艺文化与茶文化高度融合,设计开发竹制茶具品种超过 220 个,拥有 157 项专利。

"器具精洁,茶愈为之生色",茶具是鉴赏和品饮茶汤的媒介。政和拥有丰富的茶、竹资源,发展茶竹产业融合优势巨大,茶室可用竹子装饰,泡茶则需要竹茶盘、竹茶器、茶桌椅等,政和县由此延伸出"茶业 + 竹业"产业化联合体,生产出茶竹结合的创新产品,探索茶竹产业融合发展新路径。

"茶业+"衍生更多茶业新业态

政和是"中国白茶之乡",有茶园面积 11 万亩,是因茶得名第一县,素有"千年白茶,百年工夫"之美誉。

政和白茶茶味饮料有原味、蜜桃味等四种口味,主要销往内蒙古、陕西、新疆、安徽等地。政和白茶茶味饮料是该县"茶业+"的新业态之一。

茶产业链的延伸并不止步于此,"茶业+酒""茶业+日化用品"等模式应运而生,政和县探索研发的白茶酒、白茶牙膏、白茶洗发水、白茶沐浴露等衍生产品陆续上市。

"茶业+"模式的拓展,让更多农民受益。全县从事种茶的农户占 75% 以上,2022 年农民户均增收 1600 元以上,茶产业是农民增收主要来源之一。据统计,2023 年,政和白茶品牌价值突破 60.58 亿元,位居地理标志产品区域品牌百强榜第 54 位。政和县四年获评"中国茶业百强县",被授予"全国 2022 白茶产业统筹发展先行县域""2022 茶文旅融合发展示范区"称号。

资料来源　阮倩敏.一片叶子的延展　政和县统筹"三茶"高质量发展 [N].福建日报,2023-09-17(05).

【思考研讨】

(1)你所在的地区具备哪些茶旅游的自然资源和人文资源?请调研当地的茶旅资源,形成调研报告。

(2)茶旅游的基本功能有哪些?

(3)三茶统筹的含义是什么?试举例说明茶文化旅游在三茶统筹中的作用。

(4)请结合当地茶旅资源,思考如何开展茶旅游?通过实地调研,给当地政府写一份建言献策报告。

【参考文献】

[1]余悦,王柳芳.茶文化旅游概论 [M].北京:世界图书出版公司,2014.

[2]李远华.茶文化旅游 [M].北京:中国农业出版社,2019.

[3]沈克.茶文化旅游研究 [M].郑州:郑州大学出版社,2019.

[4]缪鸿孺.江西茶文化旅游产品开发研究 [M].南昌:红星电子音像出版社,2016.

[5]沈克著.茶文化旅游研究 [M].郑州:郑州大学出版社,2019.

[6]木霁弘.茶马古道文化遗产线路 [M].昆明:云南大学出版社,2019.

[7]张耀武,龚永新.低碳经济背景下的茶文化旅游 [J].旅游研究,2011(2).

[8]黄春,吴题诗.产业融合视角下江西茶文化旅游发展对策研究 [J].农业考古,2019(05).

[9]张耀武,龚永新.宜昌历史茶文化资源及其旅游价值 [J].重庆文理学院学报(社会科学版),2010(06).

[10] 常谕,孙业红,等. 农户视角下农业文化遗产地生态产品的旅游价值实现路径 —— 以广东潮州单丛茶文化系统为例 [J]. 资源科学,2023(02).

[11] 李飞,马继刚. 我国廊道遗产保护与旅游开发研究 —— 以滇、藏、川茶马古道为例 [J]. 西南民族大学学报 (人文社科版),2016(02).

[12] 邹勇. 全域旅游视角下北川羌族茶文化旅游开发研究 [J]. 农业考古,2020(05).

[13] 宁波茶文化促进会,宁波东亚茶文化研究中心组编;竺济法编.“茶庄园”“茶旅游”暨宁波茶史茶事研讨会文集 [C]. 宁波茶文化文库,2019.